上：アカブナ（1），キハダ（2），ブナ色の出た雌鮭（3）

人工孵化で雌から卵を取り出す

卵に精子をかけて，かき混ぜ，5分ほどおいて水洗いする

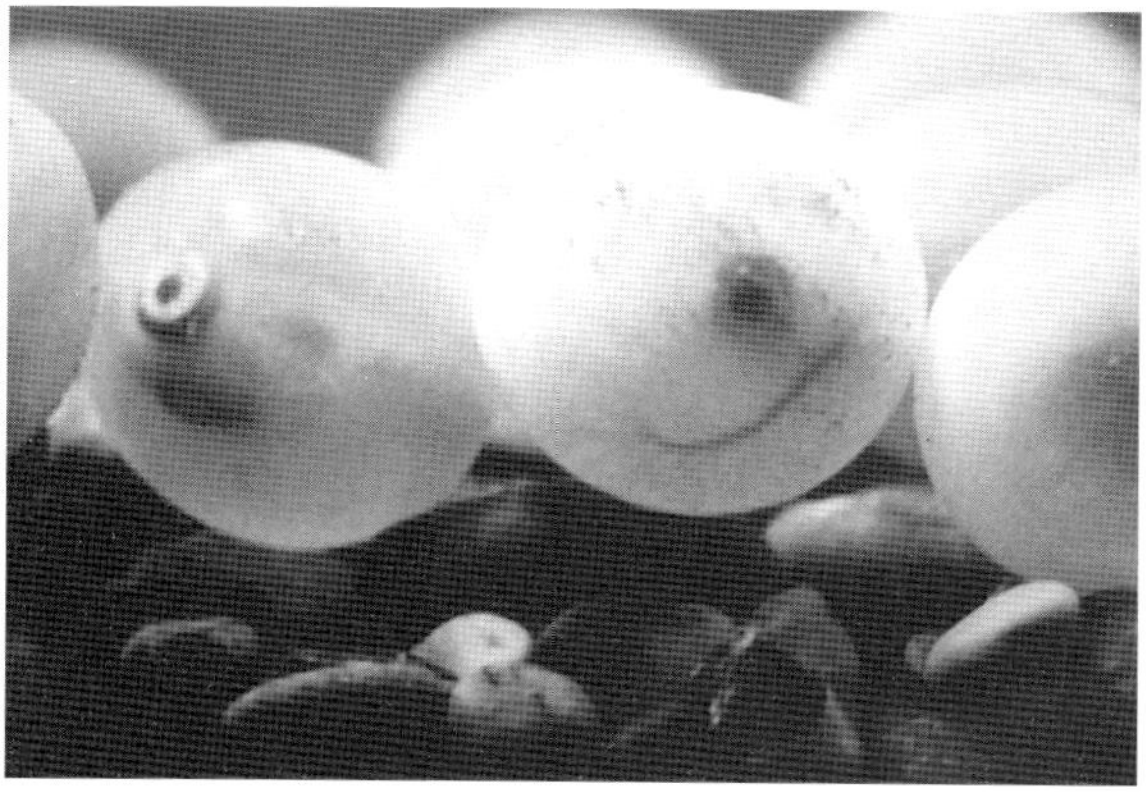

受精卵の発眼（目がくっきりと見えるようになり，動きはじめる）

孵化（卵胞をつけたまま泳ぎ出す）

受精卵の孵化には水温の積算温度400℃前後が必要である

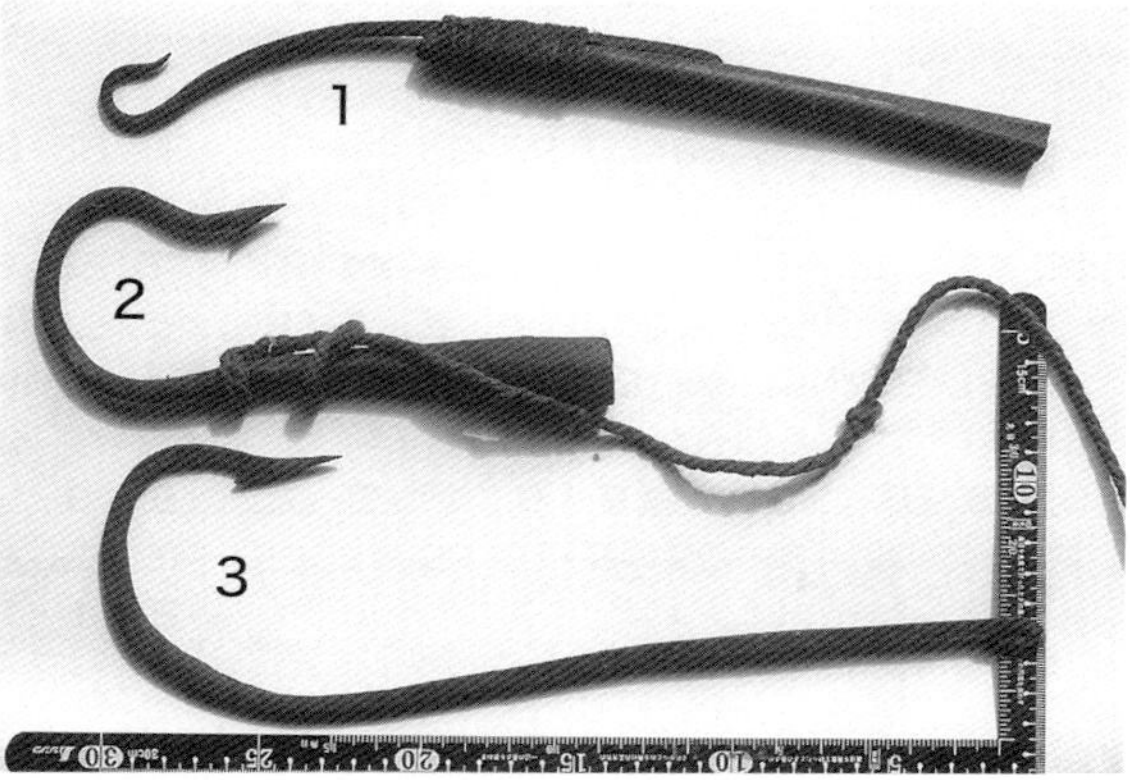

ヤツメ鉤（1），鱒鉤（2），
鮭鉤（3）
（新潟県高根川。第 1 章）

春鱒漁（海から遡上し，
淵にたまっている鱒を
潜って鉤で捕る）
（新潟県大川。第 2 章）

捕られた鱒
（新潟県大川。第 2 章）

上：川に溯上する前に，海の定置網にかかった鱒。腹が出ているこのような鱒はボッツァラといった（第２章）

鮭の皮で作られたジャケット（イヲボヤ会館提供。第１章）

鮭の皮のスリッパ（同上。第１章）

ものと人間の文化史

133-I

鮭・鱒

I

赤羽正春

法政大学出版局

鮭・鱒Ⅰ　目次

序章　鮭・鱒をめぐる民俗研究

一　鮭・鱒民俗研究前史

㈠　水産行政と漁撈の伝承

鮭・鱒をめぐる水産研究には、鮭が生まれた川から北洋・ベーリング海を周回して四年後に母川に回帰して産卵することを生態の立場から研究するものや、鮭・鱒を重要な水産資源として、明らかとなってきた生態を利用して増殖を図り、回帰率の向上をめざすものなどがあった。そして最近では、鮭・鱒の行動生態学的研究が鮭の遺伝的解析にまで進み、種の進化から鮭の回遊分布を究明する研究へと、水産学はめざましい発展を遂げている（この論考では、水産学での区分を考慮して、多種類にわたるサケ・マスのうち、サケをシロザケ、マスをサクラマスに限定して鮭・鱒と表記する）。

明治三十二年、日本海側で初めて開設された新潟県水産試験場は、三面《みおもて》川の自然状態に近い河川での人工増殖事業（種川）の実績を取り込みながら、完全な人工孵化・放流を経て、回帰率の向上に取り組んできた。研究実績は水産試験場報告として残されている。「種川」での自然孵化に近い増殖事業が日本各地の河川に導入されていく。技術獲得の過程では、鮭に関する多くの伝承が役立っている。鮭捕りの漁業者から聞き出した話が、孵化事業に寄与しているのである。(1)

大正年間までに完備された各県の水産試験場の中で、特に新潟県と北海道・岩手県水産試験場が鮭・鱒の積極的な人工孵化事業に着手する。採卵から孵化・放流まで人間の手を介して行なうもので、各河川に孵化場が作られていく。人工孵化事業の成功は、北海道ばかりでなく東北地方でも鮭・鱒溯上河川を増やし、溯上数を上げることで日本人の食生活に鮭を定着させた。この過程では鮭の数を増やして人々に提供しようとする関係者の強い動機が働いており、日本人と鮭・鱒の問題を民俗学的に考える絶好の事業である。

魚食の民・日本人を養うために、各道県行政が力を注いだ足跡は「各道県水産試験場報告」に記録保存されると同時に、鮭・鱒をめぐる各地での情報収集はそのまま孵化事業に生かされ、漁業者の持つ鮭・鱒に対する習性や漁法の技術伝承も蓄積されていった。

明治以降、水産業が各県ごとに隆盛期を迎えていくなかで、農商務省がリードして、各種博覧会の機会を捉え、各県ごとの漁法比較調査を実施した。この動きはより効果的な漁業の導入を求める人々に歓迎された。(2)

明治十年　　第一回内国勧業博覧会水産資料

明治十二年　旧慣漁村調査資料

明治十三年　ベルリン国際漁業博覧会資料

明治十四年　第二回内国勧業博覧会水産資料
明治十六年　第一回水産博覧会資料
明治二十三年　第三回内国勧業博覧会水産資料
明治三十年　第二回水産博覧会資料

これらの資料の中で、鮭・鱒を積極的に扱ったものに、ベルリン国際漁業博覧会に出品した「北海道漁業図絵」(3)がある。北海道からの出品は鮭・鱒・タラ・ニシンなどの漁法と水産製品加工が主体で、ヨーロッパでもなじみの魚が扱われている。

明治三十年までの全国資料を農商務省が一冊の本にまとめた『日本水産捕採誌』は、明治四十三年に刊行された。(4)鮭・鱒の漁法に関して、網・鉤など、当時実施されていた漁法の記録がまとめられている。

水産行政の中で鮭・鱒を扱った動きとして特筆すべきなのは、明治四十五年に『日本鮭鱒養殖誌』として一冊の本にまとめられていることである。気仙沼の海苔、広島湾の牡蠣、長野県の養魚（鯉）と並んで、鮭・鱒が養殖漁業としてすでに位置づけられている。(5)

水産関係の絵図や説明の資料は、当時各地で行なわれていたものがそのまま記録されており、漁法は漁業者への聞き取りからまとめられている。一級の伝承資料である。伝えられた資料は北海道でも行なわれた鮭・鱒の定置網のように、技術を伴って全国へ波及していく。

㈡　紀行文・郷土誌と鮭・鱒伝承資料

天明八（一七八八）年、古川古松軒が幕府巡検使に随行して東北地方から北海道まで視察に行った見聞録『東遊雑記』には、当時の漁撈や食事などを含めた生活伝承が記述されている。山形県小国町では横川（越後荒川上流部の支流）で、「鮭・鱒などたくさん取る、味いずれも美味なり」や、蝦夷地・松前に滞在し、アイヌの人々の服装、鰊漁、鮭を捕る羆《ひぐま》などを記述している。(6)

同時期、天明二（一七八二）年から旅を続けて、東北地方から蝦夷地へと歩み、遊覧記を記したのが菅江真澄である。天明八年七月「外が浜づたい」（陸奥湾西海岸）、寛政元（一七八九）年四月から六月にかけて「えみしのさえき」（渡島西海岸）、寛政三年五月から六月にかけて「えぞのてぶり」（渡島東海岸）と蝦夷地渡島地方海岸部を中心に歩いている。(7)

記述の中で気になるのは、鱈・鰊・鰈といった魚の記述は十分あるが、鮭・鱒に関してはきわめて限られている。古川も菅江もアイヌのところで当然出てくるであろう鮭・鱒捕りについての記述がほとんどない。熊石でアイヌの家の近くに運上屋があることまで記しながら、具体的な記述はなく、アイヌのコタンで鱈の乾したものでむせかえるような匂いまで記述していながら、鮭については触れていない。これについては、真澄が歩いた時期が初夏にかけてであり、鱒の漁期に当たっていたこと、そして、鱒は川上が漁場で河口部の鮭漁場とは異なることから、見ていなかったのではないかとする推測がある(8)一方、鮭・鱒については書けなかったのではないかと私は推測する。当時の場所請負制度を記録されることを嫌った政治状況などを考えてのことである。というのも、野帳を携えアイヌの案内で蝦夷地を内陸まで川沿いに分け入った松浦武四郎の記録には、鮭・鱒の豊かな伝承資料が満ちているのである。弘化二（一八四五）年東西蝦夷地、弘化三年北蝦夷地（樺太）、嘉永二（一八四九）年国後・択捉を探査し、「蝦夷日誌」「東西蝦夷山川地理取調日誌」などを著した。幕府御雇いとして行動しながら、場所請負人のアイヌへの厳しい取り立てなどを記したことから、発表することが許されず、職を辞して後、蝦夷地紹介の著作を発表した経緯がある。(9) この中でも、『蝦夷訓蒙図彙』『蝦夷山海名産図会』などのアイヌの物産記録には、絵図として鮭・鱒の漁法や製品が描かれ、伝承記録として価値が高い。(10)

越後の塩沢で生まれた鈴木牧之が天保六・七（一八三五・三六）年に刊行した『北越雪譜』は信濃川・魚野川の鮭漁を描いている。当時の鮭に関する記録は、その生態・漁法・伝承・鮭関連呼称など、どれをとっても現在の鮭漁と比較できる立派な資料である。(11)

牧之の後、幕末に赤松宗旦の『利根川図志』が刊行される。一九三八年刊行の岩波文庫の解題を記した柳田國男は赤松の在所、下総の布川へ兄を頼って滞在していた。(12) この書物にも鮭漁のことが詳しく記され、その漁法・信仰は当時の姿を描写している。

これら豊かな伝承は民俗学の史料として貴重である。民俗学は柳田國男の民間伝承研究を嚆矢とする関係上、これらの文献史料に民俗の言葉をかぶせることはできないかも知れないが、「時代を超えて連続する事象を通して描かれる歴史が民俗学である」(13) との考え方に立てば、社会的に蓄積してきた事象として、江戸期の鮭・鱒伝承資料は民俗学研究への重大な資料であることが認識されるのである。

㈢　考古学と鮭・鱒

遺物・遺構の残存資料をもとに研究する考古学は、残されたものから当時の生活を復元考察していく。東北地方から関東地方にかけて鮭石と呼ばれる線刻画が出土している（秋田県阿仁町根子字館下段、同・雄勝町秋の宮、同・矢島町場内字田屋の下、同・矢島町荒沢字根城、長野県飯山市山の神遺跡）。鮭・鱒の溯上河川沿いから発掘され、魚の形が刻まれている。縄文時代の包含層からの出土である。

古墳時代には魚の埴輪が出土している。いずれも鮭・鱒であるかどうかの判断がつきにくく、断定できない。

縄文時代の遺跡が東日本に稠密に分布・繁栄したのは、鮭・鱒に代表される安定した食料の採取が可能であったことを仮説としたのは、山内清男の「サケ・マス論」である。彼はこの縄文文化のモデルを北アメリカ西海岸の先住民族に求め、日本の民俗やアイヌの生活伝承に求めなかった。日本民俗学がアイヌの伝承を含め、鮭・鱒について十分に資料提供できるだけのレベルに達していなかったことが原因の一つである(14)。

考古学からの「サケ・マス論」批判は、鮭の残存遺体・骨の遺物の出土がなく、鮭・鱒の数が主要な経済的基盤を提供するほどに多量に捕獲されていたのかの論証がない（渡辺、一九六七）ことに対して向けられた。

日本の酸性土壌では骨の残存率が悪いことや、鮭は皮まで利用していたと考えられることから、出土遺物が少ないのは仕方のないことである。しかし、最近の丁寧な発掘調査により、北海道や埼玉県の遺跡で鮭の骨が出土している。江別市の江別太遺跡（続縄文）などである。

その後「サケ・マス論」は多くの考古学者・民族学者を巻き込んだ論争となったが、建設的な研究方向へと発展しているように見られる。一つには、鮭の溯上実態を考慮したアイヌ村落の立地研究があり、鮭の産卵に関する生態とアイヌ社会のナワバリの相関研究などである[15]。

この研究方向に対する民俗学の動きは鈍く、いまだ緒に就いたばかりといった方が正しい。縄文時代の大規模遺跡の分布する山中への鮭・鱒の溯上について、鱒の方がはるかにその距離、個体数が大きかったことを最初に指摘したのは野本寛一であり、考古学者の注目を集めた。しかし、本格的な研究としては奥只見での鱒漁を佐々木長生が、三面川での調査報告を筆者が出しているにすぎない[16]。

現在の鮭・鱒漁獲の技術伝承は悠久の歴史の中で伝えられてきたものであることが予測される。今までの調査報告からも、漁法・調理保存・鮭小屋など、その技術の伝承が過去からつながっていることが推察される。技術伝承を詳細に記録し、その類似性を比較することは、歴史を貫いて分析していく有効な方法であり、鮭・鱒と日本人の関わりを歴史を溯って現代までの長いスパンで検討できる。技術伝承を比較する方法は今後、考古学と民俗学をつなぐ有効な方法論となっていくものと考えている。

二　鮭・鱒民俗研究の本格化

(一)　民族学・アイヌ研究との接触

金田一京助のアイヌ語、神謡（アイヌ・ユーカラ）の研究から始まったアイヌ研究は、その言語学的方法論などにおいて、金田一個人でなければ成し遂げられなかった。そして、アイヌ研究は日本民俗学から遠ざけられてきた。

しかし、金田一の研究を手伝った知里真志保は、言語研究でも、アイヌの生活文化研究でも、金田一と袂を分かつ研究者として成長した。アイヌが食料とした鮭の漁法や山菜採取・狩猟など、細かく記録し、考察を加えている(17)。

知里の研究スタイルは、あらゆる事物をアイヌ語でしっかり把握し、そのよって来る意味をアイヌ語の作りから導く方法を取っている。アイヌ語の組み立てから語源を推察していく。この方法は現在のアイヌ研究にも顕著に表われる特徴で、言葉の分析からアイヌの社会や生業を研究していく。この中で最も成果を上げたのは地名研究であった。

アイヌ語地名では山田秀三の研究がある。彼の研究によって東北地方の地形名目がアイヌ語で伝わっている土地の多いことがわかり、鮭・鱒研究にとってもテシ（梁）地名など、貴重な資料を提供している(18)。

鮭・鱒のアイヌ社会での位置づけをコタン（アイヌ集落）に居住した生活者の面から記録した更科源蔵は、アイヌの人々から聞いた民俗を、丁寧にまとめている。詩人としての感性を遺憾なく発揮した筆致は、神謡・漁法・信仰などをからませている。しかも、民俗学徒としての矜持を持っている。柳田國男らが設定した「山村調査」の一〇〇の項目を、一九三四年に『郷土生活研究採集手帳』として全国的な調査項目に設定したものを使って、調査・記録しているのである。社会生活・生産生業・伝説・昔話などの調査は、アイヌの人々からの直接の聞き書きであり、アイヌ研究の一級資料である[19]。

現在もアイヌ研究の主体は民族学徒を中心としており、日本民俗学にこれだけ接近している更科の業績を私たち自身が生かしきれていない恨みがある。本書では更科の全仕事を積極的に活用する。アイヌ民族学の立場から鮭の儀礼について北方民族との比較研究を行なったのは犬飼哲夫である。アイヌのハツナ儀礼（その年最初に捕れた鮭を祭る儀礼）、送り（鮭の魂を送る）儀礼の類似を求めて北アメリカの先住民族の事例を採取している。後に「サケ文化圏」の言葉でくくられる地域の特徴的信仰儀礼を集めているという点でも特筆すべき研究である[20]。

アイヌの民俗研究は金田一の言語研究から始まった。そして、アイヌの生活習俗、生業の鮭・鱒漁、狩猟、儀礼の類似が北方先住民族に連なることは民族学の研究成果である。そして、山田秀三がアイヌ語地名の東北地方北部への浸透を指摘したにもかかわらず、日本民俗学はアイヌ研究と接点を持つことに慎重であった。金田一のアイヌ語研究以来、日本語とのつながりのないことが定説化しているのである。そして、民俗についても断絶していることが前提で語られ、比較すること自体、本気で取り組む研究者がいないのが現状である。筆者自身の舟の研究では、丸木舟の技術的流れが、大陸アムール地方からサハリン・北海道のアイヌの舟をたどって陸奥湾にまで達していることを現地調査から明らかにした(21)。技術の流れは比較対照するとき、時代・民族を超えることができる優れた方法であり、ここからアイヌ研究との比較研究が始まっている。鮭・鱒研究でも、漁法の比較を中心とする研究方法が有効であろう。本研究も技術伝承を核に進める。

困ったことに考古学も、縄文以降の続縄文・擦文《さつもん》・オホーツク文化と、日本本土の歴史区分と分類が変わることから、こちらもきわめて比較に慎重になってしまっている。

本書では、漁法の技術や鮭に対する儀礼の類似が本州と北海道で存在することなど、犬飼論文が北方民族と比較した問題をアイヌとの間で手がける。更科源蔵も知里真志保も、研究方法としてはアイヌを日本以外の他の民族と比較する民族学より、日本人として、日本の中での位置づけを考えて仕事をしていることから、民俗学と位置づけても問題はない。アイヌの伝承・生活技術・言語を記録し、その時代を超えて持続していく姿を見ていくという方法は、すでに彼らの膨大な研究成果の骨組みをなしているのである。書き言葉のなかったアイヌの人々にとって、このような伝承記録ほど役に立つものはなかったであろう。民俗学的方法を最も発揮しやすいのがアイヌ研究なのである。そして、本土の民俗からの視点でアイヌの民俗との比較研究を実施していく。

(二) 歴史学との協働

考古学が遺物・遺構がないと何も語れないように、歴史学は文書史料がないと何も語れない。ところが民俗学は伝承資料を中心に、歴史学の特定資料をも援用して、鮭・鱒に関する連続する事象を描くことが可能である。同時に、今まで手が着けられなかった鮭・鱒の漁獲量に関するようなデータの蓄積も、文書史料を伝承によって民俗学的に処理することができる。文書で記録される鮭の現物納数などのデータは、時代によってあまりにもかけ離れた数字が出てくることから処理しきれずにいた。しかし、伝承によってこのような事象を解明する糸口が出てきている。

歴史学は、特定の事件・事象に対して残された文書をつないで解釈していく操作が必要であるが、民俗学では伝承されていることから文書を解釈するという逆の操作が可能である。いずれにしても、伝承資料としての近世文書を、組織し、連続する事象を並べていくことで、鮭・鱒と日本人とのつながりはより多面的に現われてくることが考えられる。歴史学の一断面を捉えるのではなく、日本人と鮭・鱒の関係性や精神性が流れている姿を描くことができればよい。

鮭・鱒に関する近世史の研究では、三面川の鮭川に関するものや津軽石川の社会経済的分析などが学史に残る[22]。

種川の研究や漁業権に関する境界争いなどの研究は、いずれも出てきた文書の解釈が中心で、それが現在の私たちにとってどのような意味があるかを検証するところにまで至っていない。ましてや人工繁殖については水産行政の業績としてまとめられたものが多く、近現代史の著述は資料の解釈のみである。各市町村で出されている市町村史は、わずかに『村上市史』の中世編に鮭・鱒伝承を修験道や領地支配の関係から研究したものが特筆できるものとして残されている。

ところが、民間伝承と文書史料を組み合わせることのできる事例が越後荒川・信濃川下流部・阿賀野川・只見川の史料から得られている。歴史学ではもはや文書史料の解釈が出そろっているところに、民間伝承から新たに明らかとなる事例が出てきている。私は歴史学の手を及ぼすことのできない事象は、民俗学的な伝承を中心とした解釈から切り込めばよいと考えている。つまり協働の立場で論を進めることが大切だと考えるのである。歴史学とはその方法が異なるのであるから、当然のように結論も異なってくる。民俗学の独自性はすこしも失われない。

しかも、管見では、鮭・鱒に関する古文書を全国的に渉猟した経験上、出てくる文書類は、運が良ければ内水面漁場の境界と漁法の指定に関するものにあたるくらいで、山林文書などと比べると皆無に近い。年貢取立帳などにも物納としての鮭が登場するが、わずか一、二行の中から得られる情報は皆無と考えてよい。むしろ、川端の村からの聞き取り調査で、鮭川の入札金額などを一つの河川に沿って聞き出していく方が、よほど高度な研究といえる。このような状況に鑑みれば、鮭・鱒研究に関しては、伝承資料を中心に文書史料で裏付けできるところを利用するという民俗学主導の研究となるのである。

三　鮭・鱒民俗研究の現在

鮭・鱒を中心的な主題としてきた民俗研究は皆無に近い。生業研究の一部としてわずかに扱われてきた。民俗学の文字を冠するのに躊躇するが、戦前の研究の最高峰で、鮭・鱒について徹底的な調査記述をしたものがある。日本の鮭・鱒のエンサイクロペディアといわれる『鮭鱒聚苑』（松下高・髙山謙治著）である。後の鮭・鱒を扱う民俗研究者でこの著作の記述を超えて研究を深めた者はいない。[23]内容は教養主義的な羅列であるが、アイヌの人々の鮭・鱒に対する伝承なども漏れなく記載され、多くの研究者（民俗学に限らない）の指針となっている。

民俗学研究では、アチック・ミューゼアムを主宰した澁澤敬三のところに集った人々が漁業・漁村研究の一環として鮭・鱒を扱った。特に桜田勝徳は越後関係の鮭漁の記録を残している。そして、アチックの同人として各地方で民俗を研究していた者の中では、漁業を徹底して調べていた秋田の武藤鉄城が『秋田郡邑魚譚』をアチック叢書として発表している。[24]

これらの記述は、多くの示唆に富む現状記録であり、伝承資料である。

㈠　漁法の技術を探る民具研究

アチックの調査研究活動の後を引き継いだ日本常民文化研究所は、民俗研究を物質文化から捉えて研究する民具研究者を育てた。物質文化研究は現在、民具研究と同義語のように扱われているが、民族学的色彩の強かった物質文化研究に対し、民俗学の中では技術伝承などを扱う民具研究として位置づけられている。

鮭・鱒の研究に例をとると、その漁法についての復元的記述が求められ、漁具の機能は、使用法・製作法などの側面から技術史論的に行なわれている。製作法・使用法・材質などに徹底した正確さが求められ、ときには力学的な分析も必要とされる。報告書には復元できるだけの図面が求められ、考古学的手法との接点が多い。

このような記述で進められた鮭・鱒研究は、鮭捕りのために作る川端の鮭小屋についての研究や、漁法としてのヤス・鉤・網漁などの現状報告から始まった(25)。

これらの図面は、正確に記載されていれば、比較対照の資料として民族学的にも価値を持つ(26)。このようにして北方先住民族の漁具とアイヌ・日本のものが類似することがわかってきたのである。

技術伝承を集積し、これを分析することで、技術の伝播・技術の広がり・技術の歴史などがわかってくる。この方法は民俗研究の一つの方法として今後、特に重要になっていく要素を孕んでいる。鮭・鱒漁の現状に限らず、植物の栽培技術、衣類の製作法、鉄の取り出し方など、技術はそのまま民俗学の生業分野や信仰でのあり方を規制する部分が多い。同時に技術に関する計量的研究（その技術の有効性・有効範囲など）が進めば、民俗学はより精緻な学問体系へと発展することになる。信仰や人々の精神世界を規制する技術という位置づけも可能となる。本書では鮭・鱒研究にこの方向性を持ち込んでいる。

(二) 鮭・鱒の精神世界を探る研究

『越後荒川をめぐる民俗誌』は筆者が越後荒川をフィールドに、鮭・鱒調査を記録したものである。この調査で鮭・鱒に関わる豊かな民俗世界を垣間見た。漁法の規制、川の所有などの記述は中世史の研究にも使われた[27]。信仰では、法印と呼ばれる還俗《げんぞく》した修験者の実態を聞き取りし、オオスケ・コスケ伝承（終漁時にオオスケ・コスケと呼ばれる大きな鮭の夫婦がもどってくるので捕ってはならないとする伝承）はその伝承の担い手から直接意味を教えられた。

鮭・鱒に関する豊かな精神世界を研究しようという動きは、一つに「鮭の精霊」の面から、また一つには鮭漁に修験者が関与している問題についての研究として現われているが、いずれも鮭・鱒に関する伝承の解釈を一面から垣間見るもので、観念の世界で閉じている。

前者の神野善治は鮭の精霊が津軽石川の又兵衛人形、つまり鮭形となったものではないかとの考えに立ち、「鮭の大助」伝承も北からのエビスであることを論じている[28]。この問題は鮭の霊についての伝承を広く求める方向での研究に発展する可能性があるが、今まで見落としていた鮭の霊に関する伝承が、新たに出てくる可能性は少ない。ただ、鮭の慰霊碑などの事例を丹念に集めていくことで、北から来るエビスの本態に迫る方法が残されており、未開拓の分野である。

後者は、鮭の民俗世界の担い手を還俗した修験者に求める菅豊の研究である[29]。鮭漁に関して、鮭の産卵場所（ホリバ）に撒く石に梵字を書いたり、漁場に向かって祈禱するなど、法印と呼ばれる修験者の関与が見られる場面がある。しかし、鮭を捕り鮭の民俗世界を伝承してきた人たちは、法印がいなければ別の儀礼を執行し、鮭に関する伝承の担い手は法印と関係なく独立している。

一方、あくまでもフィールドワークを主体とする野本寛一の研究は、現在もなお採集可能な豊かな民俗事例から鮭・鱒と人の関係を描き出している。鮭と鱒をはっきり区別して研究している点は後に続く研究者への模範となる[30]。

現実に、民俗の沃野が広がっている東北地方各地では、鮭の民俗世界に関して追究が進められることを意味している。特に鮭と水神の問題、鮭と北のエビス、鮭のトーテムの問題など、アイヌ社会の伝承母体をしっかり包んだ上で分析と研究をする必要がある。

すでに折口信夫は『民族史観における他界観念』で、

日本人の古代生活に関連なさ相《(ママ)》に見られてきた仮面と、とてむ（トーテム）の事には、其のままにしておけぬ繋がりを覚える。

とし、次のような刮目すべき考えを示しているのである。

我々の周囲にもとてむ（トーテム）崇拝と同じものを持った人があって、日本民族の一部となっている。アイヌの熊・梟・蛙・狐・鮭などに対して抱いている観念と所作は、他の種族、部族に行われているとてむ（トーテム）と肩を並べるもので、別殊なものとは思われぬ。沖縄の同胞も同様なものを持っている。宮古島の黒犬・八重山（石垣島）の蝙蝠の如きは島人皆その親昵関係は自ら認めているが、何と説明しようもない為に、長い過去において、其々の動物の子孫だという……悪口は半分は認めているような形になっていた。

折口の炯眼は「他界の生類を人間の祖先と考える」ことで「天空説」「海彼岸説」いずれにしても、

動物が黄泉の国で果たす祖先としての位置づけを述べるところに表われている。動物を他界の生類（祖先）とする事例では白鳥や鯱《しゃち》などが含まれようが、ここにトーテムとのつながりを見るのである。[31]
実証研究を重視する柳田國男も、鮭のトーテムについて示唆に富む論文を発表している。

東北の鮭に助けられた話や、鮭と共に祀られている先祖の兄弟の話などを見るとよほど北米の土人の間に存するトテムの信仰と似て居る。フレエザー先生などのトテム考には、此程度の事実が有れば、トテム信仰の昔あった痕跡だと認めていられる。しかしそれは今後の興味ある研究問題というのみで、今はまだ少しでも確定した事実でも何でもない。其前に先づ我々は忌がタブーと全然同じものか否かを、もっと多くの事例によって確かめなければならない。[32]

柳田國男の『先祖の話』が発表された太平洋戦争後は、柳田の力のこもった時期である。一方の折口は、数年後に淡々とした筆致で柳田の論文を受けるように、先祖についての論文を出しており、好対照をしめしている。折口の『民族史観における他界観念』は先祖について考察する碩学の理論構成が見事に表われている。実証を重んずる柳田が、先祖の行方を山や田の神との関連に重点化しているときに、古代研究の成果から「先祖」の立体的把握をしている。
鮭・鱒のトーテムをめぐっては、折口信夫の学的継承こそが、低調な鮭・鱒の精神世界を追究していく際のヒントになろう。

四　日本民俗学の方法と鮭・鱒研究

(一)　民俗学の方法論をめぐって

日本民俗学の方法論には重出立証法と周圏論があった。そして鮭・鱒をめぐる民俗研究では、今まで記してきたように、技術論が有効であった。鉤の分布や居繰《いぐ》り網漁の広がりといった特定の漁法が広く大陸にまで繋がることは、技術を比較して同質性を囲うことによって、明らかとなってきた。民族学でも同様の方法によって文化圏を策定している。鮭の信仰形態や漁具の同質な所を枠で囲った「サケ文化圏」である。民俗学が重出立証法で細かく民俗事象をまとめ比較する操作と似ている。民俗学は伝承母体一つ一つに寄り添っていくという面で民族学のような文化圏策定には慎重を期してきた。これは、民俗学が生活者の立場から技術の同質性を考察する学問である特色に拠っている。「サケ文化圏」という枠を設定することが研究の目的ではないからである(33)。

しかし、民族学の文化圏の考え方は、事象の類似を重ねるという意味では独自の方法論で勝ち取ったものではなく、民俗学と同様、重出立証法的研究の結果と考えられる。

資料(34)はそれが伝承されてきた伝承母体から切り離されて、類型の中の一事例として処理されてしまう。

と福田アジオが危惧するように、民俗学ではあくまでも伝承母体の中での諸要素の連関から研究を進める必要があるのだ。鮭のハツナ儀礼のみを取りだしてアメリカ・インディアンと比較する以前に、ハツナが配られる範囲を生活者の視点から調査し、その意味を伝承母体の中で探ることが先なのである。

民俗学での鮭・鱒研究がかくも低調である原因の一つは、このように海外との比較を華々しく行なう民族学への遠慮が底流していると私は考えている。福田アジオが民俗学の課題の中で、述べている。

従来の重出立証法にとって代わるべき方法は、民俗事象を伝承しているそれぞれの伝承母体において、諸事象の相互連関を実証的に明らかにして、その伝承母体における相互連関した変化・変遷の過程についての仮説を提出し、各地での検証を蓄積することで、一般理論化することである。すなわち、今までは分離していた調査と研究を統一し、それぞれの調査の過程で分析を加え、研究として提出することである。(35)

このような方法は、サケ文化圏という線引きを導くものではない。伝承母体の中で、諸事象の相互連関を突き詰めていく方法である。漁法について、鮭伝承について、鮭小屋について、といった個々の研究成果を各地で総合し、その上で類似性を提示してその意味を探るという方法になる。

越後荒川のオオスケ・コスケ伝承を検討した第五章「鮭の精神世界」は伝承の時間と空間を徹底的に調べたものである。伝承の母体は、荒川流域の鮭捕りの漁業者であり、語られる場所は鮭小屋の中であった。そして、上流域・中流域・下流域で微妙に伝承が異なることを突き止めた。そして調査範囲を信濃川・阿賀野川・最上川などに広げた。

私自身が川辺の鮭漁業者から時間・空間を意識して聞いた話をつなげていく方法を取ると、オオスケ・コスケ伝承は従来の研究者の仮説とずいぶんかけ離れた方向に行ったのである。そこには修験者の関与はなく、恵比須講の日取りについてもずいぶん任意である現状がわかってきた。従来固定化して考えていたこれらの伝承の性格は、より広い民俗研究の沃野へと広がる可能性を秘めている。時間・空間という計量化の可能な世界に調査の視点を移して伝承母体に迫った結果である。

同様に、漁法については徹底してその道具の可能性を漁業者の聞き取りから検討した。なぜそこにこの漁具が残ったのかという問題は、漁撈習俗として伝播論や技術論で語られてきていた。しかし、伝承者の視点に沿って漁法に分析を加える（漁獲率や技術的類似性）ことで、伝承母体そのものの存在価値が浮かび上がってくる。鱒捕りでは流域で特定の村が専門に捕り続けている場所がある。この村の流域での位置づけを探る研究から、鱒という魚の流域村における価値が浮かび上がってくる。このように新たな研究へと進むきっかけとなる。

いずれにしても、一つのまとまりとしての伝承母体を探し出し、そこでの定点観測、聞き取り調査、文献資料の収集などの調査を実施し、伝承母体を中心に一つの地域を徹底的にモノグラフする手法によって、ここから導かれる一つの仮説を示したい。そして、この仮説を中心に別の地域との比較研究をする手法を取る。

この論考では、具体的に、越後荒川流域、三面川流域などを一つのまとまりとしての伝承母体とする。ここで得られた分析から、仮説を導き、他の地域と比較していく手法を取る。

㈡　生態民俗学的方法論の継承

野本寛一が提唱した生態民俗学は、生業研究の分野できわめて有効な方法論を提供している。民俗現象を「自然と人間のかかわり」という原点にさしもどして見つめ直す野本の調査方法とその記録から、環境民俗学の嚆矢となる多くの概念が提案されている。民俗連鎖・適応・遷移・共生といった生態学の概念が、人と自然のかかわりの中で民俗学的に援用され始めた(36)。

鮭・鱒の民俗研究にとって、生態民俗学的方法は特に有効である。鮭・鱒の動物としての生態からくる特性を理解しなければ、ここに人が関わっていく筋道は、漁法であれ、鮭・鱒の民間伝承であれ、明らかとならない。鮭・鱒の生態が人の生存を規制する事例もある。

環境民俗学の概念はまだ十分に成熟しているわけではない。しかし、人は自然環境からどのくらいの恩恵に与っているかという一面を取ってみても、研究はまだ緒に就いたばかりである。鮭・鱒の伝承を収集すること自体が環境民俗学的な営みである。

そして、鮭・鱒に関する生業（鮭・鱒の漁獲）が成立している所は、鮭・鱒溯上河川流域である。鮭・鱒の存在なくして生業は成り立たない。自然の中での生業の役割を自然・環境との関わりで探っていくこの方法は、人の生存を自然環境・社会環境の中で見つめていく方法なのである。

フィールドワークを重ねていると、一つ一つの民俗事象が鎖のように繋がっていく現実に出会う。

これは社会的機能の連鎖なのであるが、自然の中で生きる人々にとっては民俗連鎖と呼んだ方が自然の一部としての人間の性格がより把握しやすくなる。

かつて筆者は、熊が冬眠から目覚めて最初に食べる山菜の群生地が、熊の巻き狩りの最初の場所であることを調べ、熊狩り衆の行動が山菜の生育と関係していることを報告した[37]。特定の植物に依存する熊が、この植物を指標とする狩人から追われる。そしてこの植物を熊捕り衆も食べるようになっていくという連鎖は、人が自然と関わる生態民俗的連鎖と捉えられる。

ところが、このような民俗連鎖を指して、「自然」「環境」と人間の関係性をア・プリオリに共生的なるものとして礼賛する点を指して、批判されることがあった[38]。

人が自然環境と共生する場合、大きく二つの視点が用意されていると筆者は考えている。一つは人が環境を守ることで生存の持続を図るという意味での共生で、秋道智彌が「人間中心主義」と規定したもの。また一つは自然環境にはそれ自体に価値があり、人間的な価値や意味づけとは別に野生や自然を守るべきだという考え方で、自然保護の原理主義とか「環境主義」と呼ばれるものである[39]。

「環境主義」とは、人の行為が環境に及ぼす相互作用を研究対象とすることを一義的なものとせず、自然間の相互作用に関するものである。したがって、とことん「環境主義」を推し進めていくと、人は自然を破壊した新参ものとして位置づけられ、共生という概念そのものを否定しなければならなくなる、というのが批判（菅、二〇〇二）の根拠である。

ところが、自然環境を利用して生きている人間という位置づけからの共生の考え方は、人が自然環境との相互作用で生存の持続を図るという立場を取る。野本の生態民俗学から環境民俗学に至る筋道では、自然が人に恵与的である場合も障害的である場合も共生として位置づけている。筆者自身は「環境主義」に立っているわけではない。そして、後に記述するように、筆者が追究する生存のミニマムという考え方は、「人間中心主義」の共生的存在としての人間が、自然の中で特定の植物や動物をどの程度抽出していたのかという問題なのである。人が自然環境と共生・共存的に生きることから生存が可能になったことを否定する人はいないだろう。生態民俗学は特定の生業と環境との共生・共存関係を扱う学問であるとの考え方に筆者は立っている。

そして共生・共存関係の崩れていく過程が民俗変容であると捉えている。だから、人間は自然環境の中でア・プリオリに共生的な存在であるとの考えから出発しなければ研究として成立しないのである。

たとえば鮭は、今でこそ溯上数の安定を見て生産量が落ち着いている。ところが明治末までは豊凶の差が激しい。このような自然の中で人がどう鮭を確保し、生存を確保したかという問題は菅の批判(菅、二〇〇一)する「ア・プリオリに共生的で予定調和的問題」から出発しなければ明らかになしえないのである。捕れたときは捕れたときの、捕れないときは捕れないなりの人の行為がある。

「自然から人の生存に必要なものがどれだけ得られるか」を生存のミニマムとして調査を続けている筆者の立場から言えば、予定調和でもア・プリオリに共生的なものでも、それがどの程度であるのか、計量化してみなければ本当のところはわからない。

筆者は生態民俗学的方法論に計量化を取り込むことで、鮭・鱒研究を深化させたいのである。このような量を扱う調査の視点は、民俗調査項目で抜け落ちてきた面の補強である。具体的には漁法の効率を検討しながら養いうる人の数を考えたり、孵化事業の実態から鮭と人の生活を考えるという研究テーマである。

野本の生態民俗学は、従来の日本民俗学が発展段階説をとって説明してきた焼畑から稲作へというような段階説とは別の研究方法である。稲作に移行しないで現在まで焼畑を実施している地域の事例などの検討は、従来の民俗学的手法では分類するだけであった。その持つ意味の説明をしないで過ごしていたのであるが、新しい枠組み（生態民俗学）から人の生活と自然のかかわりが説明できるようになってきているのである。新しい説明の方法が必要である限り、新しい枠を創造する必要がある。

ところが、現代民俗学の柱の一つとして標榜しはじめた環境民俗学の枠組みには、このような生態民俗学を継承しようとする動きが弱い。

(三) 現代民俗学

民俗学の生業研究で発展段階説が有効に働いたのは、稲作以前の研究である。里芋から稲へ、焼畑から稲作へ、照葉樹林文化論では焼畑のいもから稲作へ、という筋道が証明できたものがあった。ところが、現在の生活の実相では、このような段階的な筋道が成り立つものばかりではない。特に人の生活を扱う生業研究では、進歩していないと考えられる事例を数多く扱うことになる。このような部分に環境民俗学的な方法が特に有効なのである。ところが、現代民俗学として提示されてきたものは、相変わらず過去から進歩してきた現在といった段階を強く意識した言説であった。佐野賢治は現在の

民俗学に課せられているものを次のように捉え、

ムラ社会での民俗のあり方を理念型としてその変質過程を求め、さらに言えばその溯及に意を注ぐことなどは現代社会にあっては有効性を持たず、むしろ慣習と制度の相互作用のダイナミズムの中で、その意味を問い、また新たな民俗の創生に目を注ぐべきである。……七夕の起源を問うよりもなぜ、それらの行事が行われるのか今日的意味をまず問う視点が大事である。(40)

ことを述べる。たたみかけるように、篠原徹は、

現行の民俗を使って過去のある時代を復元するため、……民俗学が何かを提供できると考えるのは大きな誤りである。伝承されてきたもの、されていくであろう現在の民俗の姿を通して、現在それを担っている人々の民俗社会を理解する。……人間理解の方法としてどういう意味をもつものかということが民俗学の目的ではないのか。(41)

と、問題提起する。このように現代民俗学を掲げる人たちの考え方には、「過去から発達してきた」現代民俗学という進歩の視点が色濃く出ていることが指摘できる。

篠原が述べる、過去のある時代を復元するためにあるのではないとすれば、民俗誌として蓄積してきた膨大な資料が、宙に浮いてしまう。民俗誌は生態民俗学的な「人と自然の相互作用」などを扱い、

社会生活に及ぼす環境の影響を細かく描いてきた。これは復元的研究であり、そのことによって民俗学が発展し、資料の蓄積が進んできたのである。この生活の実相が段階的に変わると考えるのは早計であるし、復元的研究をやめれば人間理解に至るとは考えられない。

同時に、丁寧にムラを歩き、調査を重ねてきた研究者の仕事は、復元的記述に主体を置くことが多く、現在の民俗の姿から、ある特定の時代の生活の実相を求めている。それが学問的に評価されないということになれば民俗学自体の瓦解が生じる可能性がある。民俗の方法として他の学問にはないフィールドワークを最も大切にしてきているのに、このような齟齬が生じてしまう危険を感じるのである。しかも、自然環境の中で共生的・共存的存在であった人間という視点は、過去のある時代の復元的研究から明らかになってきたことである。現在のように自然から離れた所（現代都市の中）で共生や共存を論じても説得力を持たない。一昔前でもよいから「こんな共生的生活があった。共存の事実は村の中のこんなところに表われていた」とする研究こそが、行き詰まりを見せる現代のわれわれにとって大きな価値を持つことになる。人の生活を極め、生活を改善していく視点は、過去のある時代の復元こそが最良のテーゼである場合もある。今はやりの循環型社会などの考え方が出てきたのも、過去のある時代の復元的研究からであったはずだ。

そして、民俗事象の溯及に意を注ぐことが現代社会にあって本当に有効性がないのか。溯及に意を注ぐことでわかってくる日本人の精神性はないのか。私は日本海に特徴的な川崎船を調査し、船匠たちから、技術に対する日本人の凄まじいまでの執念を垣間見てきた。船の改良という技術の変遷を溯及していくことで初めてわかってくる日本人のメンタリティーがある。民俗事象の溯及から現代建築のあり方を研究する学問もある。現代民俗学としてくくられた考え方は環境民俗学が現代民俗学として有力な位置を占めることを述べていながら、溯及的方法を軽視することで、環境民俗学として人と環境のあり方を探る方向性が見えてこないのである。

現代民俗学の研究が、言葉を置き換えて「現代のわれわれにとっての意味を探る」ことであれば、文書史料から現代にとっての意味を探る歴史学との区別がつかなくなる怖れもある。

現代民俗学が従来の民俗学の延長線上にあるのであれば、篠原の言う「民俗とは、人が自然に向かい合い、技術を駆使し、言葉を練り上げて思想へと高めていく『生きていく方法』としての民俗である」(42)という言葉は理解できる。しかし、現代民俗学が人の歴史が始まって以来営々と続くムラ社会の中での溯及的方法を捨てたとき、手元に残る民俗事象は形骸化したものでしかないことは火を見るよりも明らかである。ここから現代の私たちの人間性を追求していくような研究が生まれることはない。

菅豊は新潟県山北町の大川で行なわれている鮭漁にこだわり、各種の鮭漁を「深い遊び」と名づけて、経済活動の主たる地位を占めない「副次的な生業(43)」と位置づけている。漁撈を遊びと捉えている(44)。発展段階的に現在の生業を捉えていくと、このような結論が導き出される。今標榜されている現代民俗学の文脈からは妥当な結論であろう。現在の姿から現象面を把握しているからである。

ところが、遊びで捕られて配られたとされる鮭がどのように利用されているかよく観察していない。もらった側は喜んで食事に出しているのである。鮭が最も捕れる二〇万円、一五万円もする漁業権の場所で、年間五〇〇本から七〇〇本の鮭を獲得するために、どのような駆け引きをしているかも、ムラ社会の中で社会学的に分析すべきである。遊びではなく生きていくための生業なのである。

このような研究が現代民俗学の方法であれば、伝承母体そのものの意義を考えるという従来の民俗学的研究の深まりに期待が持てなくなる。現代民俗学が現在は段階的に過去と別の位置にあると考えれば、現在を中心的視点にした場合、伝承の連続という歴史の流れを二次的にみなして軽視することになり、伝承母体そのものからしっぺ返しを喰らうことになるのである。

現代民俗学が現在の問題を追及していくことに主眼を置いて、現在にまで残っている知識を「民俗知」(篠原の用語)なる言葉で代表させて、かつての優れた伝承を歴史的伝承から切り離した場合、学の瓦解の起こる可能性を指摘しておく。一つには、自然と人間との「かかわり」を研究していく生業研究では、「かかわり」の中に歴史的要素が包含され、自然淘汰的に優れたものだけが「民俗知」として残っているのではないということを銘記しなければならない。自然と人の「かかわり」が、歴史的に消滅したものの中に、これからのわれわれの生存の持続に寄与する大きな要素が残っていることが多い。政策が失敗したことから生業に関する民俗が消滅したものがあった場合、歴史的に溯って失敗の要因と当時の民俗の構造を検討しなければならないのである。この作業は、現代民俗学が嫌う歴史的復元作業である。たとえば、戦後の河川漁業では、漁業協同組合同士を合併させ、一川一漁協とする行政指導が進んだ。現在もこれが推進されているが、これは鮭・鱒漁業にとって明らかなミスリードであったとする考え方が今後出てくるものと思われる。一つには鮭・鱒は誰のものかという問題。また一つには漁業協同組合の一本化による、河川の所有権の問題である。河川改修などが飛躍的に進む素地を作ったのは、各流域村の所有権の放棄が元になっている。それが河川にとてつもない税金を注ぎ込む結果となり、ひいては漁業を衰退させているのである。漁業権が流域村で保持されていた時代の復元的研究こそが川漁業を復活させうる最良の学問的筋道であることが考えられる。

また、ダム建設によって水没した集落について、生業の復元的研究を重ねることによって、ダム建設という政策自体の是非を問うことさえ起こりうるのである。ダム建設の是非は民俗学的にこそ考察されるべきであり、そのことが政策に影響を与えてこそ、生存の持続という価値目的的な研究が成就するのである。

人類学ではコモンズという概念でこれら人と自然の「かかわり」を追究している。「人間が自然をいかに文化のなかに取り込むかについての探求」を根底に、「自然の一部を共有（資源）とする観念、慣習、制度とその変遷を明らかにすることをめざしている」(45)。秋道智彌はG・ハーディンの「共有の悲劇」を引用して、資源が誰のものでもない共有の性格を持てば、濫獲され枯渇することになり、皆が悲劇を被るというテーゼを紹介する（秋道、一九九九）。そして、共有のルールを研究する意義を強調する。

ローカル・コモンズ　　地域の共有地（共有資源）

パブリック・コモンズ　　社会一般や国家によって共有される場ないし資源

グローバル・コモンズ　　地球上に偏在する空気や海などで独占的に所有できない資源

これらのコモンズが重層的に絡み合っている事実を解きほぐしていくことで、人と自然の「かかわり」を追究していくのである。

この方法は、民俗学の生業研究にとっても重要な視点である。民俗学では一部ですでに詳細な研究を進めてきている分野でもある。焼畑の所有権と入会の関係などはローカル・コモンズであるし、河川の所有権などはパブリック・コモンズである。ところが、民俗学も人類学のコモンズ研究にとっても研究対象として取り組まなければならないのが、コモンズの許容量である。

たとえば、鮭・鱒が特定の河川に溯上する許容量は一体どのくらいであるのか、そしてそれは誰のもので、どのように捕獲する慣習ができているかである。これについての詳細は、第一章で越後荒川の鮭・鱒漁を例に論じるが、河川のかつての所有形態は各集落が保持し、人の生存の持続に適う方向で存在していたことを指摘できる。また、なぜ河川の所有権が一本化されてしまったのかについての研究は、重層的なコモンズ研究の一例でもある。この復元的検討なくしては民俗研究の継続はなしえない。発展段階的に現在の姿があるという現代民俗学の追究の姿勢では、ただたんに鮭・鱒を捕りすぎていなくなってしまったから漁業協同組合が一本化されて増殖に力を入れるようになったという浅薄な結論しか導き出せない。生態民俗学的に漁法の有効性がどの場所で狂ったのか、最適な漁法は河川のどこで有効であったのか、というような問題にまで踏み込まなければ、漁業権の問題ひとつをとっても、それが環境とどのように関わっていたのか検討することはできない。現代民俗学に求められる本当の姿は、このような人と環境の関わりを掘り下げて、人が生きていく筋道を導き出すことではないのか。筆者は発展段階的発想を捨て去ろうとするものではないが、生態民俗学的に鮭・鱒の生態からくる事象を復元的に検討しなければ、人の的確な行為がどのようなものであるのか求められるものではないと考えている。

この方法は、従来の民俗誌が扱う「個人史」の研究によっても進められている。個人のライフヒストリーを手段に、人の生業のあり方から社会・家・村のつながりを描く佐藤康行の『毒消し売りの社会――女性・家・村』は、生業から人の営みを重層的に描く研究となっている。(46)この方法論は今後の民俗学にとって、コモンズ研究を意識化していく上で重要な視点であり、生業と社会関係を追究する重大な問題として浮かび上がってくるはずである。この論考においても、鮭・鱒は誰のものであるのか、村の中で重層的な社会関係を扱うことになる。

私は、民俗学の使命に、柳田國男の「農民はなぜ貧なりや」の問いに対する、現代からの答えを用意する必要があるとの考え方に立っている。食事も十分に摂れない農民は、今の日本人の食料事情と異なる。ところが現代日本では自給食料が決定的に不足しているという事実がある。日本人が捨て去ってきた民俗知がこの食料自給率の激減を招来している。日本人の生存の持続を図るという価値目的説明による筆者の研究は、コモンズの研究とあまりにも似通っている。

民俗学の蓄積してきた生業研究は、今後、人々の生存の確保にとって愁眉の急となる可能性が高く、政策的に捨て去られてきた民俗を復元させ、歴史的復元主義を駆使してさえ明らかになしうるかどうか覚束ないのである。

(四)「生存のミニマム」という視点

現在、溯上各河川の鮭・鱒漁獲総数が大した数でない現状から、「鮭・鱒漁業は副次的な生業」という位置づけをしたくなる人がごく一部に出てくるのは仕方のないことである。しかし、歴史的に大量に上った記録のない小河川で年間千匹を上回る鮭を揚げている勝木川（新潟県山北町）や、かつて一五万尾上っていた川が、戦後には千匹まで落ち込む状況を危機的にとらえ、多くの手段を駆使してコンスタントに二万匹の大台を続けている三面川の例を見るまでもなく、北洋からの鮭を購入した方が経済的にははるかに安上がりであるにもかかわらず、地域の漁業協同組合が莫大な予算をかけて、競ってカムバック・サーモンの活動を続けている実態から目を反らすことはできない。

筆者は、「人の生存を維持するためには、どのくらいの山菜・鮭・鱒・獣などをとっていればよいのか」=生存のミニマム、自然界からの採集活動（山菜採集・漁撈・狩猟）の量を求めることに腐心してきた。

山の自然がどのくらいの人間を養うキャパシティー（許容量）があるのか、調査を続けている。ダムがなかったかつての河川源流部山間集落で、溯上した鱒をどのくらい捕っていたか聞き取りすると、奥三面では「一軒最低一〇本」という言葉が反射的に返ってきて驚かされた。山形県小国町小玉川では「年間一〇〇本の年があった」とする伝承に接している。

そして、越後荒川筋には鮭捕りを中心に漁業のみで暮らしてきた村が戦前まで四カ村存在し、今も漁業で暮らしている専業漁業者（漁師）がいる。もちろん、鮭のみでなく、春はシラウオ漁から始まり、鱒・アユと夏まで進み、秋から本格的に鮭を捕っていたのである。川のキャパシティーも莫大であることがわかってきた。鮭の消費量も、溯上数、捕獲数などを考慮に入れて具体的な研究に入るべきである。

人を養いうる鮭の量という視点から、アイヌの人々が鮭を食材の中心に据えているかのようにイメージしている人が多い。ところが、アイヌの人々の食事について調べていくと、澱粉質のカボチャやプイ（エゾノリュウキンカ）の根に溜まった澱粉を鮭のオハウ（スープ）で共に食しているという実態が分かってきた。澱粉は基礎的な栄養である。採集活動の中でも、栗の澱粉山（集落のまわりに設けた澱粉採取の山）などを今も保持している山間集落がある。

日本人は米に呪縛されている。米を中心に据える食文化では、米の栄養学的に優れた特性が強調されて、米さえ食べていれば生存が持続できると、日本人は考えてきた。主食という言葉もここから生まれたものであろう。稲という優れた植物に皆が依存し、米の収量を増やすという価値観が、弥生時代以降二〇〇〇年の間、人々を支配してきた。稲作の精神性は、単年度でできた種子を「殖やす」方向への発展段階であった。

主食がなかった東北地方以北では、雑穀・山菜・狩猟の肉など、食べられるあらゆるものを貪欲に集めてきた。ここでは、「殖やす」方向よりむしろ、多くの種類を毎年、組織的に利用するために、自然の中で「再生し循環して」入手することに主体があった。

鮭は「再生・循環」の自然からの恵みであった。当然のように米に主体をおけない地方では、主食という概念はない。鮭は食料ではあったが主食という位置づけはできない。稗と鮭を組み合わせたり、栗と鱒を組み合わせたりして食を維持してきたのである。

山間集落がまわりに栗山を澱粉山として配し、生存できるだけの澱粉を保持していたように、アイヌの人々も、東北地方の人々も、澱粉をとる場所は決められていた。そして、米と違って組み合わせの食文化の中に生きてきたといえる(47)。

食材の組み合わせでは、秋田のキリタンポ鍋に入れる比内鶏と、サクと呼ばれる苦みのあるセリ科の植物がある。鶏のダシにほろ苦さを出すために芹が多く使われるが、秋田山間部ではサク（シシウド）を使う。この植物は熊の大好物で、岩手県沢内村の狩人は「マタギの山菜」と呼んで親しんでいる。また、熊を捕ったときに熊肉料理をするために入れる山菜にアザミがある。アザミはやはり苦みが身上の山菜であるが、肉の臭みを消す。新潟県山熊田では、かつて熊の料理にはアザミしか入れなかったという。サハリンのニブヒが使うトウクスという植物の根茎はゴボウの味である。ゴボウは肉料理に好んで使われるが、出自も北アジアといわれているアザミと同じキク科の植物である。

肉の臭みを消すために絶妙に配された採集植物がある一方、鮭の生臭さを消しておいしいスープにするギョウジャニンニクのような植物もある。鮭のオハウには多くの澱粉質の食材（ドーナッツ状のオオウバユリ澱粉滓）が加えられている。

鮭を中心に生存のミニマムを割り出す研究は、米などの澱粉質のカロリー計算などのように、簡単に出せる性格のものではない。組み合わされた食材を考慮に入れた研究にしなければ正確さを欠くことになる。熊肉と山菜、きりたんぽと山菜・鶏肉のように料理の中でカロリーを割り出さなければならない。

生存のミニマムを、「自然界から取り出しうる量」と規定する。数量は鮭・鱒の本数や溯上全体数に対する割合を中心としている。取り出す際の方法は、漁法の効率や漁場の最適化から考察していく。

一軒で一年間、何本の鮭・鱒があれば生存が可能なのか。東北地方には「米の不作の年には鮭の豊漁」という言葉が残っている。秋田県仙北地域には「藁にくるまれたくて鮭が上る」という諺がある。実のならない藁にくるまれるとは、米が取れないときの鮭という意味である。

三面川では戦後、鮭が激減した。統計数が出せないまでに姿を消した。密漁である。夜中に鉤で引っかけてすかさず風呂敷に包み、家に持って帰ったのである。この鮭が飢えた人の命を救った。一家五人として、この鮭で何日食べつないだものだろう。

アイヌのコタンに生きた更科源蔵の詩に「セッコの詩」がある。(48)

久しぶりで貰った鮭《あきやじ》で飯を食っていたら　セッコが入ってきた
よオー先生不景気知らずだなアー
おまへんどこでこそ採卵場さ行っているんだもの　ズッパリあるべさ
ないヨー　腸《はらわた》とアラばっかり母《ハポ》しょって来て　冬に食ふんだって焼乾にしてあるよ
焼乾にするほどあればいいんでないか
そんだって　そうしなければ冬食ふものないんでないか
四年生のセッコは教科書にない
深い深い生活のひだをしっているんだ

昭和五年、屈斜路湖畔のコタンに代用教員として赴任した更科源蔵は昭和六年『コタン挽歌』の中の「コタンを去る」に、当時の状況を描いている。食べる鮭さえ手に入らないコタンの代用教員であった。セッコは子供たちの一人である。母親が鱒の採卵場で働いていたのだが、それでもアイヌの人たちには鮭も鱒も手に入らないのだ。

東北地方から北海道にかけて、人々を養ってきた鮭・鱒について、「生存のミニマム」という視点からの調査研究は、どのくらいの鮭・鱒の漁獲があれば、流域の人々は生存を確保し、子々孫々まで生存が可能なのかを中心に考えていく民俗研究である。当然のように、鮭・鱒を捕って食してきた村を持続して観察し、食のミニマムを出そうという試みなのである。「生存の持続」に焦点を置く。研究では、漁場の面積、鮭・鱒の分布、漁獲高とその性向など、従来の民俗研究では抜け落ちていた量を扱うことになる。

①漁法は最大限の漁獲率を維持する漁法をあみ出したり、選択していただろう。——〈体軀の延長と有効性〉〈面の占有〉

②鮭・鱒の溯上の実態はどのように認識され、数を減らさないためにどのような方法（具体策や祈り）を取っていたのだろう。——〈習性伝承の認知〉〈伝承認知の応用〉

③流域の人々を飢えさせないだけの量の確保があっただろうし、そのための社会組織が存在していただろう。——〈食をめぐる地域社会の伝承〉

④東北、北海道の鮭と共に生きてきた人々に、独特の精神世界が残っているだろう。——〈伝承の表象〉〈伝承の時間と空間〉

鮭・鱒の実態を計量化し具体的な分析をする道具として、行動生態学の古典的モデルとされる最適採食理論（optimal foraging theory）は「生存のミニマム」を考える上で重要な概念である。行動生態学では食物を確保するとき、捕食者の最適化分析は自然淘汰理論の抽象的な原理に則れば進化のプロセスとの単純な批判を招きやすいが、実際は個体に対する捕獲の戦略である。この論考では淘汰というきわめて生物学的問題とは一線を画す。きわめて限定的に、生存の持続のために必要な量を割り出す行動生態学の考え方を援用する。

単位採餌（鮭鱒漁獲）時間当たり餌量＝餌量／採餌（採捕）行動に費やした時間

の指数と、どの場所で採餌（採捕）するかという、最適パッチ利用（optimal patch use）の考え方を取り入れて、研究を進める。

生存のミニマムは、今まで述べてきたように、人が生存の持続のために自然環境からどのように、どの程度餌量を抽出していたかという研究でもある。動物としての人間という視点を重要視し、「環境主義的共生」的追究も踏まえた上での「人間中心主義の共生」を志向するものである。行動生態学の古典的モデルが有用であるのは、環境への適応の度合いが高い動物（人間）は自然淘汰の中で生き残ってきた最優秀のものであるとの考え方に立つ。生存のミニマムは、最も高いレベルでの最適採餌（採捕）行動と、最適パッチ利用を駆使していただろうとする大きな仮説を前提としている。

最適採捕行動は漁法として、最適パッチ利用は漁場の発見・確保・占有として現われたであろうことを仮定している。鮭・鱒の採捕に際しては最適な漁法を駆使し、最も鮭・鱒が捕れる漁場を発見・確保・占有していたことが常識的に推測される。そしてその実体はどうであったのか。

行動生態学は、その方法として、複雑な世界での複雑な行動を研究するために、仮説に基づく簡単かつ抽象的なモデルを設定し、それを経験則に照らして検証することを繰り返す「仮説 - 演繹法」という研究戦略を用いている[49]。

本書でも、仮説に基づく簡単なモデルをグラフなどで表わし、調査した民俗伝承と照らし合わせながら演繹的に仮説の当否を検証していく。これを繰り返すことによってより確度の高い仮説を導きながら生存のミニマムの要素を探し出していく方法を取る。

具体例として、鮭の溯上数に関して、江戸時代の流域運上数がある。これの数値から流域での鮭の総数や各集落での数を推測する。このような操作を繰り返して、漁場の適否、漁法の適否などを検討していくのである。本来、仮説の段階は民俗事象を集めて、帰納できることが好ましいが、鮭・鱒に関してはその資料的な蓄積がほとんど無いに等しい。従来の民俗学がいかにこの分野で蓄積を怠っていたかわかる。この不備を補うための方法論であり、仮説の設定とそれに基づく簡単なモデルはすべて伝承母体を同じくする場所で行ない、定点観測として演繹していく方法を取る。

生存のミニマムを出そうとする研究は、奥三面遺跡群の発掘に携わってから持ち続けてきた私の民俗学的研究テーマである[50]。三万町歩とされる奥三面の山の持つキャパシティー（人を養いうる許容量）が、縄文人の生存を持続させてきた。二〇〇〇年、ダム建設に伴う離村まで人々を養い続けてきた山のキャパシティーを定性的・定量的に説明したい。従来型の民俗学は、統計的説明を駆使してはいるが、結論は新しい認識に到達しておしまいである。そこで、人々の生存の持続を価値目的的に研究する。奥三面遺跡群は鱒の溯上圏で莫大な鱒を捕っていたことが推測できた。川魚に対する依存度はタンパク源のかなりの割合を占める可能性が高い。生存のミニマムとして、どのくらいの鮭・鱒食料が必要であったか（自然界からどのくらい抽出できるのか）というテーマは、今後民俗学が提示していか

なければならない重要な課題（生きる筋道を考える）であると確信している。(51)

鮭・鱒の定量的な研究と併行して山のキャパシティーを割り出す調査研究を続けているが、山の持つキャパシティーと川・海の持つキャパシティーが明らかになって初めて私の研究は完結するのである。しかしはるかな道のりのとりかかりとして、まずは鮭・鱒の生存のミニマムから取り組む。(52)

第一章　鮭・鱒の漁法——体軀の延長と有効性

一　川漁の姿

㈠　鮭・鱒漁業は川から始まった

川漁研究の意義

人が生活を始めた場所は水辺である。世界文明の発祥地が川に沿っていることは周知されているが、東日本の村々も、用水・川などを中心に領域が設定されてきているところがある。中世の荘園あるいは国衙領は、流域が一つのまとまりである。東北地方においても、鎌倉武士は、川の流域を自身の領地として押さえ、川を交通の要衝とし、水産物・鉱物を取り出した。当然のように、川は軍事の要所としての位置づけを強くし、関所・要害は自身の領土を守り発展させる川の流域に設けられてきた。

江戸時代に入ると、川の役割はいっそうその価値を高め、寒冷で十分な米の取れなかった東日本の各地では、早いところで寛文年代（一六六一〜七三）頃、遅いところで寛政年代（一七八九〜一八〇一）、石高制（米を流通経済の基準とすること）が確立するまで、川から揚がる財によって藩財政を維持していたところが多い。特に東北地方の各藩は、流域から生産される金・銀・鉛といった鉱物の開発や鮭・鱒によって藩の礎を築いてきた。当然のように川漁・川の交通などで生活を立てる集落が存在した。鮭・鱒や、落葉広葉樹の森にあるドングリなどが人を養ったから縄文時代の東日本優位が成立したことを説いたのは考古学者・山内清男の「サケ・マス論」である。(1)

鮭・鱒は人が海に進出する以前、川に溯上したものを捕獲する内水面漁業であった。アイヌの人々も鮭を重要な食料とし、鮭の溯上に備えた居住形態をとっていたことが知られている。ユーラシア大陸沿海州やアムール地方の先住民族、アラスカ・カナダ先住民族の一部も鮭・鱒によって生存を確保してきた。鮭の皮の靴・服が存在し、神話やトーテムとしても人の存在を支えた。(2)

川漁研究の動向

川が人々の生活の基本に座っていればこそ、ここは漁法・漁業権・水利権・信仰の揺籃の場であった。鮭・鱒は古の書や風土記・紀行文などには断片的な記録しかない。『古事記』には縄漁（延縄）の記述がみられ、各地の風土記には、特産品としての魚（鮭・鱒・鯉・鮒・アユ）が、漁法と共に記述されてくるようになる。なかでも『延喜式』は献納品の品物を全国的に網羅しているという意味で特筆すべきものである。川漁を漁法の面から記録したのは、近世、越後の鈴木牧之『北越雪譜』や、赤松宗旦『利根川図志』である。(3) 鈴木は信濃川、赤松は利根川で鮭漁業などを中心に記述している。川漁は各地『風土記』の延長線上で記録されてきた。澁澤敬三は漁業研究を彼の主催するアチック・

ミュージアムを核として進めた。宮本常一・桜田勝徳らが各地の漁撈習俗やその道具の記録・収集に精力を傾けていく。秋田の武藤鉄城は『秋田郡邑魚譚』を著した(4)。

これらの調査研究の過程で漁撈習俗とその技術が研究蓄積の対象となっていく。一つには漁法の広がりと伝播であり、また時代を溯る研究であった。漁撈習俗の中には、魚と人の関係が色濃く出てくる。魚食民族といわれる日本人が食料の対象としてきた魚は発酵保存を発達させ、鮨・塩汁（しょっつる）に代表される食文化を育んできた。また、漁に対する信仰では、エビス信仰・水神信仰を中心に船霊信仰も関与してくる。また、鮭の帰属をめぐる研究から川の占有権をめぐる研究や、信仰を支えた修験者の事例研究もある。

近年の養殖漁業のめざましい発達から、水産関係者の鮭・鱒をはじめとする魚の習性についての研究が進み、漁法との相関も明らかとなりつつある。本節では人と魚の生態の関係から、民俗学が必要とする川漁の分類から着手し、鮭・鱒漁の位置づけを検討する。

(二) 漁法の広がりと伝播

漁法とは、人間と特定の魚の相互作用を踏まえた魚獲得の手段である（図1）。人間の体を道具と見立てた場合、魚を捕るために特別に開発した道具を使わない原初的な漁法と、特定の道具や施設を備えた漁法に分けられる。

図1　漁法の分類（人と魚の相互作用）

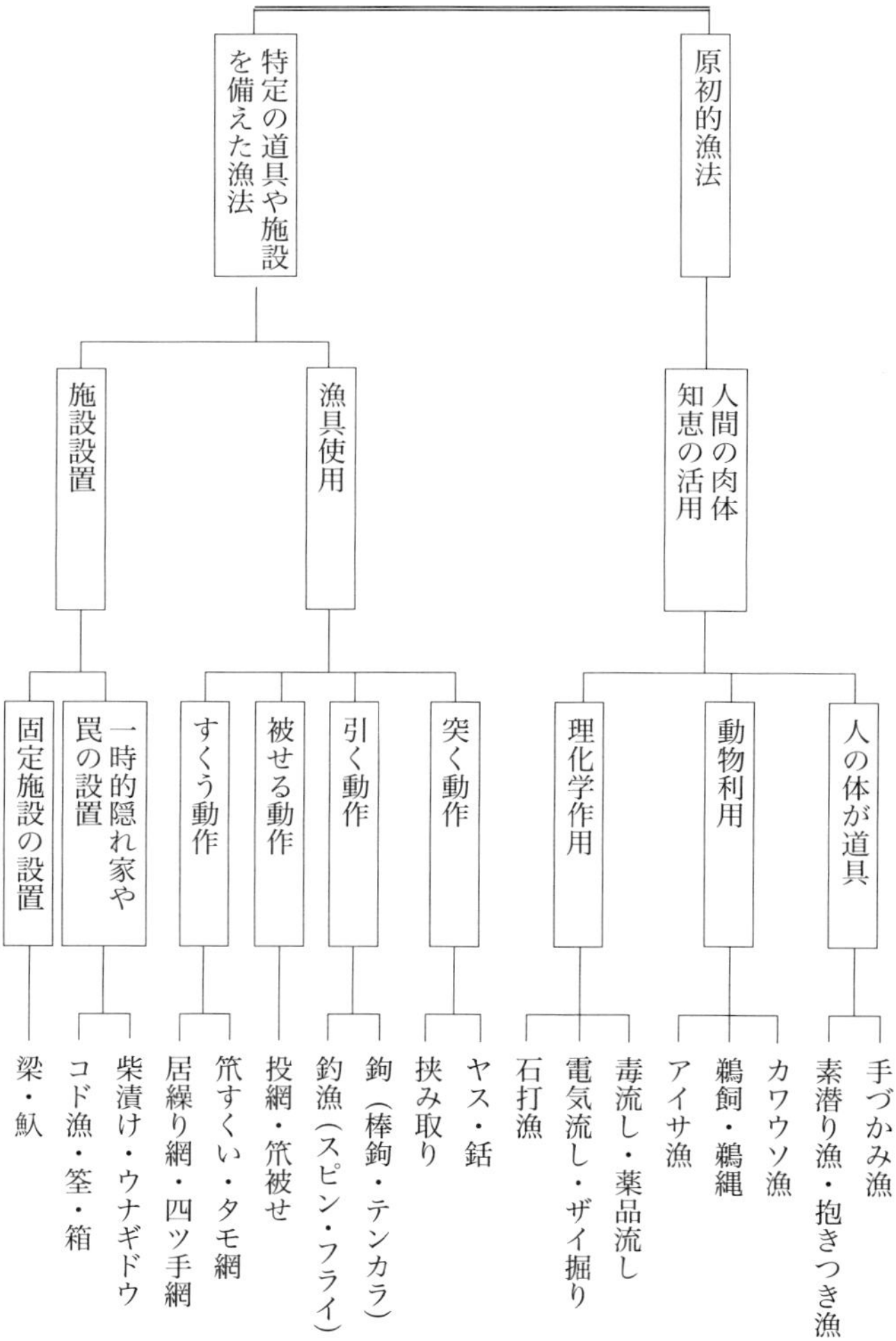

原初的漁法
人間の肉体知恵の活用
人の体が道具
手づかみ漁
素潜り漁・抱きつき漁
動物利用
カワウソ漁
鵜飼・鵜縄
アイサ漁
理化学作用
毒流し・薬品流し
電気流し・ザイ掘り
石打漁
特定の道具や施設を備えた漁法
漁具使用
突く動作
ヤス・銛
挟み取り
引く動作
鉤（棒鉤・テンカラ）
釣漁（スピン・フライ）
被せる動作
投網・笊被せ
すくう動作
笊すくい・タモ網
居繰り網・四ツ手網
施設設置
一時的隠れ家や罠の設置
柴漬け・ウナギドウ
コド漁・筌・箱
固定施設の設置
梁・魞

図2　「破間川捕鱒之図」（旧入広瀬村大白川会館蔵）

原初的な漁法

最も原初的な漁法は、人間の体と頭脳を最大限に発揮して、自身の体の行動半径内とその周りで魚を捕るものである(5)。

■手づかみ漁——川底の隠れ家に潜む魚を素手でつかむものである。長野県天竜川流域では、イワナやヤマメを捕るのに川中の大石の下にそっと手を入れて、手に触れた魚をつかむ漁法が今も行なわれている。新潟県信濃川上流部では春先ヤツメウナギやウグイが産卵のために瀬につく(集まる)とき、魚の表面のぬめりを防ぐため、手拭いを被せた手で、雌に群がる雄魚をつかんだ。また、栃木県那珂川ではアユツカミといい、夜に石の下に手を入れ、アユがすり抜けるのをつかむ名人がいた。

■素潜り漁・抱きつき漁——魚野川の大白川には素潜り漁で鱒を捕る図が残されている(図2)。捕獲に鉤を使用しているが、大きな滝の淵に溜《た》まる鱒を潜って捕っている。福岡県の筑後川では、寒中、淀みにじっとしている大きなコイのところまで潜り、腹側に手をかけ、抱きついて捕る名人のいたことが伝承されている。魚は腹側に触れても逃げない習性があり、手づかみなどする人たちのほとんどは、掌側に魚の腹を置き、親指と人差し指で魚の急所である鰓のつけ根を絞めるという動作をしている。

動物が魚を捕る姿を見て、人間がこれを利用しようと考えたことは想像に難くない。世界的にも、動物利用の漁法が広く残されている。

■カワウソ漁——インド、ミャンマー、マレーシアなどでは、カワウソを使って魚を捕獲させ、これを人が貰う漁がある。川漁師はカワウソを育てて仕込むのである。日本では魚捕りの上手な人をカワウソと呼ぶが、日本カワウソは絶滅したとされている。

■鵜飼漁——鵜飼が文献に現われるのはきわめて古く、七世紀前半に書かれたとされる随の書『東夷伝倭国』にすでに載っている。『万葉集』にも謳われている。現在では長良川の鵜飼が著名である。鵜匠が川舟の舳先で鵜を放ち、鵜にアユを捕獲させ、舟にあげてアユを吐き出させている。鵜飼に使う鵜は川鵜がよく、海鵜は訓練が難しいとされる。鵜飼は中国南東部から日本にかけて広く行なわれた時代がかつてあったと考えられている。日本で記録に残る鵜飼の行なわれていたところは秋田県雄物川、福島県磐城の川、茨城県十王川、埼玉県荒川、東京都多摩川、神奈川県相模川、静岡県富士川、福井県九頭竜川、島根県高津川、高知県四万十川、福岡県矢部川、佐賀県の川など。アユの名産地は鵜飼が多く残っている。

■アイサ（カワアイサ）漁——この水鳥を漁に利用しているのはヨーロッパである。南北に渡りを繰り返す。水面から突入して魚の群れをコントロールして捕獲することから、ユーゴ、フィンランド、スウェーデンの湖沼での漁に、人が利用してきた(6)。

■石打漁——魚の隠れている川中の大石に別の石をぶつけ、震動で浮いてくる魚を拾い集める漁。信濃川の渇水期などに川中でフナやコイを捕るのに行なった。

■毒流し——全世界で行なわれてきた漁である。温帯・熱帯地方での毒流しに共通する特徴は、理化学的な作用を応用して魚を捕ることは、全世界で行なわれてきている。特に毒を流したり、電気に感電させるなどの漁は内水面漁業で禁止しなければ、魚類を根絶しかねないほど効果がある。

渇水期に実施していることである。オーストラリア、アフリカの住民は、毒を持つ植物を利用している。日本の毒流しも、夏の渇水期に、クルミの木の根・実の殻・葉、山椒の木皮を掘り出してきて、川上で叩いて揉んで魚が浮いてくるのを拾う方法が多い。越後荒川上流の女川では、村中が集まってお盆の楽しみに毒流しをして、イワナ・ヤマメを大量に捕っていた。「浮き魚は毒に弱い」との伝承があり、すぐに麻痺して浮いてくるのはアユだったという。逆に「底魚は強い」といい、カジカは捕れなかったという。

■ダイナマイト漁――この方法は、日本全国どこの渓谷でも行なわれた漁法である。ダムを造るために山奥へ入った人たちが、淵にダイナマイトを投げ込んで爆発させ、浮いてくる魚を拾った。

■ザイ掘り漁――最も大規模なものが八郎潟の氷下漁《ひかか》のことである。ザイとは氷のことを指し、氷に穴を開けて魚が溜《た》まっている堀に雪を投げ込み、かき混ぜるのである。寒中にこれをすると、魚は仮死状態となって浮いてくる。また八郎潟では、袋網を氷の下で曳いて、冬にじっとしているフナやコイを捕った。

特別な道具や施設を備えた漁法

漁具は、突く・引く、被せる・すくうという人間の行動に合わせて発達してきた。突くのはヤスや銛であり、引くのは釣針や鉤である。被せるのは笊や投網であり、すくうのは笊や四ツ手網であった。一方、魚を捕るために施設を整えることも行なわれてきた。一時的な避難場所を設定して魚を捕らえるものに鮭のコド漁がある。鮭の隠れ家（Shelter）を造ってやり。ここに入っているものを捕獲する漁である。この方法には、罠（Trap）の意味も込められている。溯上していく鱒が堰でジャンプしてここにセットしてある筌《うけ》に飛び込む漁は明らかな罠（Trap）であるが、筌を川底に沈めてここに入った鮭を捕るときは隠れ家（Shelter）である。

一方、固定施設を作って魚を専門に捕るものに梁《やな》があり、湖沼では魞《えり》があった。

■ヤス・銛――どちらの漁具も全世界的に分布しているが、鮭・鱒など大型の魚やクジラを捕るのは、銛の先端に離頭するポイントを持つものが多い。これは獲物の体に食い込んで離れないようにして捕獲するためである。

■釣針・鉤――コの字型に曲げた漁具で、引くという動作で魚を引っかけて捕獲するものである。釣りにはいろいろな方法がある

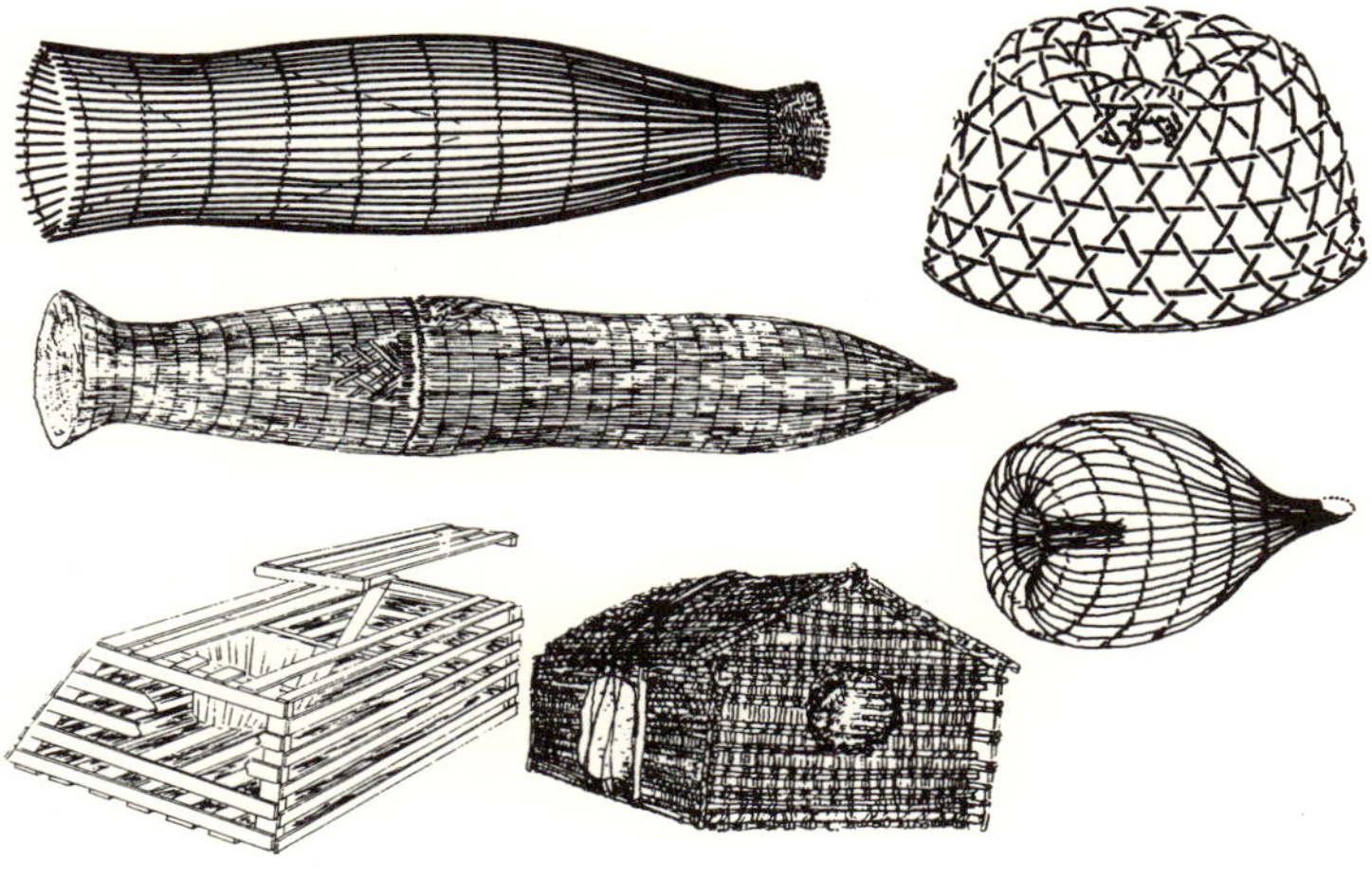

図3　筌各種（*Fish Catching Method of the World* より）

が、本来は引っかけ鉤の応用である。

■投網――産卵などで一定の面積に群れている魚を被せて捕る網である。被せて捕る方法には東南アジアで発達した、断面台形で上部に穴の開いた笊がある。日本でも福島潟などの湖沼には、同じ構造の漁具がある。投網の材料には山間部で取れるカラムシが良いとされた。水をよく弾き、水の中に漬かっても重くならない。

■笊・四ツ手網・タモ――すくい捕るという動作に沿った漁具で、枠に網を張る以前は笊のように竹で編むことが多かった。すくい取ることができる魚は重量の小さなものが多い。ただし、三面川では鮭を捕るのに四ツ手網を使用していた。これらの漁具は、東南アジアから広がる分布を示している。

■筌――竹や空木《うつぎ》のような可塑性のある軽い材で編み、魚の通り道などに仕掛けて捕る罠漁である。捕る魚、捕る場所などによっていろいろな形があり、多くのバリエーションに富んでいる（図3）。

漁法が重層化する川漁の村

信濃川、阿賀野川、越後荒川、三面川、庄内赤川、最上川、羽後雄物川、津軽岩木川、南部北上川など、鮭・鱒が大量に溯上する河川の端には、川漁だけで生計を立ててきた集落が存在していた。

①引っかけ鉤を使って鮭を捕る漁は、広く沿海州からアラスカに至る環太平洋沿岸地域で行なわれてきた。北方民族に共通する漁具で、日本では山陰・江の川までその技術が南下している（図4）。

鮭に伴う漁法との解釈ができる。J型の鉤は、握りの柄部分の長さを調節して、水に入らなくても岸から鮭を引っかけることが可能であった。実際、鉤漁は鮭のホリバ、鮭自身が砂利の堆積する川底で掘る径三〇センチほどの産卵場所に仕掛けて、産卵に集まる雄・雌が鉤に触れるのを待って引っかけて捕るものであった。信濃川・阿賀野川・北上川水系などでは上流部の産卵場所で、現在も鉤漁が行なわれている（図5）。北上川には鉤を放射状に三本束ねた漁具があり、鮭のホリバにセットした。

もともと、鉤を使う漁は北東日本にその使用頻度が濃く現われ、北方文化とつながる漁法であると予測されている。三面川支流最上流部の高根集落には、大きさの異なる鉤が各家で最低三種類あった。鮭用・鱒用・ヤツメウナギ用である。鱒はサツキ（田植え）が終わると村を挙げて捕りに出かけ、鮭は正月前に集落の前まで溯上してくるのを引っかけて捕った。ヤツメは春先、産卵場に集まっているものを競って捕って食べた。鉤という漁具が他の漁具に優越しているのが東日本の特徴の一つである。

②突いて魚を捕るヤスは全世界に分布し、その形も多くの種類がある。一本ヤスから水平に六本並べるもの、穂先を円形に並べたヨーロッパや熱帯地方のものなど、バリエーションが多い。銛は大型の海獣や鮭・鱒を捕るのに優れた漁具で、頭に離頭銛をつけて、獲物の体に食い込ませ、弱らせて捕る。三面川に伝わる笠ヤスは、四本のヤスのそれぞれに離頭の笠を被せて突き、鮭の体に食い込ませるもので、川舟の上から川中を溯上する鮭を真上から狙って突き捕った。『北越雪譜』には三本ヤスが載っている（図6）。信濃川で使われたものとほぼ同じ形のものがアムール川の鮭漁でも使われている。少数民族ウデヘの人々は、舌状突起のある丸木船の上に立って真下にいる鮭・鱒を突いて捕った。三本の穂を持ち中央部が長いヤスが優勢であるが、中世、富山県水橋金広遺跡出土のヤスは、中

図４　鮭・鱒捕り用鉤の分布

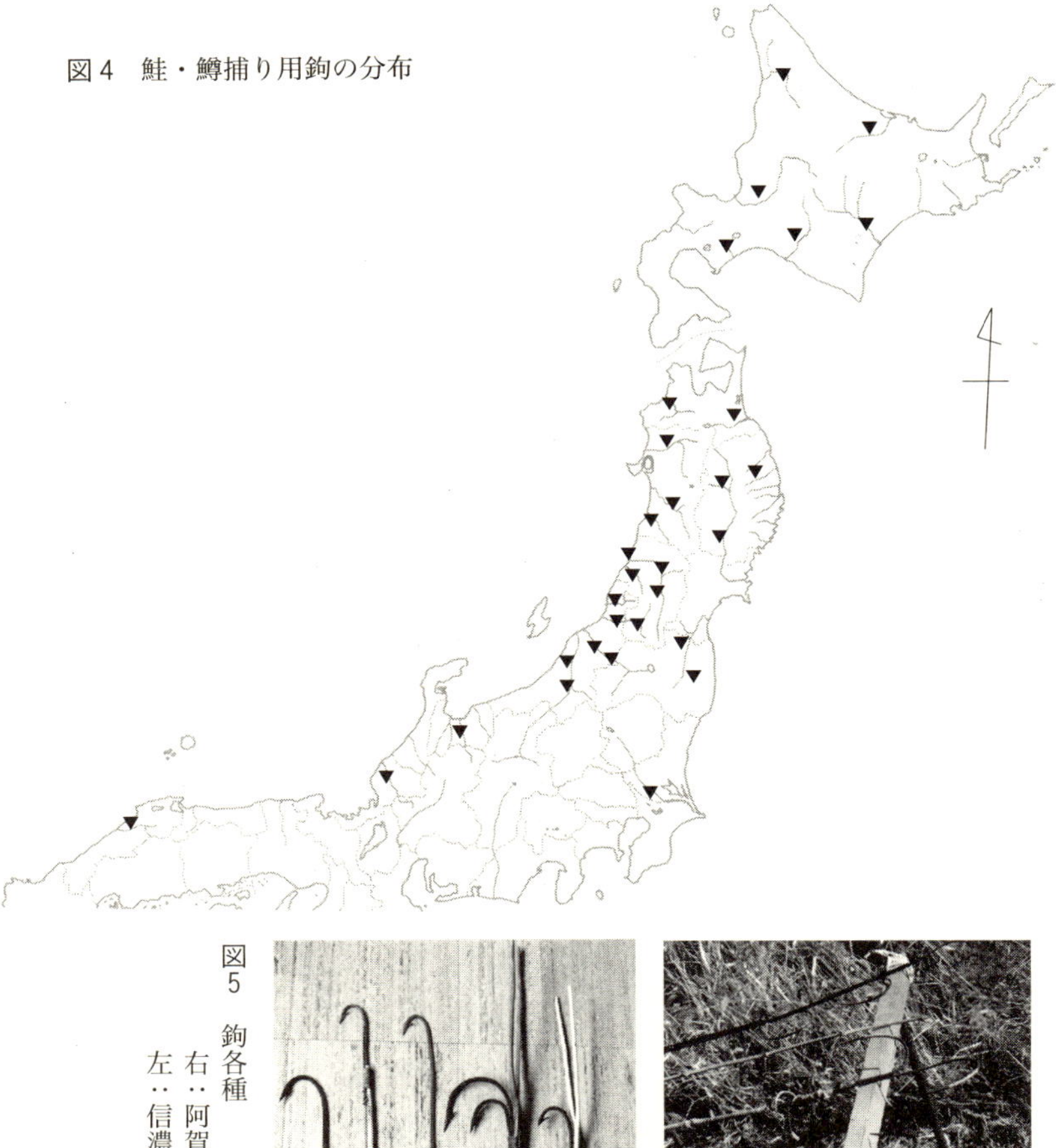

図5　鉤各種
右：阿賀野川支流鮭鉤
左：信濃川上流部鱒鉤

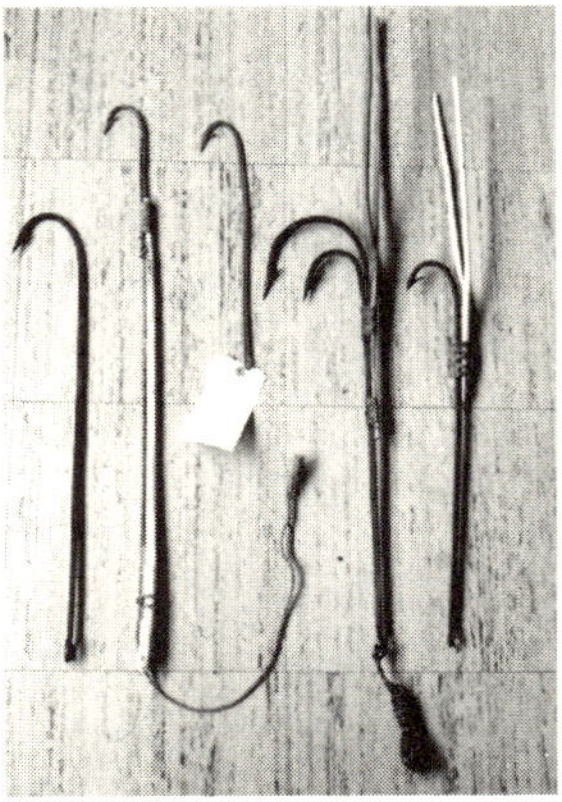

央の穂先が両側より短くなっている。(7) 鱒漁に伴うものと考えられている。アイヌの人々の使っていた突き銛のマレㇰは、突く動作と引っかけ鉤の動作を、反転という動作で一体化したものである。

③すくう網の漁では、最上川水系の産卵場に設置する袋網がある。また、北海道のアイヌの漁法では、両岸にいる人がそれぞれ袋網の両端を持って川上から川下に向かって曳き下ろし、溯上してくる鮭を捕った。北上川、最上川、三面川、越後荒川、信濃川では、二艘の川舟の間に網を張って川を下り、鮭を捕った。居繰《いぐ》り網漁という（図7）。

また、投網で被せ捕る方法は、鮭の溯上数が比較的少ない川底の浅い小河川で行なわれている。網漁業には、海の漁法が川の漁法に導入された地曳網がある。信濃川河口部では、川に上り始めた鮭を地曳網で引いて捕っていた。同様の例は阿賀野川・雄物川・石狩川などの大河川下流部で、鮭の群れ

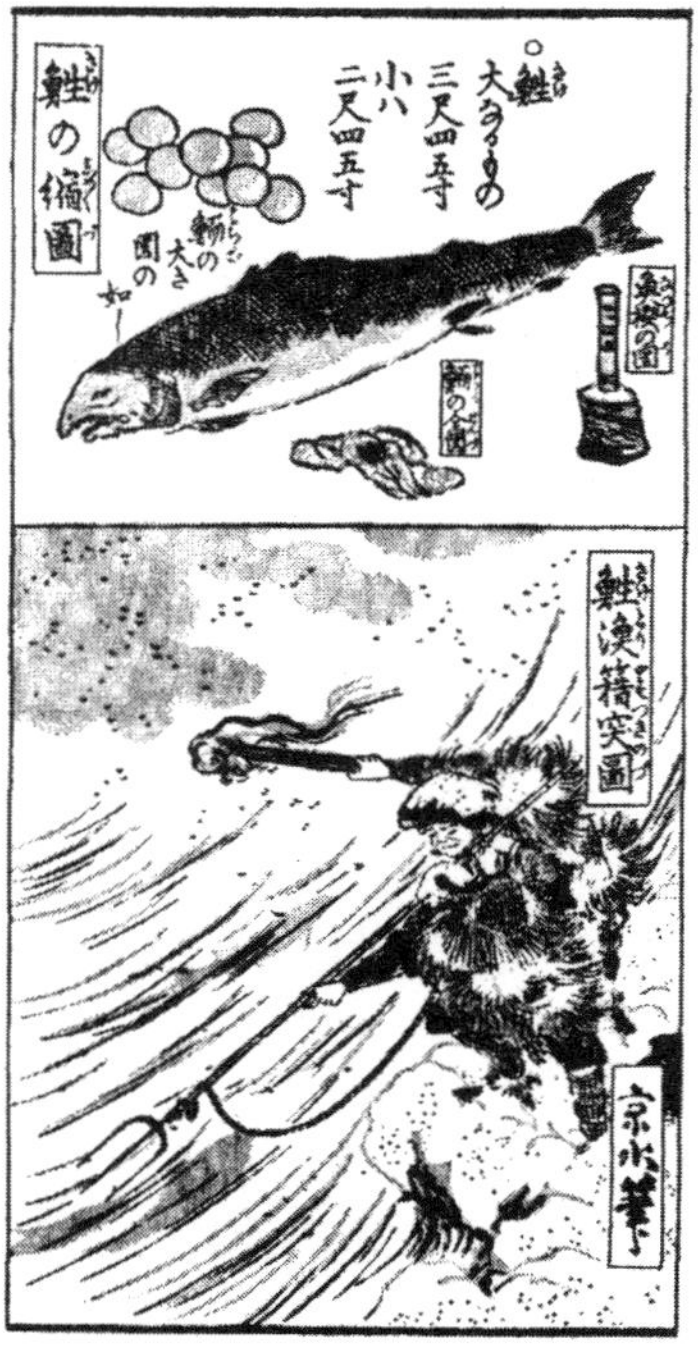

図6 『北越雪譜』に載るヤス

写真７　居繰り網漁（三面川）
　　　　艫乗りの二人が二艘の間に渡した袋網に鮭を引っかけてすくい捕る.

を狙って網で巻き捕ることが行なわれてきた。四ツ手網は東南アジアから北上した技法と考えられている。一～二畳の広さもある四角い網を川底に沈めておき、定期的に上げて、この上を通る魚を捕る漁である。鮭捕りに使われているのは三面川の持ち網漁に例があり、ここより北では、白魚などの小魚漁に使われている。

④アイヌの人々が鮭捕りに設ける固定施設にウライがある。川幅いっぱいに杭で流れを堰き止め、この下に溜《た》まる鮭を網ですくったり、マレクで捕ったりした。この漁法は、鮭が溯上する小河川や大河川の支流部で、鮭の人工孵化を実施しているところで採用され、一括採捕の有力な施設となっている。岩手県盛岡市の縄文時代萪内《しだない》遺跡から川岸側に杭を打ち込んだ施設が発見され、北海道続縄文時代の札幌市K―135遺跡から柱穴焼土と大量の鮭の骨が発見されている。水場遺構と鮭・鱒の骨の発掘は、縄文時代の漁撈から現在までのつながりを明らかにしはじめている。

⑤隠れ家（Shelter）を作り、罠（Trap）を仕掛ける漁法は、鮭・鱒の場合、今も広く使われている。新潟県山北町の大川ではコド漁が行なわれている。鮭の雌を先に捕り、これに紐を付けて流しておくと、雄がここに寄ってくる。そしてこの場所には木陰を作っておくのである。隠れ家と罠で誘き寄せられた雄鮭がここに待ちかまえていた漁師に鉤で捕られてしまうのである。また、筌を川に沈め、ここに入る鮭を捕る人もいた。新潟県加治川村縄文晩期の青田遺跡からはドウと呼ばれる筌が発掘されている。

このように、魚の行動を知悉した漁民が、最も捕りやすい方法を駆使している。集団で捕る場合には、網漁業を実施し、個人では筌や鉤、ヤスで捕ることが多かった。

川で育まれた漁法は、海で応用されていくようになる。施設を伴う漁法では魞《えり》の応用として、定置網が開発された。海に注ぎ込む鮭溯上河川の渚には、鮭の魚道に沿って定置網が張られている。また、居繰り網は海のトロール漁業の先駆である。

(三) 鮭・鱒が育んだ文化

鮭が重要な食料資源となっていた地域をまとめて民族学では鮭文化圏と呼んでいる。日本の山陰・北陸地方から利根川を結ぶ東日本を南限に、ロシア沿海州、オホーツク海沿岸、カムチャツカ半島・アリューシャン列島を経てアラスカ、アメリカ北西海岸にいたる範囲である。ここに住む北方民族の間で、鮭は重要な食料であり、生活物資となった。当然のように鮭に関する信仰も特別なものを持っている。

食料としての鮭・鱒

アイヌの人々は鮭をカムイチェップ（神の魚）と呼び、シペ（本当に食べるもの）といった。サハリンのニブヒは、川端に住居を構え、干し台を作って、鮭を三枚におろして乾燥保存した。日本での塩引き鮭は、塩をひいて腐敗を防ぐための方法であるが、保存には、かつて塩を用いないアイヌの例を引くまでもなく、乾燥保存が主体であったと思われる。新潟県村上市の塩引き鮭にも、乾燥保存の技法が入っている。

文献資料では平安時代前期に編纂された『延喜式』に、朝廷への鮭の奉納の記述がある(8)。信濃・越後・越中からの鮭は、楚割《そわり》といわれ、何本もの切れ目を入れたものである。切れ目は乾燥しやすくするためであったと推測されている。この後も干鮭が流通の主体であったが、近世後半から塩に漬ける方法で西日本に流通するようになる。瀬戸内で生産が増加した塩が北海道まで流通したことで、鮭を捕ると、腹を開いて塩を詰めたものを桶に入れて本土へ運んだのである。現在、荒巻鮭と呼ばれているのは、塩をして、縄できっちり巻いて保存したものの名残である。鮭にはトバという製品もある。肉を細長く裂いて乾燥させたものである。燻製も昔から作られてきた。特に、囲炉裏の周りに鮭の肉を干すかつての生活の中では、立ち上る煙で自然に燻製状態となった。北地での乾燥はフリーズドライ(凍結乾燥)となることが多く、長期の保存が可能であった。

一方、魚体を凍結させたまま、ナイフで刻んで食べるのをルイベといい、北方民族では、鮭に限らず生で食べることが多い。魚卵はロシア語でイクラといい、日本では鮭の卵に限定されるが、日本語になっている。

鮭の皮を煮るとゼラチン質が出てくる。接着剤の膠《にかわ》であるが、このゼラチン質を使って煮こごり料理のモスが作られてきた。フレップと呼ばれる木の実を入れた寒天状の白い食べ物である。

鮭は多くの料理に使われている。のっぺいという里芋の入る郷土料理には鮭が使われ、骨はドンガラ汁となった。頭は氷頭《ひず》なますとなり、内臓はナワタ汁となった。腎臓を漬けたものはメフンとなり、心臓はドンビコ焼となった。白子は煮物として使われた。このように、鰭の堅い部分を除いて、すべて食べることができる料理が開発されていた。

漁業権の確立

全長四二キロメートルあまりの新潟県三面川でさえ、大正初期に最高一五万尾の鮭が捕れた。当時の流域村の人口は一万人と推定され、一〇万尾がコンスタントに溯上したとすると、一人当たり一〇尾の鮭の割り当てと計算できる。

このように莫大な生産が期待できる鮭は、流域の村々で占有権を確立して採捕の際に争いが生じないようにしてきた。越後荒川の漁業権を示す（図8）。川を区切って集落ごとに漁業権を決め、各集落が鮭の恩恵にあずかるように工夫されていた。なかには、時間と漁法を規制して、より多くの人に捕らせるように工夫したところもある。鮭川の漁業権は川の所有権発生の嚆矢であると考えられ、近世藩主に取り上げられるまで、川端の人々のものであった。このような割り方が元になって、海の地先占有権が、沖に向かってまっすぐ割るという方法を取るようになっていくものと推測している。

鮭に関する儀礼

鮭を捕獲した場合、三〇センチほどの木の棒で頭を叩いて即死状態にする。このサケタタキ棒は、アイヌの人々にとってはイナウと同等に扱われ、神の魚をあの世に「送る」意味があるといわれている。サケタタキ棒の存在は、サケ文化圏の一つの要素である。新潟県から山形県にかけては、鮭の千本供養を実施している（図9）。鮭が千本揚がると人一人の命と同じだといわれ、供養の対象として塔婆を建てるのである。しかし、秋田県にある鮭供養塔は石碑である。同じ心理状態とすれば、鮭の魂を「送り」「慰霊」することに主眼がおかれていることは間違いない。

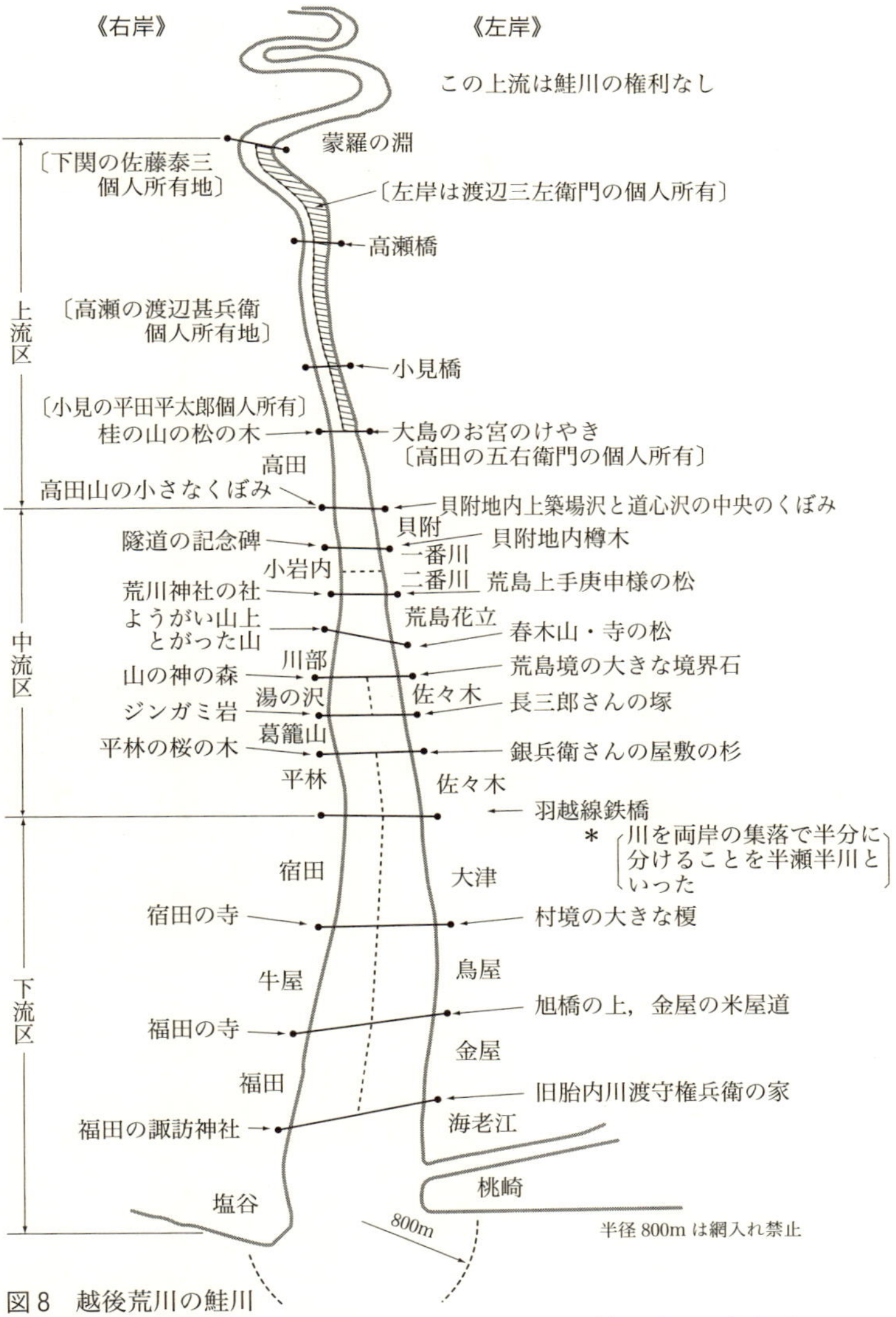

図８　越後荒川の鮭川
各地先を占有する漁場．お互いの集落ごとに川を見通す線を引いて区画した．

鮭は漁が始まる際、最初に上ってくる鮭がハツナ（初鮭）といわれ、親戚に配って喜びをともにする。また、鮭漁の最後に終漁を祝って鰓《えら》と鰭《ひれ》、御馳走を川に流す儀礼がある。また、鮭一本をまるまる川の水で煮たものを関係者とともに食し、骨はドンガラ汁にして食べ尽くすことで、鮭に対する供犠と考えられる行為を実施していることもわかってきた。鮭がトーテムとして扱われていたとする考えを本書（第五章）では提出している。

二　鮭・鱒の捕り方

川漁の中で、鮭・鱒の漁法はどのような位置づけとなるのであろうか。本節では鮭・鱒漁法が川漁の中でどのような位置を占めるのか検討する。

図9　鮭の千本供養塔．鮭千本は人一人の命に相当するという（新潟県勝木川）．

鮭・鱒の漁法も、人と鮭・鱒の相互作用によって成立してきた。鮭・鱒の習性を利用し、人の行動範囲と合致する形で漁法が営まれてきている。たとえば、鉤で引っかけ捕る漁法では、鉤の大きさは鮭鉤が最大値を示し、鉤の中で最小のものはヤツメ鉤・アユ鉤である。新潟県三面川流域の鮭鉤は大きく湾曲した鉤部分の幅が一五から二〇センチあるのに対し、鱒鉤は一〇センチ前後、ヤツメ鉤は三センチである。鮭鉤が元になって幅を縮小したヤツメ鉤ができたことが推測される。鮭鉤が優先したと考えられるのは、ヤツメは素手で捕るものとの意識がこの流域では定着しており、ヤツメ鉤を持っているのが支流高根川の最深部の高根集落や上流部の村ばかりであることによる。これらの集落では長い冬を囲炉裏の煙や雪目などで痛め、目が弱っている時にやって来る、眼病回復の栄養に富んだヤツメを待っていたのである。ユキシロ（雪解け）の凍る川に入って、岩にへばりついているのを鉤で掻き捕った。

鮭・鱒の鉤の形態をまね、産卵で瀬に付くまで待たないで鉤で捕る。これは鮭・鱒漁法を敷衍したものと考えられる。鮭・鱒の鉤の地域的分布とその密度から、鮭・鱒漁業の盛んな地域にのみヤツメ鉤が残っているのも、鮭・鱒鉤が先行していることの一つの証左である。

このように、今まで指摘してきた川漁の漁法が、鮭・鱒漁法とどのような関連にあるのか、鮭・鱒漁の川漁での位置づけを考える。従来の研究では鮭・鱒漁法の有効性やその漁法の分布理由を調査・検証することがなく、現状報告か技術的流れについてのわずかな研究しかないのが現実なのである（序章参照）。鮭・鱒漁法の有効性、漁獲率と最適採捕技術、漁法の発生と変遷などから漁法を検討する。

(一)　原初的漁法

人の肉体と知恵を最大限に利用した漁法である。人の腕は体の方へ引く運動、体から外に向かって攻撃する運動、体と等距離で回転させる運動、ひねりを加える運動などができる。そして、両腕を使う動作として、抱く・絞めるという運動もできる。しかも、手はつかむ運動、ひねる運動ができる。腕と手の運動を加えて組み合わせれば、最低一〇種類以上の行動ができるのである。しかも、足の運動も同様に数えて組み合わせれば、最低でも一〇の二乗を超える種類の行動が取れることになる。

魚を捕るという行動は、人間が体を道具として始めたのが原初であった。その身体の運動が限界に達した部分で漁具が生まれ、身体の運動の延長線上の動きで鮭・鱒を捕った。

同時に人の行動は魚の生態を考慮して、捕獲に適していなければならない。魚の行動を人が牽制して捕獲に向かうのである。

人の体を道具として鮭・鱒を漁《いさ》る

鮭や鱒の手づかみ漁はその魚体の大きいせいか、簡単な方法ではない。特に産卵を控えた時期の鮭、春先の鱒の溯上力はきわめて大きく、一メートルくらいの段差であればやすやすと越えてしまうほどである。

ところが、産卵を終えて死の近づいているホッチャレは、容易に手で捕まえることができた。直接的に身体のみで行なう漁法は、つかむ・抱くのみである。

ダム建設で離村してしまったが、鱒が溯上していた三面川最上流部の奥三面集落では、各家のミジャ場（水場）にまで鱒が産卵に来たという。奥三面では各家の台所に山の水が引いてあり、この水の本流への落ち口から、秋になると産卵を控えた鱒が上ってきて、家の水場まで来たのである。小池甲子雄によると、夜にバシャバシャ騒ぐ音で鱒が来たことを知ったという。水場の水槽にそっと手を入れ、鱒の腹部を抱くようにして鰓の根本を指で絞めると暴れずに獲れたものであるという。

新潟県阿賀野川の支流・早出川（現・五泉市）や三面川で、素手による鮭捕りをしていた人たちがいる。鮭の夜溯上し昼は物陰にじっとしている習性を利用して、川の中に竹を沈めて隠れ家を造ってやる。ここに潜んでいる鮭を昼、川舟で音をたてないように見て回り、鮭が潜んでいると一人が褌姿で船からそっと川に潜り、鮭の腹部を手で抱いて、体温で暖めてやると同時に脇の下に抱きかかえて捕獲する。鮭は背鰭など背中の部分はきわめて敏感でちょっとしたものでも触れれば暴れるが、腹部は触っても暴れない。

このような手づかみ・抱きつき漁は、川漁の中で大型のコイなどの漁法と似ている。鮭の抱きつき漁は西日本で行なわれたコイの抱きつき漁と同じ冬季に実施している。水温の低さが魚の動きを鈍らせるためであろう。もっとも、この漁法は鮭・鱒漁に一般的なものとは考えにくい。管見でも早出川・三面川のみである。

動物を利用する鮭漁

大きな鮭を捕るのに動物を利用する漁があった。犬を使って、鮭が浅瀬で産卵しているのを捕る記録が松浦武四郎の『蝦夷訓蒙図彙』に載る(9)(図10)。

石狩上川の土人、家々に犬を数疋ヅツ飼置て、小川小川へ朝より出居り、鮭の上り来りて卵をすらんとする時、是を犬に捕らしむるに、犬少しも外に疵を附ける事なく陸に上りて放し、また上り来たるを見て飛び入取り来る事也。尤魚は卵をする時なるか故、是をから鮭と云て味よろしからず。

この記述のもととなったものが松浦武四郎の『蝦夷日誌』である。同書には

■一人暮らしの老婆でも犬を七~八匹飼っている。

■家を、枝川の幅一~二間の浅瀬で湧き水のある、鮭の背が半分も現われ

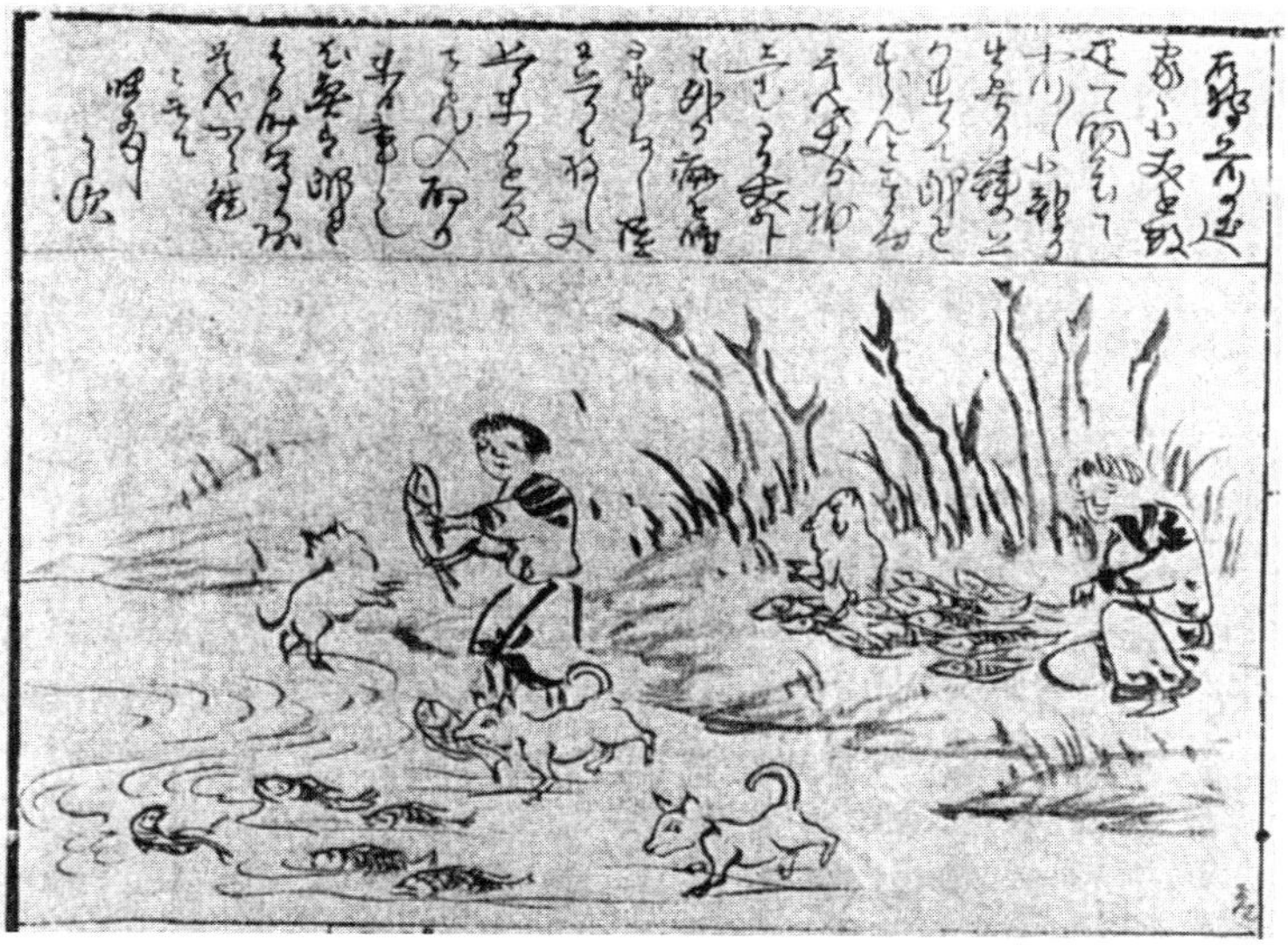

図10　松浦武四郎『蝦夷訓蒙図彙』に載る犬によるカラサケの採捕

るところに建てている。ここが産卵場になるからだ。

▪五〜七匹も犬を飼っている家では一〇〇束（二〇〇〇尾）もの干鮭を生産している。

▪一人暮らしの老人でも三〇束（六〇〇尾）捕っている。

の記述がある。浅瀬の支流に入って、湧き水の場所で産卵する鮭は、自分の生まれた場所に戻ってきているのであり、このような場所に人が居を構えるということから、鮭を中心に生活が動いていたことがわかる。犬もよくしつけられている。アイヌの人たちは人の食べた後の鮭の骨などを犬の餌として与えることが多い。シロザケ（鮭）はアラスカの先住民族の間でドッグサーモンと呼ばれ、犬の餌になる鮭との位置づけがある。

理化学作用を応用した鮭・鱒漁

太平洋戦争後、電源開発が全国の河川最上流部まで人を導いた。只見川は田子倉ダムでその奥の銀山平を巻き込んで湖になった。ここは川の流れが黒くなるほど鱒が泳いでいたと語られている。阿賀野川を最上流部まで溯上した鱒の産卵場であった。

奥地に入った人たちが簡単に魚を捕るのに、ダイナマイトを淵に投げ込むということが行なわれた。爆発の振動でそこにいる魚が根こそぎ浮いてきたという。淵の下に降りて魚を拾えばかなりの漁獲に達したものと語られている。しかも、水量の多い、人が恐怖感を持つような淵に投げ込めば、春先に溯上してきて夏の間ここを棲処としている鱒は、根こそぎ浮いてきたものであるという。

新潟県三面川でも昭和二十七年の電源開発に伴う本流での取水口建設の際、晩のおかずを捕るのにダイナマイトを鱒の溜《た》まっている大きな淵に投げ込んだという。

　山形県大鳥では、太平洋戦争中、出征兵士の祝宴に魚が足りないために、大鳥川の淵に行ってダイナマイトを投げ込み、浮いてきた大鱒を捕って御馳走に使ったという伝承に接している。

　奥三面のイヌドメの滝（鱒の溯上限界）である赤滝に青酸カリを流した人もいる。死んだ鱒は鰓さえ取れば食べられたという。電気を流して鱒を捕る人もいた。大きなバッテリーを鱒のいる淵で通電させると鱒が失神して浮いてきた。

　毒流しは春先のユキシロのように水量の多いところでは有効でないが、夏の渇水期には有効で、特に支流で実施されてきた。

　鱒捕りを年中行事として実施していた北陸地方の河川流域では、毒流しとセットで鱒をヤスで突いたり、鉤で引っかけたりする漁が盛んであった。三面川支流の高根川上流部の高根集落ではサツキ（田植え）が終了すると、村中の大人が一軒一人ずつ出て、鱒の集団漁を行なった。高根川は三本の川が合流して流れを作っている。それぞれの川は源流部に滝を持っている。鈴が滝、カネサ滝、平床滝のすべてがイヌドメの滝という。ここが鱒止めである。

　漁に出かける日、河原のクルミの根を掘り返し、これを大量に持参する。五本股のヤスは鱒突き用に持つ。各イヌドメの滝から鱒捕りを始める。クルミの根を叩いて揉むと、黄色い液が流れる。ネモミという。鱒は敏感で毒が流れてきたことを瞬時に知るという。このような状態になるとすかさず下る習性があり、鱒の姿が見えると、淵の下で両岸に並んで待っているヤス突きが一斉に突いて捕る。鱒は飛び出すと同時に複数のヤスが飛んでくるので逃れられない。一つの淵を終えると下流に移動して、ここでも同様に繰り返す。一回のネモミで約一キロメートル下った。鱒は特に多く留まっている淵が昔から知られていて、すべて名前が付いていた。ダンダラ、ヒッカケブチ、タツイワなどが高根川では有名な鱒淵であった。捕った鱒は参加者に平等に分配された。

毒流しはアイヌの人々の漁法にはない。毒流しの漁法の分布は全世界に及ぶが、その多くは熱帯から温帯にかけてであり、渇水期に実施しているという共通項がある。鮭・鱒を直接毒流しで捕った事例は北方諸民族に報告例はない。

高根の事例は盆に行なう毒流しをサツキ後の鱒捕りに応用した例で、上記のように鱒を追い出すためにのみ使われている。しかも夏の渇水期だけの漁法であり、鱒捕りとはいえ、毒流しで直接犠牲になるのはアユやヤマメなのである。

熱帯や温帯の漁法である毒流しが北方の魚に使われているのは面白いことであるが、鮭よりも鱒がこのような扱いを受けるのは、夏の間山間の淵で過ごすという生態によるものである。鱒は鮭よりもはるかに山間の人々との交渉が深いが、それは、秋・冬の一時期に溯上してくる鮭より、滞在期間がはるかに長いという違いによる。

(二) 漁具を使用する鮭・鱒漁

鮭・鱒の漁法が他の川漁をリードしたと考えられる事例がある。一つは鉤の使用である。獲物を引っかける漁法では鉤がその前駆と考えられる。また一つは川上から袋網を流しながら下流に向かってトロールする居繰り網漁である。

漁具は人間の体の延長として、突く、引く、被せる、すくうといった動作ごとに開発されてきた。突く動作はヤスや銛で魚体を捕獲するもので、引くのは釣りや鉤といった引っかける運動が中心となる。被せるのは筅や網を魚体に被せて動きを止める方法である。すくうという動作は魚体に対し回転の力を加えて水から上げるもので、筅や網などのより発達した道具が必要とされた。いずれの漁法も発達の経緯が鮭・鱒を狙ったものから出発している。

ヤス

特徴的な形は大陸沿海州アムール川支流のウスリー地方にいる、ウリチの人たちが使っている三本ヤスである。三本の中央が飛び出した形である。前節でも触れたこのヤスについて詳しく見ていく。

中央の穂先が飛び出して、両側の穂先が付属しているヤスは一本ヤスから発達してきたものであるとの予測は容易に成り立つ。現在この形のヤスで鮭・鱒捕りをしている所は日本国内ではどこにもない。わずかに『北越雪譜』の図に描かれているだけであることは記した。大陸に目を移すと、アムール川上流部中国黒竜江省松花江流域、ウスリー地方ビキン川流域など、アムール地方から黒竜江省にかけて使用頻度が高いという大陸に偏る特徴的な分布を示している。アムール川に注ぐ中国東北部で頻繁に見られ、松花江流域の少数民族も保持していた（図11）。

中央部の飛び出したウリチの人々の使っている三本ヤスは、ウスリー川上流部での鱒漁に使われたものである。この流域の生活を描いたアレキサンドル・カンチュガによると、ウリチの船底部が飛び出した独特の丸木船を川の流れに乗せる操船を艫側で一人が行ない、ヤス突きは船首・船底部の飛び出しの上に立って、船の真下を溯上している鱒の群れを真上から突いて捕る。突かれた鱒は一本長い中央部の穂に刺さっていれば川岸へ放り投げても穂からすぐに抜けるようになっていて、すぐに次の動作に取りかかることができたという。鱒が多く、次々突いて捕るような行動を取る場合には、中央部の飛び出した一本ヤスから発達した、この三本ヤスが有効なのである。(10)

『北越雪譜』に載る図のようなヤスは、現在使われていないが、もしかすると江戸時代の鮭の多い状況では信濃川の鮭漁に使われたものだろう。

カンチュガの記録にある、真上から真下の魚を突くという動作は理にかなっている。斜め水上から魚を見ると、光の屈折で実際に魚が存在するところよりも上に魚影が写っている。人はこの影を突く。ところが、水上真上から見ている場合は、真下に写る魚影は実際のままの像として存在しているのである。

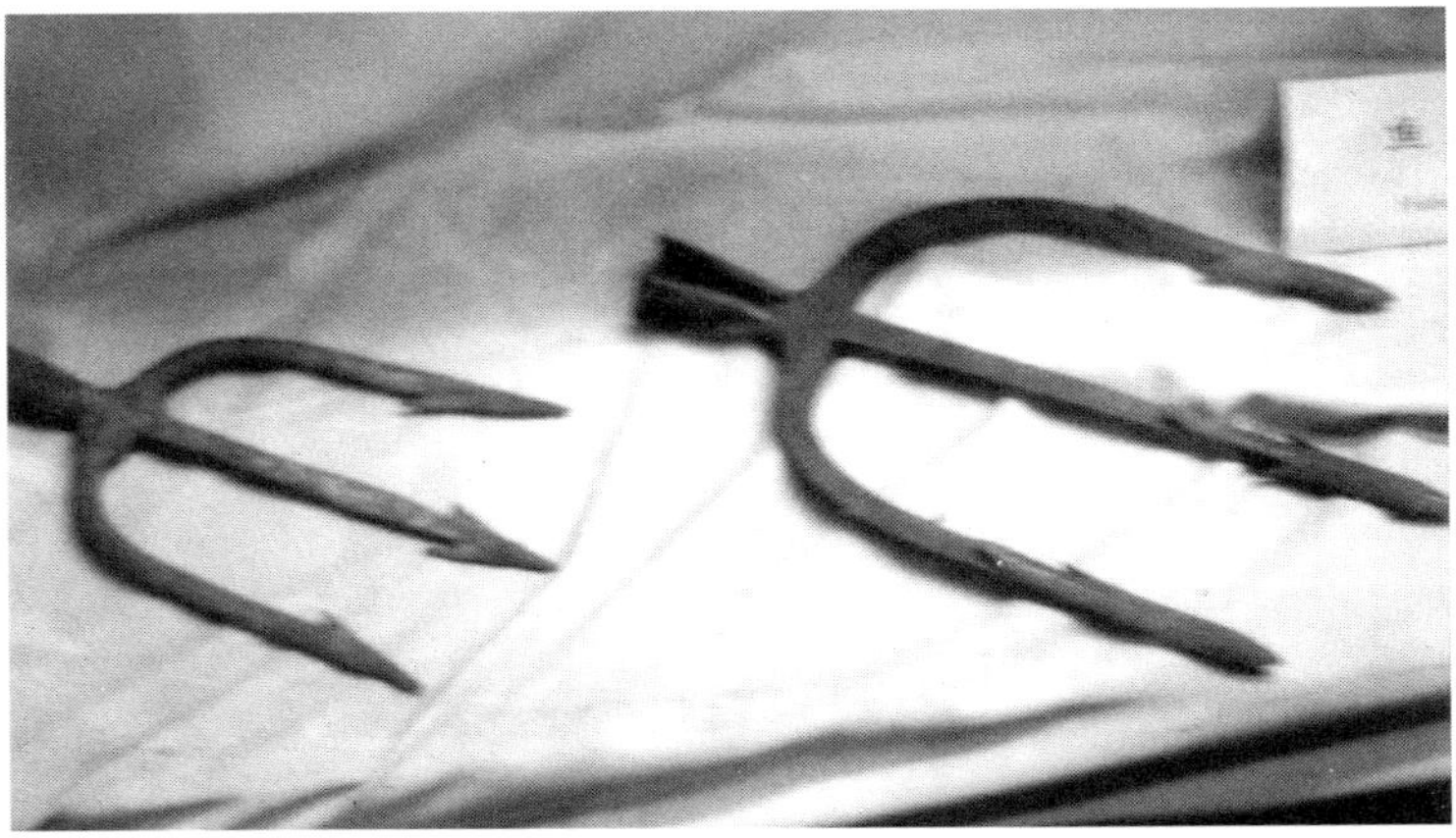

図11　アムール川上流松花江で使われているヤス（中国黒竜江省博物館蔵）

一本ヤスから出発した中央部の飛び出した三本ヤスは、魚体の大きい鮭・鱒を真上から狙うためだけの使用法しかできないことから、その利用が限られる。鮭・鱒の溯上数の多い場所では突いて捕る動作の時間的間隔が短くなる。一方、鮭・鱒が減少すれば、一本ずつ確実に捕ることが優先され、穂先を揃えた四本ヤスが確実に漁獲を上げるものとして北日本鮭・鱒溯上河川で発達した。鮭・鱒用の大型ヤスは、この魚を対象として開発された。中央部の飛び出した三本ヤスよりも使用時間と範囲が広かったことから残ったものであろう。鮭・鱒のヤス突きの方法を伝承から具体的に検証してみる。

三面川や信濃川の河口部で、溯上を待つ鮭を突く漁があった。ノメリツキ漁という。川の水に体を慣らしている鮭は河口で停滞している。ここに川舟を出して突いて捕っていた古老によれば、艫側で鮭を追うように操船してもらい、突き手は舳先部の突端に立って、真下にいる鮭を狙った。このとき、鮭の逃げる方向と船の進行方向が同じである場合は、突いても尻尾に当たる程度で、逃げられることが多かったという。むしろ船に向かってくる形の鮭の頭部を狙うのが最も捕りやすく、成功したものであると語っていた。このときに使ったヤスは、四本ヤスの頭に笠ヤスがはまるもので、各穂先に根本から紐の付いた離頭の銛がついていて、魚体に当たれば笠が魚体に残って魚を確実にものにした。この場合、船で鮭を追う形では、魚影が船から離れるに従って、光の屈折した状態で見えている鮭は急速に離れていく。

越後荒川では、夜間のヤス突きが行なわれていた。碇を挿して船を流れに止め、溯上してくる鮭を突くために船の先端でカンテラを腰に下げて水面を照らし、ここに寄ってくる鮭を突いて捕った。光の届く範囲であれば、光の屈折を考えなくてもいい。鮭の頭を狙って突くことができる（図12）。

いずれの方法も、鮭の頭部を真上から狙うのがよいことを述べている。光の屈折を認識した上で、実像ではない魚影を突いて鮭を捕る方法がアイヌの人々の使ってきたマレクである。反転銛である。この道具の優れたところは、人が川の中に立って鮭を捕る場合、水面を斜めから見る位置に鮭が来ることが一般的になる。光の屈折で魚が実際にいるところより上に見える。マレクは、鉤形の銛が下を向いていて、魚影の下を引っかけることになる。つまり、鮭の実体に突き刺さるようになっているのである。鮭から見れば背中を飛び越しても、この棒についている鉤に引っかかることになる（図13ａｂ）。

松浦武四郎の『蝦夷山海名産図会』にマレクを使った鱒漁について、樺太（サハリン）での見聞を記録している。

余、シツカ（敷香）に来たる事六月廿日、土人等皆其小川に入りては、鱒、鮭を追い、皆括槍にて突き取り、……

の中の、括槍がマレクである。大川に網を張って魚を囲い、ここに船を浮かべて「来たりて懸るを突捕る也」。魚が多くて、「一日に五百八百」というから莫大な魚がいたものである。また、夜は樺皮を巻いて火を灯して鱒突きの明かりとした図を描いている(11)。

先が二股になった笠ヤスで鱒捕りをしたのが信濃川・阿賀野川・越後荒川である。盆休みに村の男たちが総出で川狩りをする風習があった。鱒溯上の河川では、サツキ後の休みや夏の盆休みに行なっ

図 12　越後荒川鮭のヤス突きの説明．カンテラの光の届く範囲でヤスはこの角度までで鮭を突いた（八幡熊吉，復元）

図 13a　アイヌのマレㇰ（『蝦夷風俗十二ヶ月屏風』市立函館博物館所蔵）

図 13b　水産庁『内水面漁具・漁法図説』より

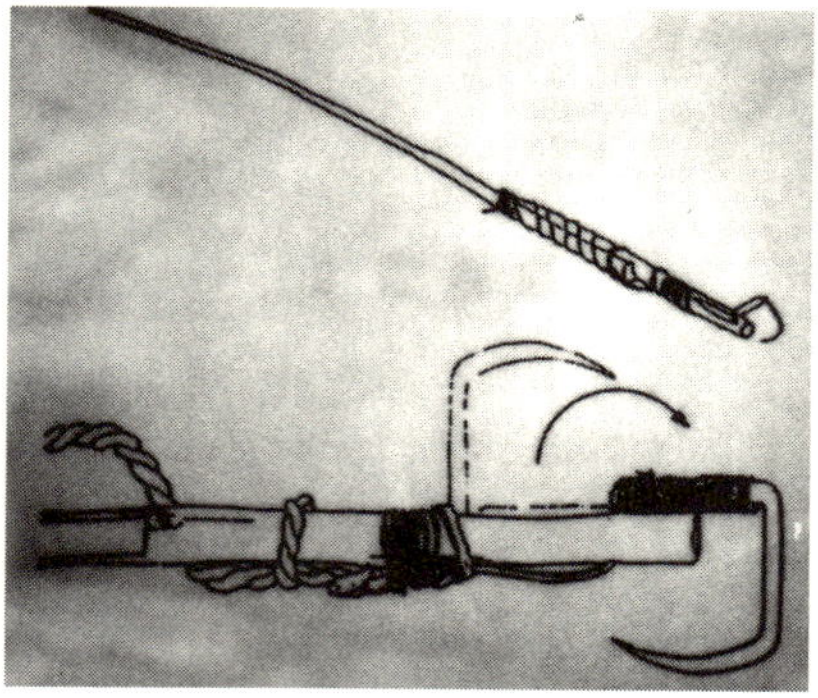

た。特に越後荒川の鱒狩りは、水運を司っていた高田集落の人々が最も楽しみにしているものであった。この漁法はヤス突きの人も共に淵に潜って、水中から鱒を目がけて突くもので、潜水漁法である。人が鱒のいる淵に潜って突く漁は南から北上してきた漁法であるとの伝承が荒川流域にはあり、鱒突きの笠ヤスも、信濃川から入ったという伝承を持っている。潜水していれば鱒との距離など実像で測ることができるために確実な漁獲につながりやすかった。南から北上してくる潜水漁法にともなう漁法に、北方文化的要素と予測される離頭銛のヤスが残っているのは、三面川までである（図14・15）。

荒川での鱒捕りは各淵ごとに下流域から攻めていく。弁当持ちの子供を連れ、潜る人たちは二本股の笠ヤスを持つ。各淵には蒙羅《もうら》の淵、エビス淵、長左右衛門淵など、すべて名前が付いていて、鱒の集まる淵では、弁当持ちが河原木を拾って火を焚き、潜り手は越中褌で潜った。川中の大岩の陰から突き手の一人が待ちかまえ、ここに鱒が集まるように勢子が騒いで鱒の群れをコントロールしたという。

盆休みに高田集落が鱒捕りをすることは川筋では知られていて、慣行的にこの日一日の占有権のようなものが成立していたと語られている。鱒はこの日一日で一〇〇本以上も水揚げされ、分配は弁当持ちの子供もすべて平等に分けた。

雄物川上流部も鱒が大量に上る良好な河川であったが、ここに「瀬待ち」という漁法があった。川が渦巻くマギ（渦巻）の上に小屋を懸け、中に二間柄の六本ヤスを吊しておいて魚が来ると突き下ろす。川小屋を建てることが魚の隠れ家造りの意味もあった。個人漁である。アイヌの鱒捕り川小屋・ヲルンチセと同じである（図16）。

図14　朝日村で使用された笠ヤスの実測図

カサヤス

収蔵番号1803

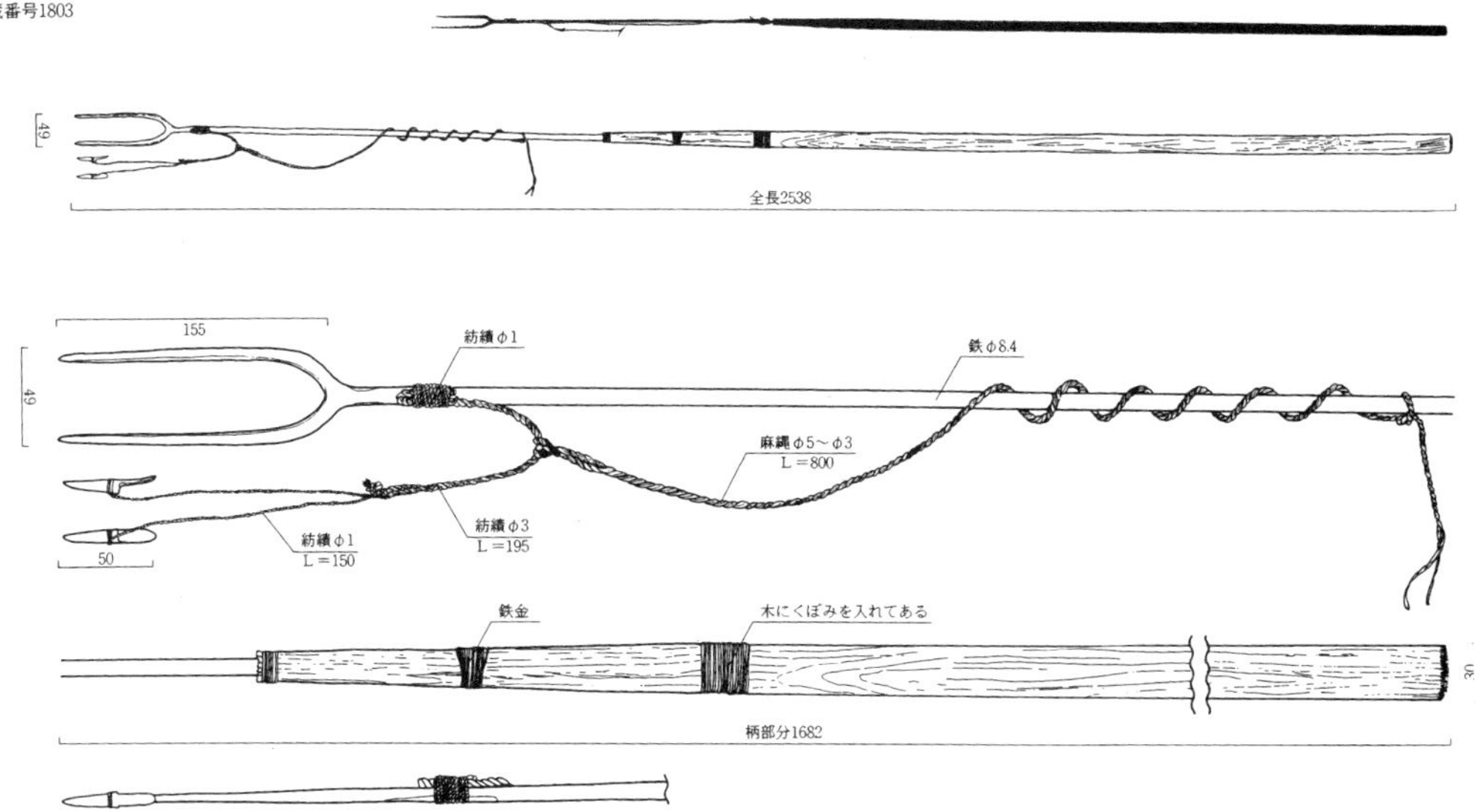

図 15　鱒突きの笠ヤス．
水中に潜って突く．

図 16　松浦武四郎『蝦夷山海名産図会』に載る「ヲルンチセの図」

一方、秋田仙北郡西明寺村では、鱒が淵にたくさんいることがわかると、カワガリ（川狩り）をやる。網を廻し勢子が泳いでバチャバチャやったり、石を投げたりする。カギノシ（引懸けるもの）は鉤を持ち、大きな重石を抱いて四尋も潜り、前を逃げる鱒を待っていてかける。鱒突きには、「落し突き」と云うことがあり、長い柄のついた魚扠《やす》へ手縄を附け、岸または舟から投げ突きする。(12)

本来、鱒捕りは鉤で行なうことが多かったのであるが、越後荒川のように二股ヤスが入ったところでは、この方が使い勝手がよくて利用が広がったという。秋田県の雄物川上流部での鱒捕りは、やはり夏の暑中に行なわれている。短い手鉤を持って淵に潜って鱒を引っかけるのである。

「鱒狩り」「瀬狩り」「川狩り」という言葉が近世文書にある。これらは夏の間に鱒を捕ることを意味していた言葉であろう。秋田県角館の近くで行なわれた「鱒狩り」の様子について残された文書がある。(13)

明和三年六月十一日　佐竹義邦侯　筆録

一　昼前より山鼻前より太田止め下迄、瀬狩有之、河内、堅治参候、鱒九本手柄有之、我等帰候節、太田ニ而暫ク見物中候

天明八年六月十六日　佐竹義躬侯　筆録

一　山鼻鱒狩有之昼より参候、奥始惣容参候、昼ハ同所ニ而遣ひ候、手柄八十四本近年珍敷事

也
一　横手へ賃夫相立、右手柄之鱒五尺遣候
元禄三年六月二十二日　佐竹義明侯　筆録
一　天気上々吉、殊之外暑気也、土用入候而今日程酷暑無之、惣而当年ハ暑気甚也、鵜崎淵ニ
　　鱒多居候由、川入之者共申候ニ付、……八ツ半頃より仕廻候、弐拾四本惣而取候由也

三面川流域に残る雲上公伝説（雲上公《くものうえこう》を奉じる中世修験の縁起物語）にも、「公が川狩りが好きで、暇さえあれば笠ヤスを使って魚を捕っていた」という記述がある。これなども、鱒を捕ることであると解釈できる。川での狩りとはその獲物のすばやさ、収穫時の充実感などを勘案すれば、鱒にかなうものはなかった。

ヤス突きの漁法では、大型の鮭・鱒を真上から突く動作が基本になってヤスの形態が分化してきたことが仮説として提出できる。

水面上から鮭・鱒捕りをする場合、漁体の真上から一本ヤスで突き下ろす漁法がもととなっている。漁獲率を高めるために穂先を付属させ三本ヤスが作られた。

真上から突き下ろす動作ではきわめて限られたパッチ（場所）でしか漁獲を上げることができない。これを補うために四本の穂先が揃ったヤスが機能し、マレクが機能した。

鱒は夏の間淵で過ごすことから、南に広く伝わる裸潜水漁法が受けいれられ、潜って捕る漁法が確立した。潜れば水面での光の屈折を考える必要がない。

離頭銛は北方での大型魚（獣）を獲得するために発達した漁具であるが、鮭・鱒漁に応用されている。鮭・鱒を捕るのに広い範囲で使われた漁具は鉤である。鮭文化圏として囲われた部分は漁具の鉤の存在が一つの指標となっている。

鉤

鉤の分布ではカムチャツカの北方民族、サハリンのニブヒ、沿海州アムール地方のナナイ、そして、日本のアイヌ。東北地方では北上川に二本頭の鉤、岩木川の鉤、雄物川の鉤、最上川の鉤、新潟県はどの河川でも鉤で鮭・鱒捕りをしている。富山・福井県、西は島根県の江の川まで鉤で鮭を捕っている。太平洋側でも南下して、那珂川・利根川まで使われている。北方諸民族の漁法と繋がるものである。かくも広い範囲に鉤が分布する理由は、鉤の道具としての幅広い有効性を指摘しなければならない。しかもコイやフナなどではこの漁が行なわれない理由も突き止めなければならない。鉤が鮭・鱒漁に有効なのは鮭・鱒の行動と関係していると私は考えている。浅瀬での産卵では一定の場所に滞在する時間が長く、ここが採捕の漁場となる。つまり、確実に捕れる場所が人の目に明らかであることによる。まさに人が採餌する最適なパッチ（場所・地点）を鮭・鱒が作っていることを意味するのである。同時に鉤がこのパッチの中で最も効率よく鮭を捕る漁具である。

鉤の有効な最適パッチは鮭の場合、産卵場所として鮭自身が掘るホリバであり、鱒にとっては夏過ぎまで留まっている淵、秋の産卵に伴うホリバである。そこで鉤を使えば確実に採捕できる。これは鮭・鱒の特徴といえる（図17）。

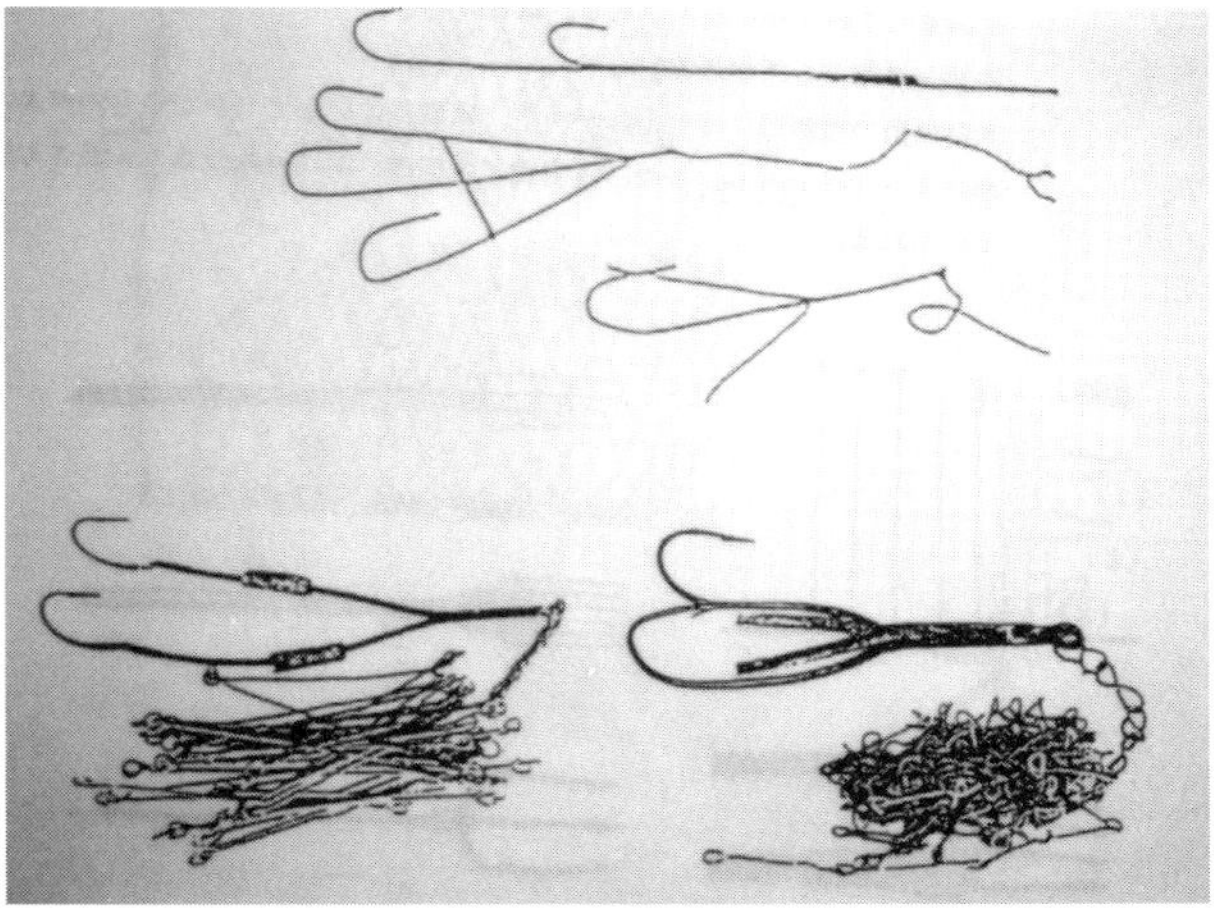

図17　各種鮭鉤（上）．下の写真の中央のくぼみが鮭のホリバで，ここに刃を上に向けて設置する（上図は水産庁『内水面漁具・漁法図説』より）．

鉤は、鮭の産卵場所に刃を上に向けて沈めておき、鮭が触れると一気に曳いて引っかけて捕る。雄物川上流、秋田県仙北郡西明寺村の鉤は、

三寸二分のもので、アギ（刃の先端の内側につく突起で、鱒がかかると、とれないようになっているカエシ）はやはり内向きに一つ、比較的長く袋状であって其の処から縄がついて、柄に結ばれてあった。柄は長さ五尺、根元が次第に太くなり、更に手から滑り抜けぬように鉤状としてあった。また鉤を引くに、魚をカギ腹へ載せるように、少し先を上げ塩梅にするのが秘伝だ。(14)

鉤の使用法は、北方民族から日本人に至るまで、同じ原理を理解している。つまり、魚体の腹部を引っかけるということである。魚体には背鰭側の神経が細かに入り組んだ場所と、触っても感じない腹部側があり、鉤はこの腹部側に仕掛け、腹部を引っかける。だから使用法を見ると、どこでも鉤は上向きに保持する。けっして下に向けることはない。

北上川では二股に分かれた鉤を産卵場にセットしておき、鮭が当たると魚信が来ることから、これを一気に引いて捕った。また、鉤が内側で三本に枝分かれしたものなど、多くのバリエーションを生んでいる。

新潟県最北の大川では、現在も川の両岸に一〇メートル間隔ほどの場所で雌の囮鮭を放し、ここに溯上してくる雄をサグリカキという方法で鮭を捕っている。鉤を上に向けた状態で、川底をゆっくり這わせて囮鮭の近辺を繰り返しなでる。魚信（アタリ）が来れば一気に引いて鮭を捕る。

雄物川でも、竹または杉の五～六尺の柄に五尺もある鉤を取り付け、ホリ（産卵場）で雌雄が動いているとき、水平に構えていて、上に乗りかかったときにすばやく引く。鉤が魚の腹に引っかかる。

三面川にはテンカラ漁がある。碇形に三本の鉤を出した引っかけの道具である。釣りの要領でテンカラをホリバ（産卵場）に沈め、ここに入ってくる雄と雌が糸に触れると、一気に引っ張って引っかけて捕る。もともと鉤を沈めて岸から捕っていたのであるが、鉤ほど熟練を要しないために広まった。

阿賀野川の支流、早出川では鉤の部分を笠状碇形にしたものを使用する漁師がいる。これも、堀場に沈めておいて当たりと同時に引っかければ、三方向に鉤があることから必ず引っかかることになる。ホリ鉤という。

ノボリ鉤、ナガシ鉤、アホウ鉤というものがあった。早出川を上ってくる鮭は、ヨー道と言って岸近くの流れの緩やかな場所を選んでくる。このようなところを意図的に作ってやり、途中に石を並べて流れが急になるところをセットしておくと、流れの急な部分の下で鮭は溯上を休む。ここが鉤場である。ここに鉤を流し、当たりが来ると引っかける。鉤は流したり上げたりするからだろうか、ノボリ・ナガシという名が付いた。この漁法は熟練を要し、下手な人ではいつまでたっても捕れないことから、アホウ鉤の名が付いたという[15]。

鉤の出来の善し悪しの影響がきわめて大きいといわれ、鉄の棒を鉤型に曲げるだけの鍛冶屋では用をなさないといわれている。先端部の曲がりには適度な粘りが必要で、漁期の間、強度が変わらぬように作る必要があった。

角館近くの雄物川にあった伝説の淵・山鼻について、次のような話が伝えられている。

秋田藩著名の経世武士、蓮沼七左衛門は秋になるとよく野郎を連れて火ブリやヨグリに出かけた。山鼻の淵を火影で見ると大鮭がいる。直ちに鉤を引っかけた。うまく懸かったが鮭はどんなに大きなものなのかいくら引っ張っても上がらない。むしろ舟が持って行かれる。引きつ引かれつしているうちに外してしまった。鉤が延びてしまったのである。二、三日後、川下の役所へあまりに大きいからと拾って届けられた大鮭があった。見ると幅が一尺三寸もあるもので、人々は鮭の王と語りあった。まさに七左衛門の鉤の跡の傷を負っていた(16)。

鉤が延びるというのが大鮭の形容詞となっている。越後荒川でも、十二月十五日の水神様の日に家人が止めるにもかかわらず鮭捕りに行ったところ、鉤が延びて持って行かれてしまった、という話がある。オオスケ・コスケ伝承であるが、鉤が鮭の大きさを示す形容詞にもなった。

鉤がもとになって、アイヌのマレㇰや三面川のテンカラができてきた。本来、鮭捕りでは、鉤が最も原初的な漁具であった可能性がある。番線を鉤形に曲げて焼きを入れ、先を尖らしたものに紐を付けてホリバに沈めて鮭を捕る原始的な鉤も、信濃川上流部の魚野川沿岸では行なわれていた。カムチャツカ半島の少数民族エヴェンの人々が使う鉤と使用原理や形が同じである。中国の松花江上流部でも番線を曲げて鉤にしただけの簡単な鉤を観察してきた。

鱒鉤も、鮭鉤と同様に古くから使用されてきた。新潟県大白川に残る「鱒捕りの図」では、鱒鉤の設置方法が多様に見られる。鉤が上を向くように、鉤の背に木の枝をセットして底に置く。鱒を引っかけられるようにアギが上を向くようにした。潜っている人の鉤は腕の延長として短いものである。

越後荒川の川狩り同様、鱒捕りには鱒を引っかける鱒カキという人がいた。石を重しにして底に着き、勢子が石などを投げてこの人の所へ鱒が行くようにし向ける（図18）。

角館では「鱒かかせ」という言葉がある。鱒を鉤で捕ることをいう。「延宝五年北家御日記」に「鱒かかせ候」とある。

鉤を使った鮭・鱒漁は、その道具の素朴な技術から次のことを仮説としてまとめることができる。

番線を曲げて片側を尖らせ紐で結んだ鉤であっても、鮭・鱒が産卵のために留まるパッチでは有効な漁具として機能した。

簡単な鉤は紐を付けたり柄をつけたりすることによって、人の漁獲行動に幅が生まれ、漁獲率の向上を導いた。

マレㇰは鉤を柄に逆向きにつけることで、引く動作から突く動作へ移行させ、産卵場という

図18　「破間川捕鱒之図」．勢子が鱒を追い，鉤掻きは岩陰で待機していて，鱒が来ると引っかける．

パッチからより広いパッチでの漁具としてアイヌの人々に使われた。

かぶせる漁法

鮭の産卵場に囮の雌鮭を泳がせておき、ここに寄ってくる雄鮭を捕る漁法では、上流部産卵場所であれば浅瀬であることが多く、このような場所では投網をうって産卵行為にともなう鮭を捕った。富山県神通川上流部の浅瀬では、この方法が多かった。

また、新潟県信濃川支流の加茂川でも、かってはホリ（産卵場）についている鮭の所へそっと近づき、投網をうって捕っていた。

山形県金目は朝日山麓の山間の村であるが、最後の鮭が上ってくるのが正月過ぎである。この頃の鮭は魚体が白く、朴の木のような肌合いになっていることから、ホオと呼ばれた。この鮭は遊び鮭で産卵を終えてふらふらしているものである。この鮭を捕るのに鉤で引っかけもしたが、浅瀬に留まっているときは投網をかけたものであると語られている。

投網の原料はアカソと呼ばれるイラクサ科の茎の赤い植物の繊維が最も水切りがよくて丈夫であった、とこの地では伝承している。霜が降りるとこの植物を採ってきて池に沈め、外皮の内皮繊維だけを取り出すように腐らせた。この内皮を細かく裂いて、紡いで繊維にするのは冬の仕事で、この繊維を囲炉裏端で投網に仕上げていったのである。

投網はもともと鮭・鱒用に作られた網ではないが、鮭・鱒が産卵行動で留まっている場所があることから応用されるようになったものである。投網をうつという場合、アユの瀬付け（産卵のために秋、瀬に集まる）やウグイの瀬付けに、ここでうって捕るというのが一般的な使い方であった。鮭・鱒のパッチに応用されたものである（図19）。

ホリバに投網をうつこの漁法は、南方文化の一要素であるが、鮭・鱒の行動生態を知悉すれば、簡単に応用が利くものである。

図19　投網をうつ

すくう動作の漁

アイヌの人々は鮭が溯上してくる小さな流れにテシ（梁）を設けて、川を塞ぎ、魚をここで止めて溜《た》まっている鮭をタモですくうという漁をしていた。川の流れを簀で止めるウライも、鮭の溯上群を一つの落とし箱に導いたり、一つの出口に向かわせる方法で魚群をコントロールして、ここにタモ網を入れてすくい取るという方法が多い（図20）。

一方、魚群の通る道を人工的に設けて、ここに網を沈め、鮭が網の上に入っているときに持ち上げて捕る方法が、本州を青森県まで北上している。持ち網と記録されている四ツ手網である。この漁法は東南アジアから北上してきて、鮭捕りにも使われるようになった漁法である。

アイヌの人々が鮭・鱒を捕るために使っていた網については、松浦武四郎の『蝦夷山海名産図会』に記録がある。幅五尺くらい、長さ六間の網とあり、長方形の両端を棹に縛り、この二本を川の両岸で保持している。川を仕切る目的で使っているものであるが、溯上してくる鮭を川上から川下に向かってすくい取る方法でも使われた。この漁法は本州各地で居繰り網として知られ、鮭・鱒捕りの際、二艘の川舟で下流部に向かって併走しながら、両方の船の艫の部分で四角い袋網を保持して、溯上する鮭・鱒をすくい捕る。小支流を溯上してくる鮭に対し、両岸で網持ちが川を横切って網を広げ、川上から川下に移動しながらすくい捕る方法もあった。

河川の網を使った鮭・鱒漁ではこの動作の漁法が最も多い。人のすくう動作を延長したものである。その網の使用箇所は川の中での水流の速度や水量、深さなどに関係して最も機能しやすい方法で使用されてきた。

図 20
上：三面川のウライ
下：テシ「七月鱒漁之図」（『蝦夷風俗十二ヶ月屏風』市立函館博物館所蔵）

① 持ち網（図21）

四ツ手網を鮭漁に使用したものが持ち網である。川の流れを狭められる場所に設置する。この漁法は、川の流れを一つに絞ることのできる場所（持ち網場）の設定から始める。三面川では、中流域の川が大きく弧を描き、深みのある場所を漁場としている。河原の石を積んでこの漁場に向かって横切らせ、鮭が持ち網を入れた溜まりの箇所を必ず通るように作った。

水流を淀ませる場所を円形二坪ほどの広さにする。イトバと呼ぶ。イトバから下流に向かって半円弧状を描いて、約三尺の溜を作る。水の勢いを一時淀ませて留め、イトバに向かわせる。イトバからの急激な水流が淀むようにしておく。ウケバという。このウケバに持ち網を沈めて、鮭が入ったときにすくい上げるのである。鮭は、溯上の際、急激な流れの下でいったん待つ習性があるといわれる。この習性を見事に利用した

図21　三面川「持ち網の図」（三面川鮭産漁業協同組合所蔵）

ものといえる。

持ち網は四角錐の形である。底と側面三方に網を張り、側面の川下に向かう面だけ開けておく。ここから鮭が入る。この面にはサイ縄六条を暖簾のように張り、鮭がくぐると当たりが来るようにしてあった。当たりが来てから上げれば、鮭が捕れるのである。

持ち網は中・上流部で特に利用された漁法で、川の流れを変えられる場所で設置されることが多かった。

秋田県ではやはり、川の流れが巻くところに設置してマギ網などといっている。マギ網は川岸から杭を打って柴を絡み、そこに水が落ちてマギ（渦巻）ができるようにする。渦巻くところへ前記のように二人がかりで上げる四ツ手網を沈め、網に付いている細縄に魚が触れると魚信が来るようにしておき、響きが来たら上げて捕る。初めてマギ網で捕った鮭は、お互いに二片を苞に入れて配る慣例であったという。

明治時代の平鹿郡角間川町の鮭網は非常に大仕掛けであった。雄物川橋に架かる大川橋の下流へ長さ六〇間、幅五〇間も網を張り巡らす。鮭の大群はこの網に遭い、四ツ手網の方へ誘導され、すくい上げられる。網主は漁業組合へ三カ年の漁業権を得るため二〇〇〇円以上も納入し、また網の準備に五〇〇〜六〇〇〇円も要する。どうしても一年に一〇〇〇貫（約二〇〇〇〇円）の銀鱗を揚げなければ間に合わない。河原には番小屋を建て、魚の動静を監視した(17)。

② 居繰り網（図22・23）

溯上してくる鮭を川上からトロールする漁法。袋網の両端をそれぞれ持って一緒に下りながら鮭を捕るこの漁法は、北海道十勝川、白老のアヨロ川、雄物川、最上川、赤川、三面川、阿賀野川、信濃川、神通川、太平洋側では茨城県那珂川、福島県鮫川、宮城県鳴瀬川、北上川など、鮭・鱒の溯上河川で使われてきた。網の素材はイラクサの繊維が水切りがよい。鮭捕りの人たちはこの繊維が一番であることを口をそろえている。

アイヌの人々と東北地方諸河川で行なわれているものに共通項がめだつ。しかも、鮭・鱒とどちらにも使われてきた方法で、海から溯上する大型魚の漁法として、鉤と居繰り網はサハリンのニブヒなど、北方諸民族の鮭・鱒漁の技術と共通している。

アイヌの人々には二艘の丸木船で袋網を曳くヤーシという漁法がある。冬の星座カシオペアがヤーシと呼ばれていることからきた名称であるという。カシオペアはW形であり、網を下流部に向かってハの字に開く漁法であることからついたとされている。人が川の中で両岸を網の端を持って引くのをワワウシ・ヤーシといったという[18]。

川舟二艘を川下に向かってハの字形に開き、この二艘の艫乗り同士に渡した袋網を広げて溯上してくる鮭を捕る漁法は、岩木川、北上川、米代川、雄物川、子吉川、最上川と南下し、西は富山県神通川まで伝承されている。

信濃川上流部でも小千谷市近辺や、魚野川流域は水量が多いところであるが、このような場所での鮭・鱒捕りには二艘の船で流して捕る居繰り網漁が最も確実であったと語られている。鮭や鱒は水量

図 22　居繰り網漁の分布

図23　三面川「居繰り網の図」（三面川鮭産漁業協同組合所蔵）

の多いところでは、比較的流れの緩やかな岸近くを上るとされ、居繰り網の船は、岸近くを流すのが多かった。信濃川下流部、阿賀野川下流部での曳き網（地曳き網）地帯より上手はすべて居繰り網の領域であった。

越後荒川での中流域の漁法は、居繰り網が優先し、二艘の船に乗り込む四人は共同で漁業権を取得したものが組み手となることが多かった。居繰り網漁で最も鮭がかかる時間帯はチクラミとシラシラといわれる、日没後と夜明け前であったといわれ、この時間帯に流すことが多い。河口部での溯上数の莫大な漁場では、時間帯を区切って漁業権を分割する方法があり、昼は地曳き網、夜は居繰りとするところもあった。

三面川では自然産卵・孵化の場所として設けた種川の「お浚い」をしたが、この方法が居繰り網である。種川の上流部に柵を設けてここより上に鮭が溯上しないようにしておき、下流から種川に入ってくる鮭をどんどん追い込んだ後、下も柵で締め切る。この中の鮭はここで産卵する。この後、鮭を捕るために川舟二艘の間に居繰り網を張って上の柵から下の柵まで船を流しながら鮭をすくい捕る。この方法は、「お浚い」と呼ばれ、産卵・射精直後の鮭が大量に捕獲された。五日に一度はこの方法を繰り返していた。

庄内赤川でも、中流域で最も多用された漁法が居繰り網であった。最上川も同様に居繰り網の漁業が盛んであった。

秋田県では子吉川、雄物川、米代川いずれも居繰り網漁がヨグリとかユグリと呼ばれていた。水量の多い河川で優越している。

鱒でもこの漁法が採用されていて、日本海側各河川では、鱒がのぼる五〜六月から実施されたところが多い。鱒鮨で有名な富山県でも、神通川の鱒の居繰り網漁は江戸時代の『山海名産図会』に描かれているほどである。

越後荒川では、溯上してくる鱒が本流の深い淵に溜《た》まっているのを捕るために、棹を継ぎ足して六尋（九メートル）にしたもの二本の底に袋網を張り、二艘の舟で両側から竿を持ち、網を張って流し、淵の底の鱒を捕ったという。三面川も同様に鮭捕りの網で鱒を捕った。鱒捕りの権利は冬の鮭川に対し、夏川といい、占有権を購入して実施したものである。

秋田県雄物川のヨグリ網は舟二艘が網の一端ずつを持って分かれ、川上から川下に向かって進み、手応えがあれば呼応して上げる。網の材料はイラクサ（麻糸）あるいは白糸（木綿）、幅一丈、長さ一〇尋。両端は一七尺のアデャ竿と称するものに結んでおく。アバ（浮木）は杉を割って削ったもので、長さ一尺ほどある。下端に並ぶ足コは適当の自然石をクルミ皮でくるんで結びつけたもので、スガリといった。

かつての雲沢村碇部落でのユグリは、新暦の六月頃やる漁である。二艘の舟の間に網を張り、舟を下りに速く操縦してすくう方法である。その網持ちのことを「アデャ取り」という。昭和十二年六月八日、碇部落へ行ったら、このユグリをやっていた。見ているうち一貫匁以上の大鱒二尾を取ったが、「エビス。エビス」と叫びながら、その頭を叩いて殺した。(19)

イクリ・ヨグリ・ユグリと近世文書に記されているこの漁法はすべて、二艘の舟を川上から川下に向けてハの字型に開き、艫の人が竹竿に付けた袋網を両側の舟で持ち、川上から川下に向かって浚っていく方法である。貞享二（一六八五）年『新編会津風土記』に現在の喜多方市での阿賀川でのイクリの様子が描かれている。

「ユクリ舟」トテ幅二尺計、長三間計ノ漁舟ヲ浮ヘ、長三四間ノ竹竿ニ網ヲツケ、一艘ニ二人ツツ乗、二艘相対シテ網ヲヒタシ川下ニ下テ鱖《さけ》（鮭）ヲトル

この漁法の出現は現地の丸木舟の記述と同時期であることがわかっており、イクリ・ヨグリ・ユグリの語源は、使用される丸木舟の名称からきた可能性が高い。居繰り網漁をしている河川を見るといずれも丸木舟で実施していることがわかっている。

このように居繰り網漁として日本語にもなっている漁法は、鮭・鱒を捕るためにできた漁法のことであったと考えられる。そして居繰り網のイクリの語源は刳り船呼称と関わる。

舟を使わないで人が袋網の端をもって走り下るアイヌのワワウシ・ヤーシよりも、二艘の舟を使って流すヤーシの方が早くに確立した漁法であったことが言葉の成り立ちから推測される。

鮭・鱒漁として使用された居繰り網漁は川でのトロール漁法であり、海でのトロール漁よりはるか以前から確立していた。

③ 地曳き網・大網（図24）

地曳き網はもともと海での漁法である。魚群を巻いて捕る方法で、日本海北部海域へは近世の初期頃から導入されてきたらしい。砂丘列の各浜に入ったのが、サンパと呼ばれる二枚棚漁船の導入が画期となったことがわかっており、砂丘列の開発と併行している。

この網で鮭を捕るようになったのも、その後のことと考えられる。地曳き網は魚群を巻くときに復元力のあるスピードの出る舟の存在が不可欠である。海の舟が河口の鮭漁場で使われるのも、この理由による。

信濃川、阿賀野川、最上川、雄物川など、水量の多い下流域から河口にかけて、どこも地曳き網の記録がある。北海道の石狩川も、近世末、鮭の莫大な捕獲は地曳き大網で行なわれた。鮭は河口で真水に体を慣らし、川の水温と同じ摂氏一〇度前後になると溯上を始めるという。それまで河口で待っているのである。だから河口に網を下ろせば莫大な鮭が捕れることはわかっていた。溯上する鮭を河口で捕ってしまう漁法は、川上の鮭が減ることを意味し、厳しい規制がかけられるようになっていく。特に明治の漁業法では、河口中央部を中心に円を描き、その内側での網入れを禁止した。

阿賀野川では川中に瀬ができはじめ、流れが急になる横越村から下流の集落で大網があった。杭を川岸に打ち、網の一端をここに紐で固定し、網本体を川舟に載せて全速力で対岸に向かって漕ぎ進めながら網を投げていく。舟は川の流れで下流部に流されていくが、大きく岸から円を描くように網は広がっていく。川の岸近くを溯上する習性のある鮭は、この網に絡められるのである。舟が下流部の岸にたどり着くと同時に、杭に絡ませておいた網を持つ人夫は二人以上でこの端を保持して下流部の舟が着いたもう一端の網の方に走りながら下る。舟が着いた下流側では、五～六人の曳き手が一斉に網を引き、上流部から走ってきた二人の網持ちといっしょに網を引く。網が狭まってくると鮭が網の下から逃げようと必死にもがく、そこで（動悸を高めて体を温めるために）醬油を飲んだ若い衆五～六人が網の下の沈子を踏みながら、鮭が網の下から出ないようにかけ声といっしょにすこしずつ網を狭めていく。

巻き網漁法にも網の大きさや使用法で名前の違いがある。越後荒川ではキフネ（木舟）という漁法があった。これは、川中に瀬ができる場所の手前で溯上を休むという鮭の習性を巧みに利用したものである。袋網の片方の紐を持つ網持ちは、二人で保持しながらじっと我慢して待つ。網本体は鮭が溯上を休んで溜《た》まっている瀬の下の淀みに川舟で投げられていく。網投げの川舟が岸に着くと同時に、待っていた曳き手数名が、網の片側を持

図 24　三面川「地曳網・大網の図」（三面川鮭産漁業協同組合所蔵）

って全力で引く。このとき、じっと我慢して網を最初から持っていた方も網を全力で引く。キフネ漁法は袋網が地曳き網より小さく、急流で一気に引けるように袋部分を小さくしたもので、地曳き網より小規模に行なわれていた巻き網である。

このように巻いて捕る網は最大規模の地曳き網と、小型化した網と多くのバリエーションを生んだが、小規模のもので鮭を捕ることはどこでも行なっていたものである。

巻き網漁法が川の鮭・鱒漁で有効性を確保したのには、次のような要因があった。

■巻き網が河口部などの深い場所で機能している現状から、川の深い場所での有効的な漁法であったことが指摘できる。

■越後荒川のキフネ漁法は淵と瀬の連続する漁場で使われたが、居繰り網漁が川の深浅に順応しづらいことから、巻き網で対処したものと考えられる。

④　タモ網

アイヌの人々の漁法では、小支流に梁やウライを設け、ここで溯上を止められる鮭をすくうタモ網で鮭を捕っていた。松浦武四郎『蝦夷訓蒙図彙』をはじめ、多くの絵画に描かれている。

施設を設置した漁

①　隠れ家（Shelter）

鮭の習性を巧みに理解して、その隠れ家を設置してやることで鮭を誘き寄せて捕る漁法が広く行なわれていた。当然のように鮭の溯上するところでは昔から実施され、現在も行なわれている。

現在も行なわれている例では、新潟県山北町の鮭のコド漁がある。鮭の隠れ家を作って、ここに入る鮭を鉤で捕る。この漁は大川の両岸に、杉や竹を使って溯上してきた鮭が隠れる場所を作ってやり、ここを漁場とするものである。昔は数十カ所の漁場ができていたというが、現在は流域九地区に漁業組合があり、この漁に携わっている人は六〇名いる。小さな河川に漁業組合が流域で九つもあるのは、現在この大川だけであろう。日本中の河川が一川一漁業組合という流れの中で、この川だけは鮭採捕のために現在も一括採捕を受け入れていない（図25）。

コド漁の仕掛けは次のように作る。川底の石を五メートルにわたって、三〇センチ幅で溝にして、川岸のコドまで続く魚道を造ってやる。魚道がぶつかる川岸には、杭を打って六尺四方の箱で覆う。魚道に向いた部分だけを開けて、三方を簀で囲い、上は板で完全に塞いでしまい、内部の隠れ家は魚道方向のみ明るく、あとは真っ暗になるようにしておく。周りに竹を挿して茂らせ、このコドを隠すようにしておく。鮭が入ってくる魚道部分に長い杭を一本打っておく。エビス杭といった。一区画の漁業権は鮭の入りやすい川岸ほど高く、最高で二〇〇万円。年間七〇〇本の鮭が入る（二〇〇四年現在）。

鮭の盛漁期は十一月下旬で、昼は鮭が暗いところで休みたがる習性のため、夜中から朝方にかけてコドに潜り込む。漁師は川岸の奥に一坪ほどの小さな仮小屋を建ててここで寝泊まりしながら、夜の間、コドを見ながら鮭を引っかけ鉤で捕る。コドの上にはノゾキマドも設置されていて、そっと開いて鮭の存在を確かめることができた。

阿賀野川支流早出川の善願集落でも、鮭の産卵場となっている川の岸に、人が隠れる小屋が岸沿い

図 25　越後大川のコド漁
上：囮鮭
中：コド
下：鉤漁

に造られていて、川岸の鮭の隠れる森の部分が人の手で作られている。鮭がホリバや森陰に隠れると、小屋から鉤を出して引っかけて捕っている。これをコド漁とは言わないが、同じ習性を利用したものである。

新潟県加治川の上流にコド漁があったという伝承がある。ここも早出川の産卵場と同じ形態であった。コドは上流と下流で作り方が異なる。大川のコドの形態は、河口部でのしっかりした箱物から、上流部ではたんなる隠れ家となり、竹や木で川面を茂らせて影にした部分をコドとしている。鮭は産卵間近の上流部では動きが鈍くなり、河口部での上りはじめのようにジャンプでも泳ぎでも激しい動きというものがなくなってくる。このため、そっと隠れる場所さえ作ってやれば上流部では鮭がそこに入る。

アイヌの人々の漁法にヲルンチセという小屋がある。松浦武四郎の『蝦夷山海名産図会』に図がある。その但し書きには次のようにある。

ヲルンは闇《くら》き、チセは家と云儀。ユウヘツ川すし、シヨコツかわすしの村々の者、夏分鱒、鮭、チライの川に上る比、夜は括槍(マレプ)にて川瀬にて突捕、昼は空明るきか故に此魚とも川岸樹木の陰森たる小闇き水深木淵の上へ枯木を以て棚をかけ、其上に欵冬葉《ふきは》もて丸小屋を作り、其中に潜ミ居て魚の昼中其下の小闇きをしたひ来るを上より□居て、括槍にて立突にする事なり。其小屋ニ住する時は、如何斗《いかばかり》深き処なりといえとも、魚の来るを見るに宜し。また魚は其様ニ木の重りたる様成処を好て寄り来るもののよし聞ける也。其捕方至而物静にせさる時は魚逃去るとかや。

このように鱒や鮭といった大型魚が森陰に宿る習性は、共通に認識されていて、これを利用する漁が盛んであったことがわかる。

同様の漁法は、秋田県の雄物川上流部での鱒捕りにも「待場」として発揮されていることが記録されている。

春から夏へかけて、鱒の溯上する水路の上に小屋掛けする。岸から玉石を積んだ塁を築き、水路を開けてその向川中にもそれを短く作る。それによって河流が激し、泡立って鱒の姿が見えない故、直ぐ上手に葉柳の束を横へ波よけとするのである。扨小屋の構造は、田圃の雀追い小屋よりも原始的なものであるが、屋根から小さいカギを下げて、それにヤスの柄に結びつけてあるサバ口を引懸けておく。ヤスの柄は長さ十二〜十四尺までもある故、勿論、小さな小屋の屋根を突き抜けて出ている。穂は六本、あるいは八本である。鱒突きは座っているところから足下の流れを睨んでいて、もし鱒が通るとその瞬間、カギからヤスを外すなり突き下ろすのである。一日のうちでも午前の九時頃が一番多く上るもので、日の出前から突くがその時刻ほど多くない[20]。

角館周辺にも鱒捕りの小屋があった記録がある。漁場を「待場」と呼んでいた。小屋掛けして鱒を突くとき、たとえば今朝の九時半に一尾突いたとすると、翌朝の同時刻にもそこを通るという。

「瀬待チ」という漁法は川へ波除けと称する石積みをし、瀬の下に瀞《とろ》を作り、溯上する鱒を突く設備である。昼はもちろん水底が明るくてよくわかるが、夜は暗いのでいわゆる夜待チをやる。鱒の休む場所へ白い石を敷き並べて明るくしておく。この上に鱒が来ると黒白が判然とするのですぐ突ける。暗い状態が鮭や鱒漁には必須であることがわかる。コドという名称の有無を考えなければ、鮭・鱒が昼は暗い場所を好んで集まる習性を利用して隠れ家を設置することは、北海道でも本州でも同様であった。

② 罠（Trap）と施設

鮭の産卵には雌に複数の雄が付き、雌さえ捕らなければ次々と雄が集まってくる習性を利用した漁が広く行なわれている。

最上川上流の鮭川村では小国川に溯上してくる鮭を捕るのに、雌に紐を付けて産卵場になる川に放しておくと雄が寄ってくる。この雄を鉤で捉えたり、設置した袋網で採捕した。

囮鮭の雌は、腹が強く張って産卵間近なものよりも、すこし腹に弾力のある、産卵までに五日ほどかかる鮭を繋いでおくのがよかった。

囮の鮭のことをタネイヲともいい、タネの鮭を捕るときは小さい鉤で背骨が懸からないように捕獲し、口から鰓の下部（フラ）に紐（タネイト）を通して五～七尋の紐に付けて泳がせておく。タネイトは真綿で紡いだ物で、タネイヲが痛まないようにした。鮭を流しておくと、紐に縒りが掛かって鮭が動けなくなってしまう。そのため、どのように鮭が動いても縒りが戻るように、ヨリモトという金具を付けて糸が回転するようにしていた。

このように鮭を囮として流すことができれば、産卵を控えた鮭は必ず囮に寄ってくる。大川ではコド漁の他に、囮を流して雄鮭を捕っているが、囮の近くで川底を掘る鮭が来ると、流している鉤に当たるため、鉤で捕ることができた。

越後荒川では、中流域と上流域に産卵場が集中した川岸があり、湧き水が川底から出ているところに鮭がホリバ（産卵場）を作る。このような場所では牛枠《うしわく》という木の枠を設置して川岸から鉤形に区画し、鮭が集まる場所を設けて囮を流す。すると、この区画された場所に鮭が集まるため、これを居繰り網で浚って捕った。囮は糸に繋がないこともあり、その場合、区画された中にネズミ鰭（背鰭と尾鰭の間の鰭）を切って泳がせておく。鮭を捕った後、鰭を見て囮はまた放しておくようにした。

鮭の筌《うけ》は、一メートル五〇センチの真竹を断面蒲鉾形に五角錐形に編んだものである。これを鮭の溯上してくる岸近くの深い場所に、竹の葉で被った状態で紐を付けて沈めておく。日中、明るさを嫌がる鮭はここに入ってくる。筌を上げるのは朝、日の光が強いときがよいと言われていた。

短歌の専門雑誌『コスモス』を主宰した歌人の宮柊二は、故郷が新潟県魚野川沿いの堀之内町小出である。昭和四十四年五月、『潮』に載った彼の随筆に「鮭の小包に香る友情の味」がある。(21)

（鮭が選んで魚野川に上るのは）魚野川の水が清いためであり、川底が石ころであったり砂利であったりするために、産卵できる適所がいたる所に見出されるからである。この川をのぼってくる鮭を漁るいろんな方法があるが、私の郷里では、「打ち切り梁」と「待ち川」という二つの方法が代表的なものであった。

これらの漁法は、いずれも原始的な幼稚きわまるものであるが、私の幼児《ママ》には、一場所で一回に三、四十尾もとったことを、聞かされもし、また実際にも見た。冬の大吹雪の日でも、打ち切り梁の人足たちは、深い場所ではまっ裸で首まで水につかって鮭を追い落とすので、大変な仕事であるが、それだけの報酬もあったのだった。


ここにある「打ち切り」は魚野川に設置されている川を横切る梁のすぐ下流部、岸側で鮭が溯上してくる場所に川下に向かって八の字に竹で簀を組み、小さな梁にする。すると鮭は溯上してきて、流れの比較的緩やかな場所で簀を越えてくるが、ここから上流へは設置してある梁に遮られて上れず、梁の下でうろうろしている。流れは急で、鮭は放っておけば小さな梁に吸い込まれ、ここに懸かってしまう。これを拾ってくるのである。

「待ち川」は鮭の上り道に岸から直角に四メートルほど水流を遮り、先端から下流に向かって鉤形の囲いを作る。杭を打ったところに竹で簀を設置する。そしてここに袋網を設置しておくと、網は水流で下流に膨らみ、溯上してきた鮭は水流を遮る簀に沿って走ってきて網に入ってしまうという仕掛けである。鮭が入ると網につなげた紐が鳴子を鳴らす。このとき、漁夫が待ち川漁場に飛び込むと、網にかかっていない鮭まで驚いて網にかかったという。

漁夫が寒中に鮭を捕るという宮の記述はこの待ち川を指し、このような施設は魚野川の両岸に、漁協ごとに設置してあった。

アイヌの人々もやはり、固定施設を持っていて、ウライ・テシ（梁）で鮭・鱒を捕獲していた。

アイヌの人々のテシは、もともと川の中の漁場を意味したものらしく、滝や岩場など鮭が留まって漁場となるところである。石狩川のカムイコタンでは岩が川中で段差を作り、鮭が留まる。このような最適採捕の漁場が地名としても残っているのである。

天塩川のテッシホ、阿寒川テシベツ、常呂川テシヲマナイ、十勝川テーシュシなどの地名が川中の岩場で、鮭を捕ってきたところであるという(22)。

犬飼哲夫は「釧路アイヌの鮭のテシ漁」で、復元観察の様子を書いている。川の上流部、阿寒郡鶴居村中雪裡での様子である。

川幅が二〜三メートルの狭い場所で、上流へ上流へと産卵に上るサケを、川幅一杯にサクを張ってくいとめて捕る漁法である。……サケのとめ場のサク（テシ）、捕獲作業をする台（テシサシ）、休憩するための仮小屋等を作る……(23)。

二メートルのクマザサなどで柵を編み、これを丸太で支えるために杭を打つ。上流部からの落ち葉などで水圧がかかるが、これに耐えられるようにしてある。溯上してくる鮭はこの柵で止められ、ここに溜まる。テシサシはテシの約二メートル下流部の川中に設置してあり、ここに座って待ちながら、三角のタモで鮭をすくい捕る。

産卵場を控えた小支流最上流部の川では、産卵を控えた鮭がこのようにして捕獲されていた。

川漁の中で囮漁を実施しているのはアユのトモヅリと鮭の囮漁ばかりである。鮭の囮漁は雌鮭が雄鮭を引き寄せる習性を利用したもので、繰り返し雄鮭を誘き寄せることのできる、漁獲効率の高い漁法であった。

三　サケタタキ棒

アイヌのイサバキクニは柳の木で削り掛けとして作る。「鮭は神が下さった魚であるから、この削り掛けで叩いて昇天させ、神の国に返す」という。日高新冠に伝承されている神謡「神魚の歌」は有名である。

仲間と一緒に、群れの終わり群れの先頭に、二回とび三回とび喜び勇んできた。やがて沙流川（シシリムカ）の川口に来た私の仲間は、銀の柄杓金の柄杓で水の味を味わってみたが、「どうもこの水の味がよくない」と言いながら、また二回とび三回はねてしばらくきて新冠部落（ヒポクコタン）の川口に来た。そこでまた水の味をためしてみると、二度はね三度とび、私の仲間は互いにとびはねながら「ヒポク部落の水がよい」と言いながら、新冠川を真っ直ぐに、仲間達は二度とび三度はねて、走りのぼっていった。すると立派な人々が魚扠（マレㇰ）を持って待ちかまえ、私達魚仲間を突いてはあげ、柳の木でつくった頭叩き棒（イサバキクニ）を持って、私の仲間の頭を叩く。それ故にとられた私の仲間は神になることができた。私達はなおも川を上っていくと、アイヌの若者たちが鎌を持って、私たちの仲間を丘に引き上げ、鎌で頭を叩いていたので、それで私たちは新冠川にあまりのぼらなくなった。と頭だった鮭の主が言った。

この神謡について解説している更科源蔵は、鎌で鮭を捕るのは神の降ろしてくれた魚に対する冒瀆であるという。

イサバキクニはもとは木幣であったといい、これで頭を叩かれた鮭はそれをくわえて、神の所へ喜んで帰ると言われている。一尾に一本ずつでは大変なので一本の木幣（イサバキクニ）に集約されたものであろう(24)。

青森から新潟にかけても同様に鮭を叩いて殺す棒があり、ノジ（ノデ）棒、エビス棒などと呼ばれる。材質はやはり柔らかい木がよいとされ、三面川では桜か柳、桐の木で作っている。青森でも柳を使うという(25)。

この棒の機能は、鮭の頭部を強く叩くことで瞬時に殺し、内臓などの鮮度が落ちることを防ぐという。北方の民族にもタタキ棒はあり、いずれも獲物を神の国に返すことを述べている。

サケタタキ棒の呼称はノジ棒、ノデ棒、ナウチ棒というのが東北地方から新潟県にかけての名称で共通している。菜（魚のこと）を打つ棒の意味であろう。ノジやノデはナウチが縮まった発音であろう（図26）。

　鮭を叩くときに漁師が叫ぶ言葉がある。かつて、越後荒川の漁師は「エビス」と叫びながら叩いた。秋田県各地も「エビス」という唱え詞で共通している。武藤鉄城が昭和十二年六月八日、碇部落へ行った記録の中にユグリ（居繰り網）を見ているうち一貫匁以上の大鱒二尾を捕った情景がある。漁師は「エビス。エビス」と叫びながら、その頭を叩いて殺した。また、鮭を叩くときに網のアバ（浮木）でその鼻柱を「このエビス」と叫びながら叩き殺す事例も記録されている。そして、鮭を叩き殺すときの唱詞秘事というものがかつてあったことが記録されていて、「今日のハツヨ（初鮭）一万五千本、此のハナ大恵比寿大恵比寿」の文言を伝えている[26]。

　熊の狩猟儀礼で、皮を剝いで「千匹も万匹も」と唱える心理と同じである。熊の霊を「送る」儀礼と考えられ、鮭でも同様の心理が見られる場面

図26　サケタタキ棒で叩く

である。

鮭をエビスととらえている。越後では居繰り網を開くときにも唱え詞があり、「御山の善宝寺様」とか、「御エビス様」と唱和した。

獲物を捕った際に頭を叩いて殺し、内臓や肉が生き続けていることで体が痛んでいくのを防ぐ方法は、鮭・鱒のような大型魚から派生したものであろうか。

飯豊山麓小玉川の熊獲り猟師は、秋に産卵のために小支流に上ってくる鱒を捕る際、背中を出して産卵している鱒の頭を鉈で叩いて捕ったという。鮭も溯上数が多いときに、川の浅瀬を走る鮭目がけて棍棒を打ち付けて捕獲した例に接している。

カモシカを捕る際、叩いて捕る方法があった。耳の後ろ、渦巻となっている場所が急所である。大陸沿海州の赤鹿を捕るのに、川に追い込んで動きを鈍らせ、棍棒で叩いて捕る方法があった。アザラシでも、アラスカのインディアンが離頭銛で捕ると、すぐに棒で頭を叩いて殺した。このタタキ棒はサケタタキ棒と同じように彫刻が施されたものもあった。

日本国内の川漁の中でタタキ棒を持っているのは鮭のみである。しかし、北の大型獣や魚では一般的に行なわれていたことである。つまり、タタキ棒は獲物を捕るための棒が元になっていたのではないか、と考えているのである。

三面川ではウライにかかる鮭を集めて、桜の木で作ったノジ棒（サケタタキ棒）で鮭を叩いている。暴れる鮭の頭部を思い切り叩くのは鮭漁の組織の親方である。彼は自分で作ったノジ棒を振るうのであるが、握りと叩く部分については適度な曲がりのある木がよいという。この仕事は責任者のみが任されているという特色がある。もちろん、居繰り網漁などでは舟での捕獲となるので、艫に乗って網を上げて捕獲した者がノジ棒で叩くことになる。

㈠　サケタタキ棒の機能

新潟県最北の鮭湖上河川・大川では、鉤で鮭を引っかけて捕ると、すばやくナウチ棒で叩いて暴れないようにした。ここでは材質には堅い木がよいという伝承があり、ケヤキの全長三〇センチくらいの棒を使っている人がいる。杉でもよいといい、握りの部分を削ってわずかに反った木をナウチ棒としている。堅木がよいとの伝承は、三面川の一部の漁業者にもあり、ここでは軟らかい桜と樫が併存する所がある。

居繰り舟の中で採捕した鮭を叩く漁業者たちは、四〇センチにも及ぶ長さの細めの杉の木を使っている。ここでは堅い木がよいと語る人が多い。すばやく打ち付けて殺すことが大切で、舟に揚げたものがいつまでも暴れていると困るというのである。堅い木で細めに長く作ったものが多い。

軟らかい桜や柳の木で作ったサケタタキ棒を持つ三面川の漁撈長は、太めの棒の握り部分を削ってここに紐を通して腰に付けている。ウライの落とし箱にかかった鮭が揚げられると、一〇から二〇本の鮭をみて、成熟していてすぐに卵や精子を取り出さなければならない鮭から頭部を叩いていく。成熟していないために生け簀に入れて成熟を待つ鮭は殺さない程度に頭を叩いて尻尾を持って生け簀に運ぶ。このように、殺すものと仮死状態にするものを分ける場合には、軟らかい木の方が適しているのであろう。

原則としてその場で殺して卵や精子を取り出すものはすべて堅木で叩いて殺していくのである。サケタタキ棒は以後の鮭の処置をどのように扱うかによって上手に使い分けている。

(二) 叩いて鮭・鱒を捕る棒

鱒捕りも、鮭捕りも棒の伝承に接することが多くある。溯上の数が多くて、川の中に棹を立てて置いたら倒れなかったとか、立てておいた棒がそのまま上流に向かって移動したといった類である。昔はそれほど多くの鮭・鱒が溯上したのだという、たんなる伝承と考えていたが、最近は棒で鮭・鱒を捕ることと無縁ではない証拠としてとらえられるようになってきた。

鮭・鱒捕りの人たちが必ず持つものに棒や竿がある。川の中に入って鮭・鱒を捕る仕事では必需品である。川底の状況を見たり、川岸の枝を払ったりするのに使う。三面川では、鮭捕り衆が鮭がホリバについて雄と雌がつがいで背鰭を出して動いているのを見つけると、この上に棒を振り下ろして鮭を叩くことがある。鮭の数が多い場合には鮭に当たって鮭が捕れる。この方法は鮭が驚いて逃げまどうため、一過性の漁法である。

居繰り網漁で舟を二艘並べた間に網を張って川底をすくっていく漁法では、二艘の舟の前に一艘の舟が水面を竿で叩きながら下って網に鮭を追い込む。この竿は舟をコントロールする竿であるが、鮭の頭上目がけて水面を叩くことで鮭を網の方に追い込んでいる。同様の事例で、鮭が多い場合には、鮭を混乱させるだけで網に入ることから、船端をサケタタキ棒でトントンと叩いて音を出して下ることもしている。

三面川の鮭捕りでは、大量に鮭が上ってきたとき、一間近い棒で思いっきり水面を叩いて鮭を捕ったという言い伝えもある。この伝承は誇張ではなく、本当にできることがわかっている。

秋田県子吉川流域荒沢で、鱒捕りに棒一本で捕獲する方法を聞き取りできた。淵にいる鱒の頭上を思いっきり棒で叩くと、振動におびえた鱒が飛び出すことがあり、これで鱒捕りをしたという。棒は山に入るときは必ず持っていく鉈で、柳などを切って一間ほどのものを作り、持参したという。山形県小国町では産卵鱒を捕るのに、鱒の頭を叩くことができない深さの場所では、鉈の平の部分を水面に思いっきり打ち付けて振動で鱒が飛び出したり、脳震盪を起こして浮いてくるのを捕ったという。ここでも、棒で叩くことがあったと伝えられている。アイヌのイサバキクニが、削り掛けとして表象されるまでには、棒一本さえもその使い方によっては漁具として機能していた現実をとらえる必要がある。

四　体軀の延長としての漁具

(一)　突いて捕るヤス・マレㇰが機能する範囲

鮭・鱒捕りで、道具には機能する範囲がある。視線の延長線上で、次の範囲の魚体しか捕れない。
図27①　漁業者の腕の長さ（A）＋ヤスの全長（L）＝人から魚体までの距離
図27②　魚体までの距離が①の範囲で、漁業者の視線の俯角と、視線の先で屈折して水面に入る角度の誤差がヤスの歯の幅の半分の長さで相殺される範囲。

魚は、人間のいる場所から実際には遠く見えても、光の屈折で内側にいることが多い。人間が斜め上から見るとき、魚体は実際の場所より外側に実体ではない姿を映している。人が突くのはこの実体ではない姿なのである。だから、屈折の誤差が、ヤスの幅で相殺されることが好ましい。鮭のヤスは大きいもので幅が三〇センチもあり、突く角度が斜めであればあるほど魚体とかけ離れた場所を突く可能性がある。しかし、漁業者の体のまわりであれば、ヤスを縦に構えて突くことで魚体に食い込ませることができる。

①は水中で自分の目の先にいる魚を捕る場合を想定した簡略図である。L（全長）の長さの範囲で、光の屈折を考えずに魚を捕ることができる。

②は川に入った立位の人が、ヤスで魚を狙っている簡略図である。魚が人から離れるほど、光の屈折で魚影は遠のく。そして、人が見て突くのがこの魚影なのである。ヤスを魚体に対して斜めの位置から突いた場合、ヤスの幅の半分しか獲物に作用しない特性がある。したがってヤス突きは斜めから突く場合、実際の魚にあたることが少ない。

この欠陥を補って作られているのが、アイヌのマレㇰである。③は、マレㇰの作用する範囲を描いたものである。人が斜め上から魚影を見ても、魚影をマレㇰで突けば、実際にいる魚の背を飛び越してマレクの刃に引っかかるようにできている。このとき、マレクの刃は下向きにして突く。

ヤス突きについては、越後荒川の漁師・八幡熊吉（大正十五生まれ、故人）からの伝承が、最もヤス突きの難しさを伝えていた。

ヤス突きは、船の舳先に立って、腰に付けたカンテラの光で見える範囲しかできなかった。鮭は夜に騒ぎ始め、溯上していく。カンテラの光の範囲に鮭の頭が見えたとき、すかさず突く。

この伝承は、カンテラの光が届くきわめて狭い範囲（半径一メートルくらい）でしか捕れなかったことを意味している。この範囲であれば光の屈折の誤差を相殺できた。

図 27　道具の機能する範囲

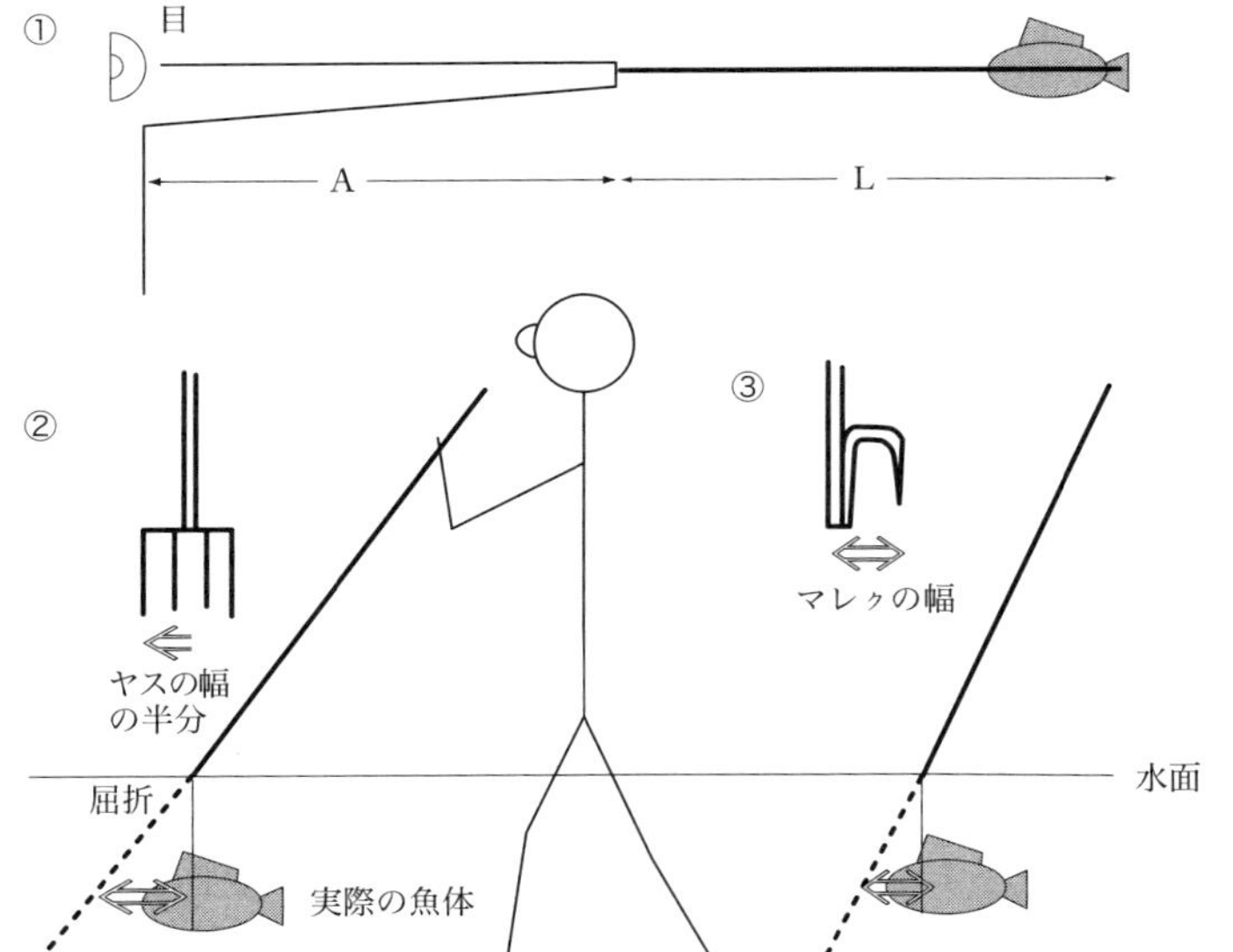

三面川河口で川舟に乗って夜間のヤス突きをした大滝又栄門（大正十二年生まれ、故人）によれば、溯上を待っている鮭が溜《た》まっている河口は、重なり合うように鮭がいて、カンテラの光を照らすと魚影が目に入ってくるという。船の上に立ってほとんど真下に見える鮭の頭ばかり狙ってヤスを突いたという。真下であれば屈折による魚体の影は気にせずにすんだのである。このことはヤス突きという漁がきわめて範囲の限定された場所でしか機能しないことを意味している。

ヤス突きによる鮭漁は、鮭の個体がまんべんなく溯上したり、河口のように大量の鮭が溜まっているような場所で、自分のまわり半径一メートルくらいのところで、一本ずつ突くことしかできない、効率の悪い漁である。

ヤスという道具はきわめて普遍的に全世界に分布し、鮭・鱒のような比較的大きい魚にも使われる。その使用方法では漁業者が一緒に水中に潜って視線の先で屈折のない水中で魚を突く場合、目の位置がヤスの突き出す方向と一致すれば効率はよい。

一方、アイヌの人々の使ってきたマレㇰ（反転銛）は、実によく計算された漁具である。立位の漁業者は鮭の溯上してくる水面を斜めに見ることになり、光の屈折で鮭が実際の位置より遠く見える。③のように、ここにマレㇰを突きおろすと、屈折で実体ではない姿を結んでいるところを突くことになる。この漁具は屈折の誤差が銛の幅であれば、鮭の背中を飛び越えて魚体に刺さるのである。穂先が反転して鮭は食い込んだ銛から逃れられなくなる。

この漁具は、L（全長）の範囲でヤス突きの範囲より広く漁場をカバーできるようになっている。はじめから光の屈折を意識して、ヤスのように真上を基本としないで、斜めから突くことを前提にできている漁具だからである。

図28①・②は同じ漁場に同じ密度で鮭が溯上してくると仮定した概念図である。ヤスが受け持てる範囲と、マレㇰが受け持てる範囲を比較すると、大まかな図でしかないが、マレㇰの方がヤスのより広くなる。

光の屈折を考慮した漁具であるマレㇰは、ヤスよりも広い範囲の漁場を確保することができる。

ヤスはほぼ垂直に突き下ろす動作でしか、鮭を捕獲することはできない（①）が、マレㇰは斜めから突く動作に対応できるようになっている（②）。このため、ヤスに比べて広い面積の漁場を確保することになり、漁獲率は向上する。特定の漁具が作用する面積が広ければ広いほど、漁獲率は大きくなる。

マレㇰを使う方が広い面積をカバーできることは、この漁法の鮭を捕る効率がヤスより高い

図 28　ヤスとマレㇰの作用する面積

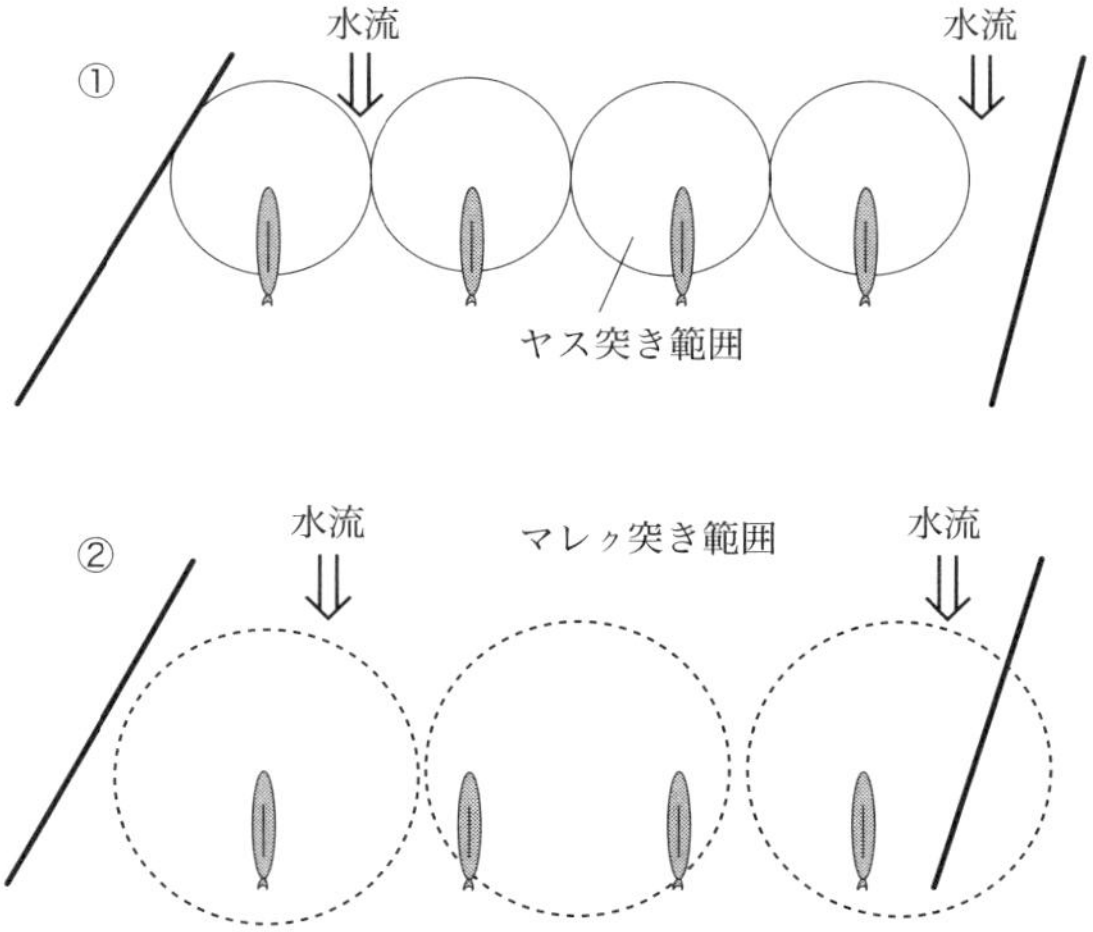

ことを意味している。魚の分布が均等であると仮定すれば、漁獲率（単位時間・面積当たり漁獲の効率）は特定の漁法が機能する範囲の面積と比例する。

マレクの方がヤスよりも機能する面積は広い。このことは、漁獲率の向上につながっていると解釈できる。ヤスの使用頻度が低くなっていくのは当然の成り行きであったろう。

ヤスの漁法が機能する面積の狭さを補うために、各種の工夫がなされているのも事実である。一つは離頭の銛をヤスの先端に付けて、魚体に離頭銛が入り込めば、ここについている紐でたぐり寄せる方式の笠ヤスが発達した。三面川では河口部で漁をしていた集落が二つあり、いずれも川の規模から大網などの地曳き網ができない場所であったことから、笠ヤスで確実に捕る工夫がなされた。

一方の荒川では、川幅が広く、大網ができる場所であったため、笠ヤスのように個人漁として発達することはなかった。このように、人が漁場に立って自分の体の延長として鮭を採捕する場合には、漁場で機能する漁法の面積が漁獲率と密接につながっていくのである。

(二) 引いて捕る鉤の機能

鉤を鮭捕りに使う範囲は、日本海側が島根県江の川まで南下。太平洋側での南限は利根川水系である。大陸アムール地方ハバロフスク州のナナイの人々、ウデヘ・ウリチの人々、北海道以北ではサハリンのニブヒ、カムチャツカのエベンの人々が鮭漁に鉤を使っていることは記した。

かくも広い範囲、多くの民族から使われる漁法であるからには、なんらかの理由があるはずである。

この漁法は最適なパッチ（ホリバ）での確実な漁獲にその原因が求められる。鮭や鱒という魚の習性と、鉤で漁をする地理的範囲は、密接に結びついている。

①鮭の産卵場所（ホリバ）で引っかける。

②雌の囮鮭に近づいてくる雄を引っかける。

③鉤が機能する範囲しか鮭・鱒の溯上口（魚道）がないところで引っかける。

現在までの調査で、この三つのパターンが出ている。最適採捕の場所で最も機能的な漁具であることが、この漁法のかくも広範囲な分布を導いたものと考えられるのである。

つまり、ホリバ（産卵場）という鮭採捕に最適なパッチを保持した場合、ここでの最適な漁法として鉤があったと予測されるのである。

ホリバにつく鮭を捕るのに最もよく使われる鉤の使用から話をすすめる。

① 鮭の産卵場所で引っかける（図29）

鮭は溯上してきてこぶし大の石が散乱する瀬の中で、河床から清水が湧き出ているような所を見つけると、雌が尾鰭を使って石をはねのけ始める。このようになると必ず雄がまわりに二〜三匹集まる。雌にぴったりくっついたまま、産卵を促す。このような場所では、雌の産卵が続く限り、雄はここに集まり続ける。ホリバは径三〇〜五〇センチほどに丸く石が除けられる。

漁師はホリバを見つけると鉤の刃を上に向けて、ホリバの床面に鉤をそっと沈めて川岸で待つ。漁師の持っている竿にアタリ（魚があたったという震動・魚信）があると一気に引くのである。鮭の腹部に鉤がかかり漁獲できる。魚信がわかりづらい急流などでは、鉤の先に麻糸をかけ、これを漁師の握り手まで伸ばして、糸に触れると同時に鉤を引く。また、鉤の歯が上を向くように河床に設置して、紐を一気に引いて捕る鉤もある。

この漁法は鮭・鱒の習性を見事なまでに応用している。一つは魚の腹部は物が触ってもあまり感じないということ。また一つは雌に付く雄は除かれて(捕られる)もまた次の雄が入ってくる。だから、一つのホリバを見つければここでは複数の鮭の確保が可能となる。

ホリバでは産卵のために雌鮭に複数の雄鮭が群がり、ここから逃げない。そのために、この場所を確保すれば、複数の鮭の捕獲が可能となる。鮭・鱒はホリバという最適採捕パッチを保持することか

図 29　ホリバの鉤

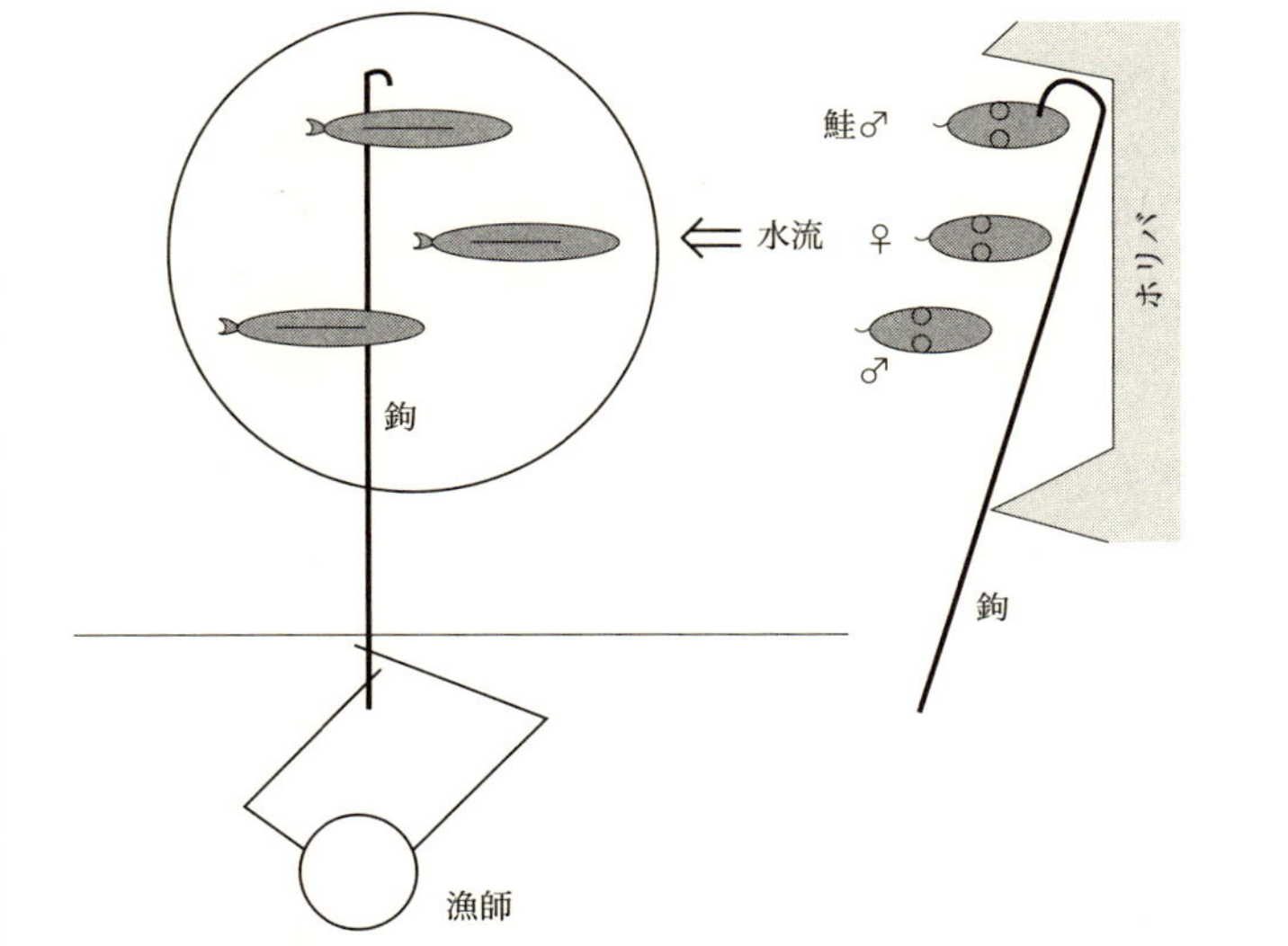

ら、鉤のような原初的な漁具による漁法が最適である。

② 雌の囮鮭に近づいてくる雄鮭を引っかける

鮭は川への溯上と同時に産卵行動に移るという。一つは雄鮭の雌鮭への接近であり、産卵場所の確保である。鮭捕りの人たちはブナ肌が婚姻色であることを指摘する。体の色が斑《まだら》にブナ肌となってきているものは産卵が近いというのである。三面川漁師は、鮭は真水を飲むとブナ肌に代わると伝承している。しかし、すぐになるものと、かなり溯上してから色が変わってくるものの違いがある。鮭にも個体差があって、川に入ってもすぐに婚姻色となるとは限らない。鮭を捕獲した後であれば、漁師が腹部に触って、その張りで産卵が近いかどうかの判断ができる。産卵間近でない鮭は腹部が軟らかく、婚姻色もはっきり出ていない。このような雌鮭を囮として確保することから囮漁は始まる。

新潟県北・大川での鉤漁は囮の雌鮭を流しておいて、ここにつく雄を引っかける囮漁である。コド漁として施設を構えたところで雌を捕らえ、コドの施設の先にある河中で囮漁を行なう。雌鮭の鰓下部から紐を通し、首の付け根を縛った状態で紐を付け、岸からつないで流す。河口部から二〇〇メートル上流の橋まで囮が一〇匹以上並ぶ。大川は海から川への溯上と同時に産卵場所が確保できるなだらかな小河川である。鮭は流した囮の一つ一つにくっつきながら雄が溯上していく。

ここでの鉤の使い方は、囮のまわりを探るようにして、魚体に当たったときに引くという方法を取っている。サグリカキという。

図30のように、コドと囮漁は隙間なく設定されている。鮭捕りの漁師は溯上してくる鮭が、囮の雌

のところで川底を掘ることを知っていて、サグリカキの鉤を川底をなめるように動かす。ここで引っかけられればよいが、取り逃がした場合は、すぐ上の囮でサグリカキしている漁師に知らせる。このように取り逃がしたものが順を追って上流部へと伝わっていく。「ツイタぞ」というのは囮に雄がくっつくことで、鉤を囮の下流部中心に探っていく。「行ったぞ」というのは、自分の囮から上流部の囮に行った合図である。

鮭の通り道をノボリミチといい、鮭捕り衆は最初にこの道筋を見つけることから始める。大川の場合、右岸の水量の多い部分を鮭が通ることを知っていて、このように漁場を分割しているのである。

大川のコド漁で捕った雌鮭はすぐ隣の漁場で囮鮭となる。だから、コドの施設と囮漁の漁場がセットとなっている。

図30 大川での囮漁

囮漁の漁場は、鉤の作用する半円の面積で示される。ここがサグリカキと呼ばれる漁法の場所である。

③　鮭・鱒のノボリミチに鉤を仕掛けて引っかける

鮭・鱒が確実に通る道というものがある。鉤の柄の全長（L）の範囲内に川幅が入ってしまうような所では、川岸で絶えず鉤を探っていれば、溯上してくる鮭にあたる。阿賀野川支流早出川では堰のすぐ下で、鮭が溜《た》まっている場所の両側に人を配し、両岸から一斉に鉤を入れて捕るということまでした。

鉤を使った漁獲率は、ホリバ（産卵場）で最大値を示し、魚道では低下する。鮭のホリバという特殊な漁場を獲得すれば、漁獲率はほぼ一〇〇％に達する。囮漁場では効率が下がり、漁業者の鉤使用の熟練の度合いが効率の高低を支配する。

このことは、鉤という漁法が鮭・鱒を採捕する際、良好な漁場を確保した人々によって採用されてきたことを意味している。産卵場など良好な漁場の確保のない場所には鉤は残らなかったはずである。これを裏付けるように、鮭の産卵場が点在する早出川は、鉤漁一本で現在も漁獲している。これ以外の漁法はない。ところが河口に近い下流域の漁場では網以外の漁法はない。ホリバを作らないからである。

信濃川も同様で、上流部支流の魚野川には形態上、多くのバリエーションに富んだ鉤があるが、下流部の川幅一キロに達するような場所では鉤を使う場所がない。下流域の漁法はすべて鉤以外のもので行なわれている。

三面川も同様で、鉤は上流部山際の鮭・鱒捕りの人たちが多く持ち、下流部では笠ヤスばかり使っている。鉤は密猟者の道具とされ、漁業権を持つ人たちは今もこの道具を蔑んでいる。越後荒川は三面川より流量が多いために、鉤は中流域の産卵場所が点在する瀬の部分を持つ鮭川にしか存在しない。

その地に残る漁具は、その地の最適採捕漁場で最も漁獲率の高いものである。

五　特定漁法の漁場占有率と漁獲率

漁獲率は特定の漁法が漁場で作用する面積に比例することを述べた。この漁獲率の法則は網漁業にも敷衍できるのであろうか。

信濃川や阿賀野川河口のように、川を半瀬半川で区切っても五〇〇メートルもの幅のある漁場では、海の地曳き網を使うことが多かった。この漁法は人の身体の延長線上にある漁具としては最大の占有率を占めている。

一方、上流部での流れの速い場所では居繰り網漁が優勢である。この漁法も、漁場の占有率を時間の経過で加算して面積を出すことができる。

(一) 網漁の漁獲率

地曳き網など、大網は広大な漁場で魚の群れを巻いて捕る漁法である。河口部近くでこの方法が使われるのは、広い面積、深い場所をカバーする漁法だからである。

越後荒川では大網漁場の上手にキフネ（木舟）漁場があった。この漁法は深く淀んだ河口部の魚溜まりから上り始めた鮭は、流れが急になり始める瀬の手前で休んでいるという習性を利用したものであることは述べた。闇雲に大網を巻くのではなく、鮭が留まっているところだけにねらいを定めるものである。漁獲率が高くなるのは当然であった。

居繰り網漁は二艘の船を川下に向かってハの字に開き、艫乗り同士が開いている網を上流から流して溯上してくる鮭を絡め取る漁法である。

居繰りの語源は漁法に伴う施設としての丸木舟のイクリ・ユクリ・エグリに起因していることが推測されることは第二節で述べた。只見川での江戸時代初期・中期の資料にユグリ船・エグリ船・イクリ船が羅列され、すべて刳り船として記録され同様の漁法に使われていたことがわかっている。

二艘の丸木舟を下流に向けてハの字に開き、その間に網を張るという漁法の起源が山間部の鱒捕りから始まった可能性があり、淵に溜《た》まっている鱒を川上から袋網にすくい上げるものであったと考えられる(27)。

丸木舟を作る際、大木のある山中で行なうのが常で、舟作りの村というのも只見川上流部で記録されている。現在、田子倉ダムに水没した地域一帯の村は「ブチ舟」とか「イクリ・ユグリ舟」と文書に記録される丸木舟造りが盛んであった。この記録が単材型の丸木舟であることがはっきりしたのは、接ぎ舟の記録が同じ文書でハギ舟と記録され、こちらは杉材の板を使って舟を造ることがわかったからである。

同様に越後荒川筋上流部にも丸木舟造りの村の記述がある。「聞出、舟作り稼ぎ」といった近世文書が出ている。この記録の解釈は近世史の立場から、下流部の村で使う丸木船造りとされてきたが、実際には集落前の淵で丸木舟を使って鱒捕りをしていたことが聞き取り調査でわかってきた[28]。

同様に険しい山中で舟造りをしていたことを示す文書が、岩手県沢内村や秋田県仙北郡にあり、秋田では「ウチ舟」と記録されている。ウチはブチと同じであろう。テップリというチョウナを小型にした道具でウッ・ブッことで、刳っていく丸木舟である。

秋田の山間部でも居繰り漁は盛んに行なわれた漁で、鮭・鱒の溯上してくるものを上から二艘の舟を流して袋網で引っかけたことが伝承されている。

越後荒川上流部ではクリヌキ舟とかクリムキ舟という記録がある。大木の内側を刳る丸木舟のことである。「クリ」は刳り、イクリは居刳りであろう。

雪解け水により、流量の増大する日本海側の河川では、上流部の深い淵に鱒が溜まり始める五月には、水の量もピークを迎える。丸木舟の進水はこのような時期で、山の雪解けと一緒に里に運び丸木舟を使い始める。居繰り網漁は漁場としては最も条件の悪い場所での漁法となる。漁は長い二本の竿に袋網を付けて、上流部から流す。

居繰り網漁法の有効性を考えるために、越後荒川での実態から論を進める。越後荒川の急峻な上流部の流れがひとまず留まる場所に蒙羅《もうら》の淵という場所がある。現、新潟県関川村である。管流《くだ》しといい、用材一本でしか流せなかった急流から出て、ここで筏に組む場所の淵として青く淀んだ水流がここで留まっていた。深さは六尋（九メートル）あるといわれていた。この場所は海から約二〇キロメートル上流にあたり、五月、藤の花が咲く頃にはフジ鱒と呼ばれるサクラマスが海から大量に溯上してここに入った。この鱒を捕る漁業権は淵のすぐ下の集落・高瀬にあり、漁業権を村から取得したものが二艘の川舟で網を引いて鱒捕りをした。

居繰り漁は竿が川底にあたる長さが必要であるが、蒙羅の淵は六尋の長さにしなければならず、竿を三本継ぎ足して六尋確保した。この竿を二本用意し、竿の間に袋網を張る。そして、この淵の最上流まで川舟二艘で行って、艫乗りが居繰り網を持ち、先乗り（舳先部分）が二艘の舟を川下に向けてハの字になるように揃えて流した。

居繰り網漁の占める占有面積は、上流部から流してくることによって、袋網の幅（竿間の距離＝M）×流した舟の長さ（L）となる。Wは川幅とする（図31①）。

大網は、岸辺の一点を基点にしている。舟に大網を積んでこれを半円形に全速力で魚群を巻くようにして網投げし、元の岸に戻って網の両端を引く。だから、面積は網投げした場所を最高にしてこの面積を絞っていく半円で示される（図31②）。

この漁法は漁場面積を大きく占めるもので、大河川の大きな漁場で実施されてきた。しかし、一度の実施で漁獲が期待できるメリットはあるが、網、舟、曳き子の人夫賃など、設備投資が莫大なため、資本のある網元しかできなかった。

ところが、居繰り網漁の場合、舟二艘と網くらいの投資で済む。漁は川上から繰り返し実施すれば、川の全面を覆うだけの漁場の占有ができる。

　しかも、大網を実施するのにかかる時間があれば、居繰り網漁であれば繰り返し流して漁をすることができる。ここで、一回の大網にかかる時間と居繰り網漁を繰り返して川全面が占有できたと仮定すれば、次のようなグラフ（図32）でお互いの特性が示され、居繰り網の方が効率の良い漁法であることが指摘できる。効率の良い漁法とは、一定面積の漁場からの漁獲率が高いことを意味する。

図 31　居繰り網と大網の比較

①　居繰り網

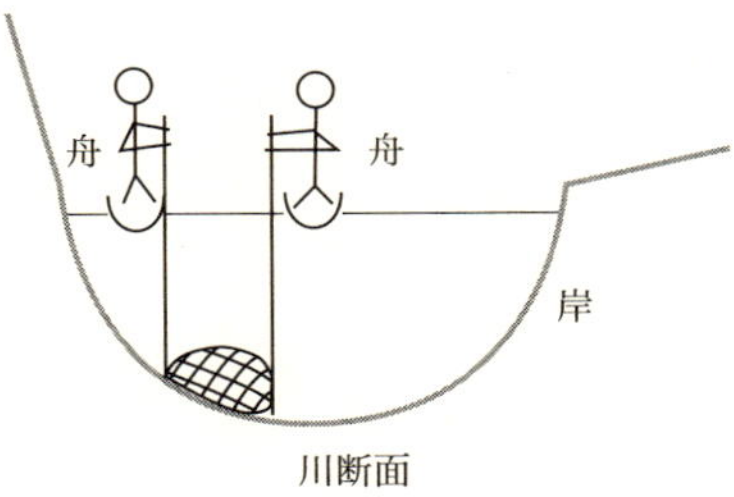

居繰り網が占有する漁場面積

1 回のみ：漁場面積＝M×L

繰り返して川全面実施：漁場面積＝W×L

大網が占有する漁場面積

ア：川の中央で分けた漁業権の場合

漁場面積＝$\pi \times W^2 / 8$

イ：対岸まで占有している漁業権の場合

漁場面積＝$\pi \times W^2 / 2$

単位時間当たりの漁法の作用する漁場面積は，居繰り網の方が大きい．

②　大網と居繰り網の比較

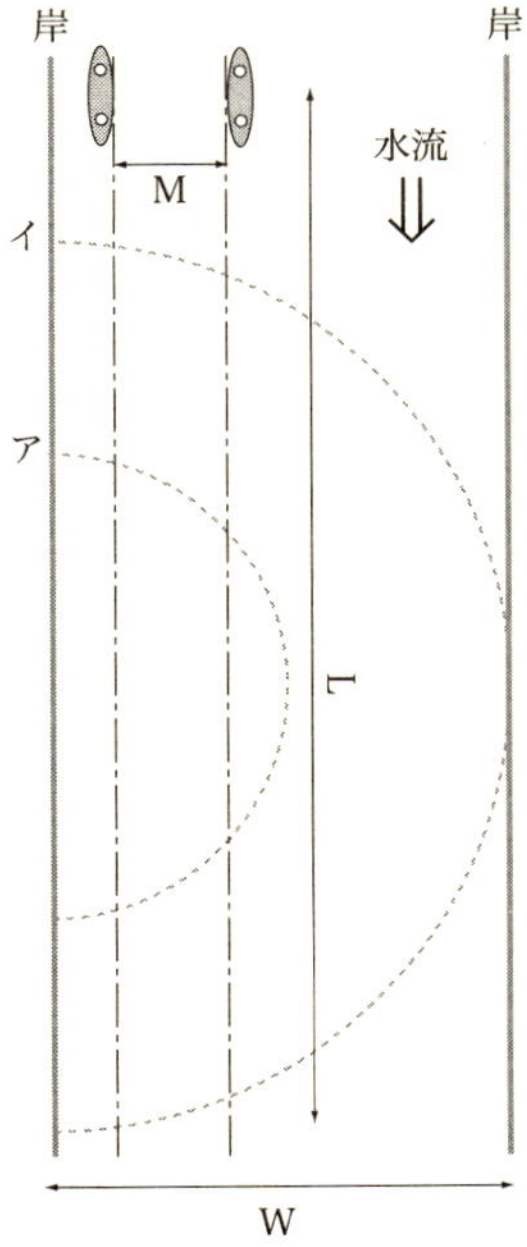

大網の漁場占有面積は半円であるから二次関数で示され、居繰り網の漁場占有面積は一次関数で示される。ａは居繰り漁を繰り返した回数がｂよりも多いことを示す。居繰り網の幅が川岸からＢの距離であったとすれば（大網漁法と同じ時間繰り返すことを含めて換算）漁場占有面積は居繰り網の方が広いのである。同様にＡの距離でも同じことが起こる。信濃川や阿賀野川のようにどんなに大きな河川であっても、集落が地先で占有している漁場の長さ（幅）は一キロと離れていることはない。大網が半径五〇〇メートルと想定しても、これを引き回して網を絞る時間は最低でも二時間かかる。この時間で居繰り網を繰り返せば、漁場はほとんどなめ尽くす状態となる。つまり、居繰り網の方がはるかに漁場占有面積を広く取ることができる漁法なのである。

しかも、鮭・鱒は溯上の道が決まっていて、岸近くを上っていくことが指摘されており、ここに居繰り網を流せば間違いなく漁獲に成功する。

図 32　大網と居繰り網占有面積の比較モデル

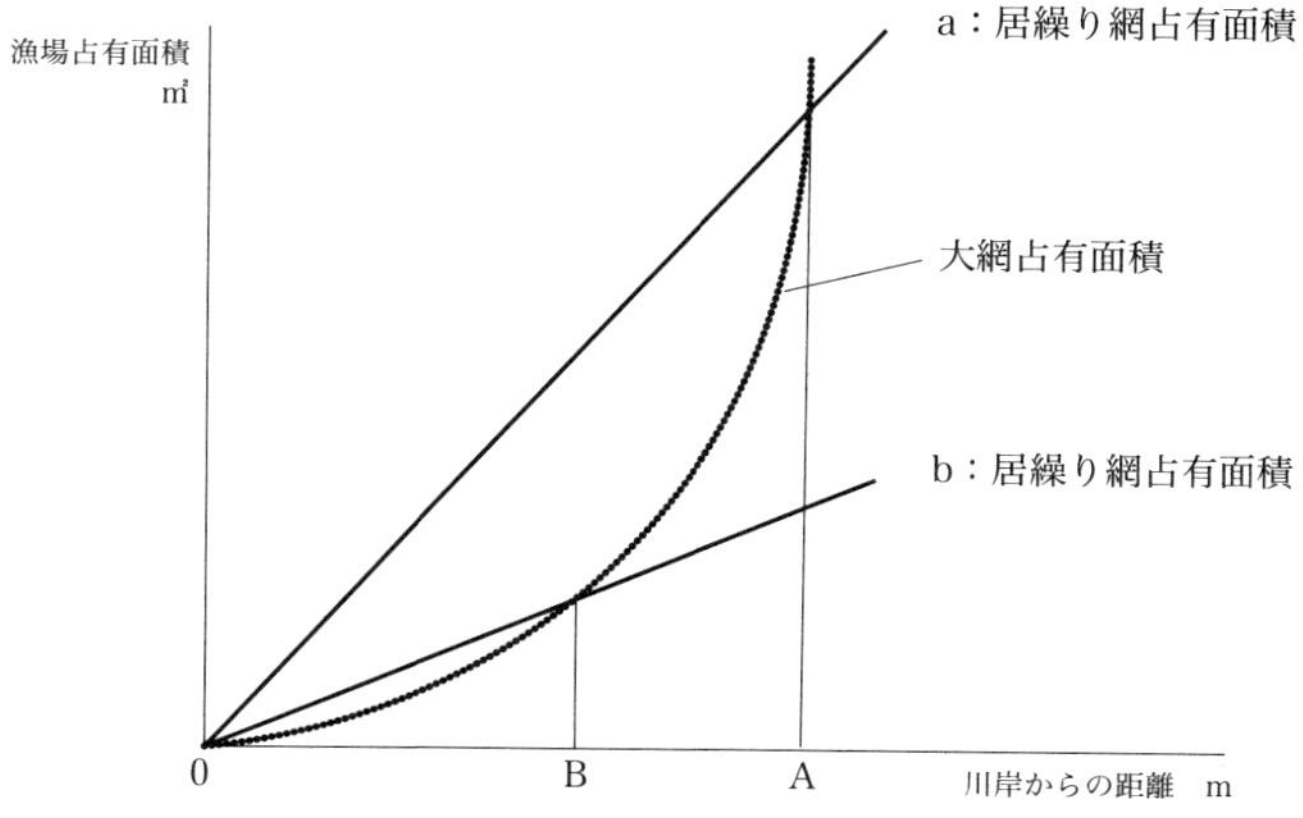

居繰り網が網漁業としてはどの鮭川でも、最も使用頻度の高い漁法であることが、このモデルから演繹的に仮説とされる。具体的に検討してみる。

① 越後荒川

- 高瀬―居繰り網を中心に鮭・鱒漁
- 小見―揚げ川漁を中心、使用漁具は鉤・ヤス・居繰り網
- 大島―居繰り網漁を中心、鉤・ヤス
- 高田―居繰り網、鉤・ヤス
- 貝附―居繰り網
- 花立―居繰り網
- 小岩内――居繰り網
- 荒島、花立、川辺――揚げ川漁を中心、使用漁具は鉤・ヤス・居繰り網
- 佐々木、湯ノ沢、葛籠山――揚げ川漁を中心、使用漁具は鉤・ヤス・居繰り網・タモ
- 平林、宿田、大津――居繰り網漁、ヤス
- 鳥屋、牛屋――居繰り網漁、ヤス・筌
- 金屋、福田――木舟（廻し網）・居繰り網・筌
- 海老江、桃崎、塩谷――大網・居繰り網

② 阿賀野川

- 只見―居繰り網漁

■柳津――居繰り網漁
■横越――居繰り網漁
■太子堂、大迎――大網・流し網・居繰り網漁
■三ッ森――大網・流し網・居繰り網・筌
■松浜――大網

③　信濃川

■魚野川――鉤・ヤス・袋網
■小千谷――居繰り網
■沼垂――大網・筌・刺し網・四ツ手網

④　三面川

■小川――居繰り網
■四日市――四ツ手網
■下渡――居繰り網・テンカラ（鉤）・笠ヤス
■羽下ヶ淵――居繰り網・笠ヤス

このように、新潟県・福島県下の鮭溯上河川では、小河川の山北町大川を除いて、ほとんど居繰り網漁が優越している。特に水量の多い阿賀野川・信濃川といった河川の上流部ではその主たる漁法は居繰り網であった。一方、河口部に近い場所でも、越後荒川のように昼の大網に対し夜間の居繰り網の使用があり、河口部でも流れのある場所ではほとんど居繰り網が行なわれた。

この傾向は山形県以北でも同様に見られ、庄内の赤川では一括採捕以前は居繰り網漁が河川全体にわたって優越していた。最上川では上流部支流の小国川の産卵場所でヤス・鉤などの使用が見られるものの、下流域では居繰り網が優越している。北上川も同様に、居繰り網が優越し、雄物川・能代川も同様であった。

このように、居繰り網漁は流れのある川であれば、最も漁場の占有率が高く、漁獲効率の高い漁法であったことが指摘できるのである。しかも、最も条件の悪い増水時にも機能することは、この漁法が広く採用されてきた理由の一つでもある。

居繰り網漁に使う居繰り網は、荒川流域では荒川の漁業を中心に生きてきた鳥屋の人々が作るのが最も良いと伝えられ、近隣集落ではカラムシの繊維を預け、糸捻りをこの鳥屋の漁師に頼んだ。網は各集落で作るのが鉄則であったが、それには網の目の大きさを漁場によって変える必要があったからだという。鳥屋ではカラムシの繊維がチョマ（ミヤマイラクサの繊維）より丈夫だとして、もっぱらカラムシの繊維を使用した。網は上流から河床を擦りながら流してくるため、石が入って切れやすく、しっかり縒りを入れてないとすぐに破れた。太平洋戦争後、昭和三十年代にナイロン網が入ったが、ナイロンは切れやすくてあまり使わなかった。

網作りは、集落の鮭川を入札で落とし権利を取得した人たちが責任者の納屋元の家に集まって、漁が始まるまでに拵えた。「網は川を見て作れ」といわれ、流れの良い鮭川ではハケのよくない（編み目を狭めて水の抵抗を受けるようにする）網にし、流れの悪い淀む川では編み目を広げてハケる網を作った。

居繰り網は二本の竿の間に渡した袋網であるが、竿の間隔は約五メートルで、鮭・鱒の入口の高さが三〇センチになるように、川床を擦る部分には太い紐に重しの鉛を付け、上部にはサイナワと呼ばれる一本の細縄を付け、漁師が両端で保持して網入口の袋が広がるように持つ。この広げた部分に鮭・鱒が入るとサイナワに魚信が伝わり、漁師はサイナワを緩めて網の入口を塞ぐ。居繰り網はこの入口の後ろにワタとよばれるゆとりの袋状のたわみがある。このワタが鮭・鱒が入ったときに巻き付く部分で、納屋ごとの秘密であった。ワタが大きいと水流に負けるし、小さいと鮭・鱒が入っても逃げられてしまう。

荒川河口部の海老江集落では、居繰り網について、次のような伝承がある。

河内大明神は水神で、鮭捕りの網を水中で見ていた。網の後ろからその状態を観察していたが、とても良い網を見つけた。これが居繰り網で、河内様が教えてくれたことから集落では、以後河内大明神を祀るようになった。

海老江集落の鎮守は石動神社であるが、この境内に河内大明神も祀られている（この神社については第五章で扱う）。

(二) 漁獲率と境

漁獲率を数値で示すには漁場の状態、漁業者の熟練度、鮭・鱒の行動、漁法の適否などの問題が複雑に絡み合っている。

ところが、ほぼ一〇〇%に達する漁獲率を示す漁法がある。漁場を絞って、すべての鮭・鱒がここを通るようにした漁法である。一つは川の流れを絞って、そこに四ツ手網を沈めた持ち網という漁法。また一つは、ウライや柵で川を遮断して鮭・鱒を止め、ここで捕る一括採捕の漁法である。

一括採捕は、現在の鮭・鱒資源保護の立場から人工孵化事業が確立して広まったものであるが、本来この漁法は完全に鮭・鱒を捕ってしまうことから、特別な漁業権を生じさせた。

三面川では持ち網(四ツ手網)漁法の許された村はただ一つ、四日市である。三面川の鮭川を管理していた村上藩が、御境として自らの権利の及ぶ鮭川の最上流部の集落である。ここから上流は各川沿いの地先占有権が確立しているが、増水時の四ツ手網が機能しないときに大量に上る鮭しか捕ることができなかった。渇水時には鮭はすべてこの持ち網と呼ばれる四ツ手網で捕られてしまった。

四ツ手網や梁、ウライなどの漁法は、越後荒川のところで詳述するが、川筋でよほどの争いを起こしたものらしく、これらの漁法のできる村は特定される。

河口から上ってくる鮭は、四ツ手網など一〇〇%に近い漁獲率の場所で捕られる以前は、そこに達するまでの漁法の漁獲率によって減少幅が決まる。漁獲率の高い場合はz、低い場合はxで示される(図33)。この段階までの、四ツ手網・梁・ウライを上回るものはなかったと考えられる。川筋でこの漁法が実施できる集落は、流域集落間の力関係で上位に立つ者であった。

三面川の四日市は三面川の鮭川漁業権の最後の集落である。この境に「一宮歴代譜」で有名な雲上佐一郎伝説を持つ、河内神社の一宮がある。「十二月十五日の水神様の日には鮭のオオスケ・コスケが河口の多伎神社とこの河内一宮神社にお参りする」とされ、近世文書の中でこの両社間は下馬が義務づけられていた場所である(29)。

漁獲率の高い漁法の設置された場所は、鮭川の境として意識化され、各種の伝承の舞台となる。

三面川の雲上佐一郎伝説（第五章参照）はここが舞台であるし、遠く宮城県の鮭に助けられた家として有名な羽縄家の伝承、そして岩手県津軽石川の後藤又兵衛の故事と、いずれも漁法の漁獲率が一〇〇％近くに達する場所に伝承が存在する。

四ツ手網は持ち網と呼ばれ、下流域では川を遮断できないことから、人工的に鮭が入る場所をつくって設置された。ところが上流域では川を遮断して設置された。四日市の持ち網場は次のように作ったという。

毎年、川の流れの変わる三面川であったが、四日市の集落対岸の寺尾の山にぶつかる水流は、ほぼ同じところを通っていた。四日市集落を中心に大きく円を描くように川が湾曲している場

図 33　漁獲率のモデル

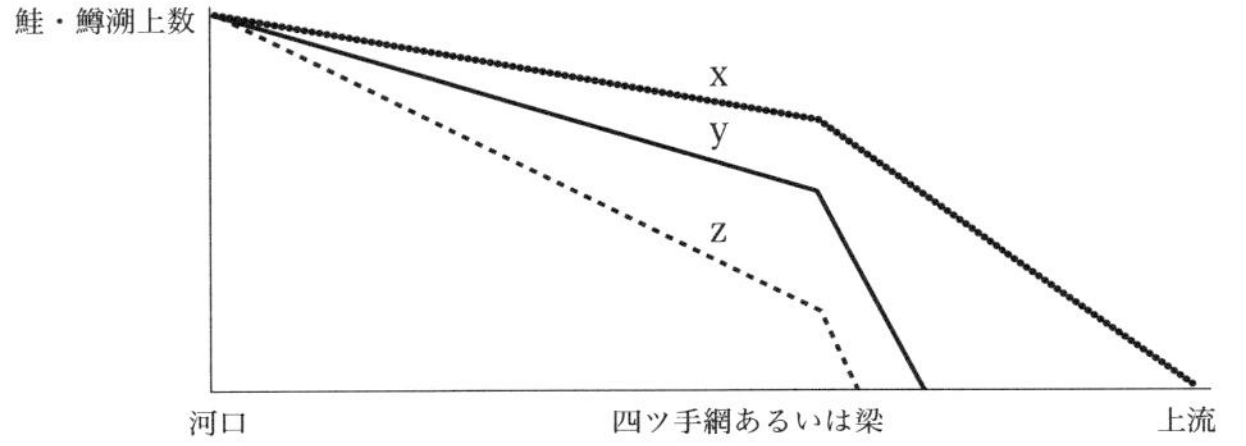

所で、対岸を深く削っているところまで、河原の一抱えもあるような石を並べて足場を築き、川の中は持ち網場として、次のように漁場を作った。止め簀で川を遮断し、二坪ばかり円形に区画して居止場（イトバ）を設ける。止め簀は下流に向かって半円弧状にし、四日市側から来る足場と接続させる。その際、三尺ほどの間を開けて、水流がここを通るようにして、水の落ち口を「ウケバ」としてここをやはり二坪ほどの広さにして、下流側にも止め簀を設ける。そして、止め簀から水の落ちる場所を一カ所にして、ここにエビス杭を打ち込んで、完成させる。水流はエビス杭を中央に流れ落ちる。こうしておくと溯上してきた鮭はウケバに入る。ウケバには持ち網と呼ばれる四ツ手網が沈められていて、四ツ手網の入口についているサイ縄に鮭が触れると、足場の中に作ってある鮭小屋に魚信が伝わり、鳴子が鳴って鮭の来遊を知らせた。ここで待機していた者が網をあげて鮭を掬い取った。

四日市では毎年、お盆に寄り合いを持って鮭川の漁業権の入札をした。落札した者が、若い衆を使って石で足場を組み、持ち網場を作ったのである。漁業の実行も若い衆に任せられ、数人が一つの組を作って、夜の漁に出た。鮭小屋で待ち、鮭が来れば網を上げる動作を繰り返していた。若い衆はよく、ここを根城に遊び仲間を誘ってたむろし、鮭の魚信を見逃して、ときどき廻ってくる親方に怒られたと言う。「金蔵の鍵を渡しているのだぞ」といわれたという（図34）。

四日市の持ち網は、三面川を完全に遮断してしまうもので、この漁場を通らなければ鮭は溯上できない。三面川は村上藩の領地にすべて入っていることから、漁業権に関しても村上藩の指定通りであった。

この漁場を作る際、どうしても川の状態が悪くてうまく設置できないことがあった。このときに、村上にいた法印の相馬に川の流れを変えてくれるように頼んだところ、巻物を口に挟んで祈ってくれたという。次の洪水のときに、願い通りの川の流れになったという。この法印は河内信仰を体現していた修験者で、高根金山を祀っていた高根から村上に降りてきて、還俗《げんぞく》した山伏として鮭川の信仰に携わった者で、今も村上市久保多町でお札を配ったり、祈祷をしたり、法印の仕事に携わっている。

途中で捕られなかった最後の鮭を捕っているというイメージのある四日市は、対岸の寺尾集落と共に莫大な鮭を捕獲していた。この地は鮭伝承が多く残されている場所で、鮭川に関する話にはここが発祥の地ではないかと推測されるものも多い。そして、ここより上手になると二次的な伝承が多くなる。この一帯で語られるものは次の通りである。

①雲上佐一郎伝説の発祥地

図 34　持ち網の平面図

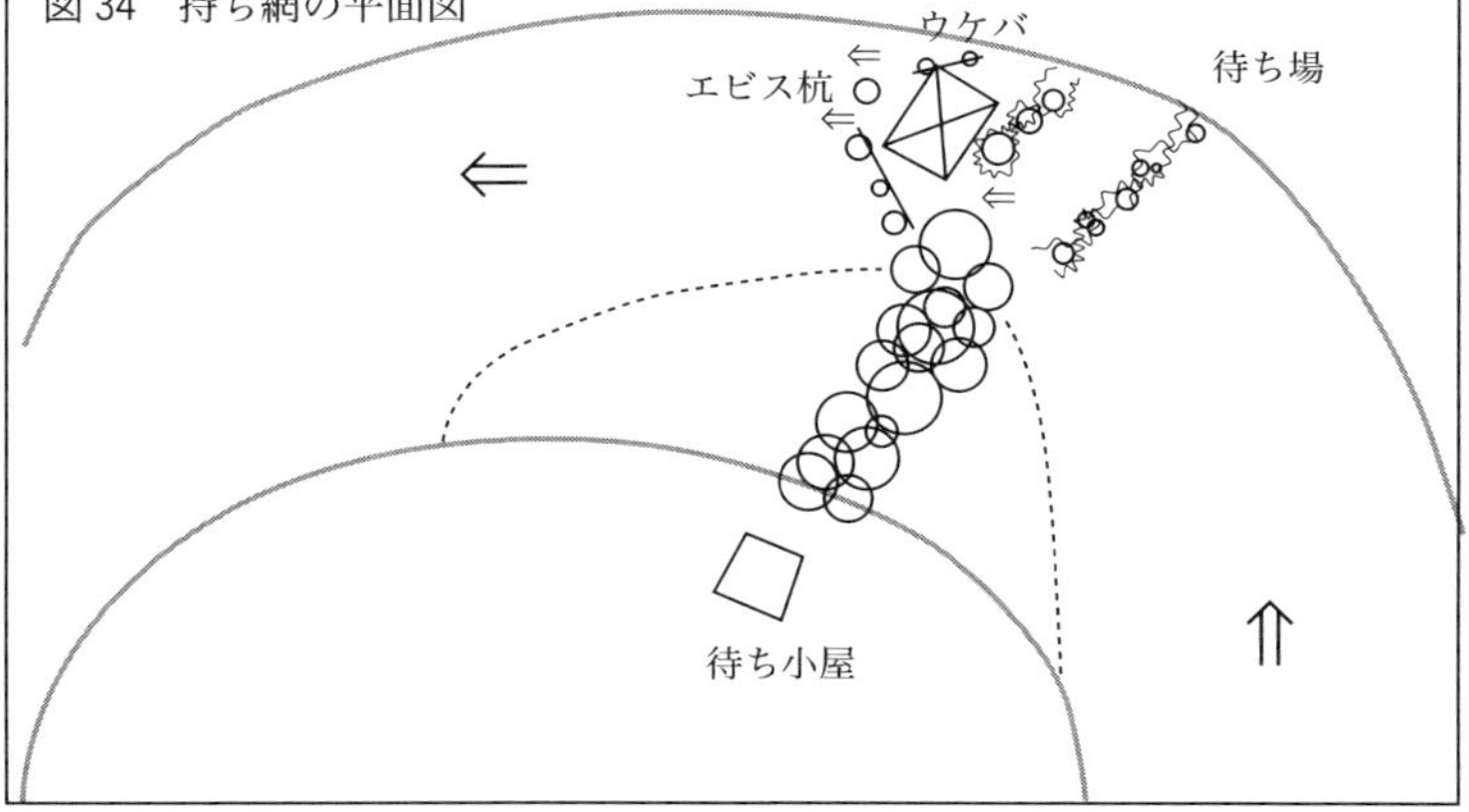

②オオスケ・コスケ伝承の境
③昔話「鮭女房」の境
④ハツナ儀礼の境
⑤終漁儀礼の境

このうち①はここから上流部小川・十川地区を巻き込んでの伝承が中心であり、雲上佐一郎の出生、その後を語る話は奥三面まで巻き込む。支流高根川の奥、高根には雲上佐一郎の兄弟の伝承まであり、ここを境に上流部に話が広がる。

②のオオスケ・コスケ伝承は上流部にもあるが、一宮までお参りに来るという話が中心である。ただ、単純にオオスケ・コスケが水神様の日に上ってくるとの伝承は上流部まである。

③の昔話は、三面川の場合、河口部が中心であるという顕著な性格がある。岩船にもあり、海の彼方からという話に繋がっている。四日市でも採話されている。

④のハツナ儀礼は村上では藤元神社、羽黒神社への奉納という形で行事化されている面を斟酌すれば、四日市を含む村上の行政範囲からの奉納ということになる。しかし、初めて捕れたワシ鮭（ハツナ）を親戚に配るというきわめて単純で本質的な儀礼は三面川全域にある。むしろ、藩に奉納するという行事の方が後に作られながら伝承としては強く残ったものであろう。

⑤の終漁儀礼は、鮭小屋での行事であり、鮭小屋の分布は四日市の待ち小屋までであったことから、ここが境である。ここより上流で居繰り網を使って鮭捕りをする人たちは、小屋詰めしないで各家から出かけている。

六　漁獲の平均化と漁法の組み合わせ

新潟県下の鮭溯上河川の近くで鮭捕りに従事してきた人たちにとって、鮭は特別な魚ではなかった。ふだんから口にするありふれた魚であった。大量に捕れたときは焼き漬けにして瓶に保存し、正月近くなると、数本の塩引きを作った。これがごく普通の姿である。

鮭・鱒が絶えず食べ物として食膳にのぼる越後荒川中流域の鳥屋集落では、漁業権を全戸で均等に負担するものの、居繰り網の漁をするグループには特定の金額の競り落としで権利を与えてきた。鳥屋集落の事例から漁獲と漁法の社会関係を検討する。

(一)　個人漁の保障

鳥屋集落の集団漁としては居繰り網漁になるが、個人ではヤス突きとサケドウと呼ばれる筌《うけ》漁業が一般的であった。サケドウは幅四〇×高さ四〇センチの口径を持つ蒲鉾形の枠を屋敷周りに植えてある細竹で作り、長さ二メートルの割り竹を枠に縛って、中央部にも枠を入れて最後尾を一つに縛る断面蒲鉾形の錐形とする。

この筌の尻に付いた紐には長径三〇センチほどの石をつけて重りとして、川の中に入れた。河口部の海老江・桃崎から鳥屋にかけては川岸にびっしり柳が生え、川の水量は豊富で水深は岸近くでも二メートルに達していたという。この岸近くの比較的流れが緩やかな流水のあるところが鮭のノボリミチとなる。ここに筌の口を川下に向けて仕掛けるのであるが、川端の柳の枝を筌の入口から載せて隠れ家となるように覆い尽くして入れておいたという。鮭は昼隠れ家にいて夜溯上する習性があるので、水面から下を覗いたときに、この筌が完全に鮭を隠す仕組みとなっているのが好ましかったという。竹が新しい、作ったばかりの筌では鮭が入らないことを鳥屋の八幡熊吉は知悉しており、作った筌は一週間水に漬けて、ならした。また、筌は古くなりすぎても鮭が入らないものであるという。

筌は口径の上部に浮きを付ける紐が縛り付けてあり、一日のうちに何度も揚げにいった。浮きをたぐって引き揚げるが、鮭は頭を突っ込んで尻鰭を入口から出していたという。一つの筌に二匹かかることもあったという。佐々木の金子祐之助（故人）によれば、鮭は朝日の照る日には特別よく入ったものだという。

鳥屋の八幡は居繰り網漁の邪魔にならない岸近くに、この筌を五個から一〇個も沈めていたという。鳥屋で居繰り網の漁業権の取得に失敗しても、各個人は鳥屋の鮭川で鮭を捕り続けた。筌とヤス漁が個人漁である。この二つの漁法で、鮭についてはほとんど自家消費分だけは捕れていたというのである。つまり、この時期の各家の食い扶持は、集落が各家均等に負担を求めた漁業権の分担金で、最低限保障されていたことになる。漁期の間、各家の鮭の捕獲数に関する聞き取りでは、「最低でも一〇から二〇本」という答えが返ってくる。正確に数えていないのであるが、保存している鮭の量から割り出すと、瓶に醤油漬けにする焼き漬けだけでも一年間の弁当のおかずになったというのであるから、二〇本は上回っていると考えられる。これに、正月の塩引きを各家が二〇本も作り、その半分以上を贈答用にしていた。合計四〇本以上と考えられる。

鳥屋の各家で、筌から上がる鮭は平均して一日一本と答えている。一日に一本は捕れるようにこの筌の数を増減させていたのである。当然ここでの捕獲鮭は傷がないことから商品価値は高い。イサバ（仲買）で売り歩くにしてもかなりの数を出荷したものであるという。十一月からは続々揚がったという伝承の通りに、十二月十四日までの四五日間、毎日鮭が一本ずつ捕れれば、四五本である。

これだけあれば、一年間鮭を食べ続ける量としては十分であった。

(二) 年間の漁の複合

鳥屋の専業漁業者であった八幡は、毎年切れる荒川の堤防近くに二反分ほどのわずかな田を持っていたが、ここからの米のあがりは食べる分だけであったという。ここはイサバでもある連れ合いと耕したが、日常必要な現金は魚で得ていた。漁業暦は次のようになっていた。

- 三月の初めから六月いっぱいは鱒漁
- 六月中旬から十一月中旬まではアユ漁
- 十一月一日から十二月十四日まで鮭漁

この中で漁業権が確立していたのは鮭のみであるが、慣例としてアユ・鱒もナツカワ（夏川）という名前で自身の集落の地先で漁をした。これに対する負担金は近世文書にもあることから存在したと考えられるが、聞き取りの範囲では払っていない。ただ、戦後、アユの放流などが進むと、金を取られるようになっていったのは周知のことである。

鳥屋では、春先、水が温《ぬる》むようになると鱒捕りから始まる。組を作って集団で鱒を捕るハルカワ（春川）として漁業権の落札が必要であったと言うが、落札金などの詳しいことは伝承者の範囲では聞き取りできなかった。ただ、鱒捕りを専門にした人たちがいて、居繰り網漁で鱒捕りをしていたことは明らかとなっている。個人漁ではすでに負担金は鮭のみに収束されていて、鱒は各個人が集落の地先で自由に捕っていたという。

鱒についての聞き取りでは伝承者が口を揃える共通点がある。味が鮭より良いこと。また、鮭より頭の良い魚であること。春、川に入って夏過ぎまで源流域に上っていくので、鮭と違ってしっかり餌を取っていること、などである。

個人漁で生活し、専業漁業者となっている人々の鱒漁は、刺し網で捕ることが多かった。越後荒川の流れは水量が多く瀬の続く急流があるので、鱒は川岸近くの流れが比較的緩やかな場所を選んで上っていったという。このノボリミチに一抱えもある石を積んで淀みを作ると、鱒はここで休むという。岸近くの淀みから積まれた石を乗り越えるように本流側に出て行くところに二つ折りにした刺し網をわたして鱒を絡め取る。鱒は頭がよくて、流れている刺し網に沿って走る習性があり、自分から頭を突っ込む鮭のような真似はしないという。だから淀みから出る場所が刺し網の袋になるように、杭を打って網を流すのである。

川の深さにもよるが、高さ一・三〜三メートル×長さ八〜一〇尋（一二〜一五メートル）の大きさの刺し網を使った。網にかかっているかどうかは朝方と夕方の二回、必ずみるようにしていたという。

日が昇ってから溯上を開始するといわれる鱒は朝方かかることが多かったという。鱒は脂が乗っていて煮付けにしてもうまいため、坂町の料理屋が欲しがり、捕れればすぐに運んで商いができたものであるという。実際、今も高級魚として扱われている鱒の料理は脂が強く、誰もが鮭より味はよいという。

六月中旬から始まるアユ漁は鳥屋の地先の漁である。夏はトモヅリ（友釣り）、秋はゴロ掛けやウナワ（鵜縄）で捕られてきた。トモヅリはアユが自身のテリトリーに入ってくるアユを追い払う性質を利用したもので、生きたアユを囮につけて流し、ここに潜ませた針で攻撃してくるアユを引っかけ捕る漁法である。越後荒川では、戦前、海から溯上してくる天然アユが群れをなしていたという。現在は稚魚を放流しているが、上流部での放流数が多い。

トモヅリは一日釣って、最低でも一〇本は捕れている。専業漁師は引っかけの釣り針を数本使ったこともあるといい、増水時以外は盛んに捕獲していた。このアユはやはり、町に持っていって売りさばいている。

夏の暑い盛り、水が減少してきて、瀬の小石が白い波を立てる頃にゴリ捕りをした。鳥屋の小支流にゴリが群れをなして上ってくる。魚道に沿って網が上流部で交わるように絞って設置する。朝九時から一〇時頃、網の頂点にタモを沈め、ここに入ってくるゴリをすくい取った。ゴリはカジカ（鰍）と同じ顔をしているので、カジカの子供だとも言われた。金沢のゴリ料理は有名であるが、カジカより大型で、アユカケのような魚である。アユカケは大きなものは一〇センチを超えるものがある。

カジカ捕りは本流の瀬の早い場所で行なう。一人が幅三尺の板に取っ手をつけたもので瀬の石をざくざくさせながら上流部から押してくる。二メートルほど離れた下では、タモ網を持った人がいて、濁った水がここに入るようにしてすくう。瀬の石の下などにいるカジカが水流で流されていくところにタモが待ちかまえているのである。この漁法をセオシとかイタオシと呼んでいた。もっぱら焼いて甘露煮にした。これは自家消費用で、一回でバケツ何杯分も捕れたものであるという。カジカは骨が硬いが、焼いて煮続ければすべて食べられるようになった。

また、川が増水して濁り水が溢れそうになっているときには、岸辺に行ってタモですくってとるイナミという漁法があった。魚は濁流から逃れるために岸近くに寄ってきているので、ここが漁場となるのである。

九月に入って「ススキが穂を出す」とゴロ掛け漁の季節となる。瀬に付いて産卵に備えるアユは、腹が赤くなって群れをなして行動するようになる。

ゴロ掛け漁の仕掛けは腰の強い竿からテグスを出し、先に鉛の重りをつける。ここから約一・七メートル糸を伸ばし、間に六から七個の針をつける。そしてアユが付いている瀬に向かって投げ、一気に引っ張る。竿のしなりで引いてくる針は水中で回りながら近辺にいる魚に食い込む。引っかけ鉤を釣りに応用したものである。

同じ頃、数人の仲間が集まれば、瀬に付いたアユを捕るためにウナワ（鵜縄）を行なった。三〇メートルほどの縄に、一尺間隔でウリキの皮を黒く染めたものを垂らしておく。この縄で大きく円弧を描くようにして一人が走り回って瀬を回すと、アユは鵜が来たと勘違いして縄から逃れようとする。この円弧を描く中央部に大きなタモを用意しておいて、ここに入ってくるアユを捕らえるのである。このウナワ漁は大きな収量が期待できるために、漁業者はいろいろな工夫をしたものであるという。ウナワの部分から外に張り出す縄を長くして、大きな瀬を回して捕るもの、ウリキの皮の代わりに実際に鵜の羽をつけたもの、縄を短くして、回す回数を増やして漁獲を上げた人など、工夫が語られている。

(三) 漁獲の平均化と最適漁法の選択

ここで、漁獲効率を上げるための最適な漁法の選択を検討する。獲物としての魚と遭遇する機会は、季節ごとに偏っていることがわかる。

鱒は春三月から六月にかけて上流の源流部めざして上っていく溯上時期にあたる。漁業者が組織化されていない所では、一人一人に漁獲が保障されるような漁法の選択が見られる。鳥屋では鱒の居繰り網漁で溯上してくるのを捕っていたが、溯上数の減少にともなってこの漁業権を確保する集団がいなくなった。そこで、集落の各家がもともと持っている漁業権で鱒捕りをしようとすれば、個人漁となってしまう。春先の鱒の溯上群は筌にはなかなか入らない。そこで考えたのが漁場を作ってここに鱒を滞在させ、刺し網で捕るという方法であった。この方法は現在も越後荒川で鱒捕りをする人たちが個人で実施しているもので、鱒が留まる淀みを作るのに、高さ二メートルほどの三角錐型に組んだ牛枠を流れに設置する方法が取られている。この牛枠をすり抜けようとする場所に刺し網をセットしている。

この漁場作りでは、淀みを作る方法に各個人の腕が発揮され、建築資材の杭を二カ所に打ち込んで柱を確保し、ここに板を渡して、水流を防ぎ、板の両側の水流の渦巻く部分に網を仕掛けるという方法を取る人がいる。このようにすれば、岸近くでなく、本流に近い内側に二つの刺し網をつけることができる。捕れる確率は二倍になる。

アユはトモヅリの仕掛けに工夫があり、個人漁ではあっても捕れる人とそうでない人の差が大きい。しかし、良好な瀬を持つ鳥屋の漁場では、アユが流域の他の場所より多く付くことは間違いなく、ウナワ、ゴロ掛けとも、瀬に付くアユを狙うものであるから、鳥屋の漁場は必ず瀬がある良好な場所であった。

最適漁法は、その前提として最適な漁場（捕獲対象とする魚の分布密度の濃い場所）の確保が必要であり、最適な時期に漁法を行使することが前提条件となる。

- 三月から六月にかけて、溯上してくる鱒は、漁場としての淀みが必要で、ここから溯上するときが捕獲の時期である。
- 六月から八月まで、瀬にある川底の石に苔の付く場所がアユのトモヅリの漁場となる。
- 九月から十月まで、上流部にいたアユが下りアユとして瀬に付き始める場所が、ゴロ掛け、ウナワの好漁場となる。
- 増水時には、岸辺の水たまりが多くの魚の漁場となる。
- 八月の渇水期には、カジカを捕る瀬が好漁場となる。

七　漁法と社会組織

鮭・鱒の集団漁では居繰り網漁が最も漁獲率が高く、越後荒川の最適漁法として位置づけられた。一方、個人漁での鮭・鱒漁法は鮭が筌漁業、鱒が刺し網漁法が最適漁法である。

検討してきた鳥屋集落では、個人漁と集団漁のバランスの上に、社会組織が機能していた。つまり、集団漁の人たちからお金を取って村の万雑《まんぞう》（必要経費・村費）に当て、個人漁は各家が生存を持続させるための最も基本的な権利として、はじめから付与されていた。このような社会組織は、水田稲作のみの集落では見かけないし、越後荒川流域では鳥屋だけが取っていたシステムである。

(一)　漁業権の村内での位置づけと、資本の蓄積

荒川流域の各集落に漁業組合があった頃、各集落が鮭・鱒漁業権の管理をしていた。管理運営の仕事は村から選ばれた責任者が実施していた。

- 村の全戸が均一の金額を払って各戸が漁業権を確保した村は金屋、海老江
- 入札によって特定の集団や個人に漁業権を渡した村は湯の沢、貝附、荒島、花立、小岩内、佐々木、福田、牛屋
- 村の共有としたところは塩谷と桃崎

■村の全戸が均一の金額を払って漁業権を持つと同時に、特定の集団に特定の漁法による漁業の権利を渡したところは鳥屋

このような漁業権確保の形態は、戦後の漁業法改正を契機として、越後荒川の上流部も下流部も均一化されてしまうが、それ以前にあっては、村ごとの性格が漁業権のあり方から推し量れる。鮭漁業権を村の共有財産として村が管理したところがある。漁業権の村管理は、個人の濫獲を防ぐことができる反面、漁獲がない場合、村の財産として商人への売り払いの対象になりやすい。

塩谷と桃崎は荒川河口の集落で右岸と左岸に位置している。この村が漁業権を共有財産にしていたのは、河口で引く大網の導入が契機であることが予想される。この網は海の地曳き網で、浜を持つ塩谷では河口中心から半径八〇〇メートルの範囲外であれば網を入れることができた。溯上に備えている鮭は、河口に群れをなして溜《た》まっている。これを地曳き網で捕れば莫大な漁獲となる。桃崎も同様であった。

事実、一回の網に一〇〇〇本入ると千本供養をした。その網で捕れた最も大きな鮭の鰓から縄を通し、二人が竿でこの鮭を担いで町中を引っ張り回す。納屋元の家につくと、茶の間に「エビス様」と叫びながら投げ込んだ。この魚をエビスヨといい、納屋では皆が振る舞われた酒で祝宴を上げた。

千本供養の伝承は、河口部の塩谷と桃崎だけしかない。ここでは、漁業権は莫大な富の元であるが、実際に鮭を捕る網元は、これも莫大な資金を投入して地曳き網とそれを支える船の購入をしているのである。しかも、網を曳くときには各戸から人足の出動が必要で、資金力がなければ地曳き網は持続できなかった。

つまり、塩谷・桃崎の漁業権共有とは各戸がその漁業権から生活を維持するための多くの財を得ていたのではないことを意味している。捕れた鮭を捌いて、それが売れても、各戸にお金が落ちるわけではなく、納屋元の所に集積され、村の万雑がここから出されているにすぎない。

塩谷は湊を控え、多くの職人が集まっている町である。船乗り、大工、味噌屋、乾物屋などが軒を並べている。ここでは、漁業権を個人に渡してこれによって専業漁業者（商業的漁業者）が誕生するかといえば、ここでの鮭捕り漁法は、個人漁では不可能なものばかりであった。ヤス突きがかろうじてできるくらいで、居繰り網は流れがないことからできない。集団漁の大網だけがこの地での最適漁法であった。

納屋元は資本を蓄積して商人として大きくなっていくが、海の漁業権同様、ただそこに入る権利は村人であれば誰でもあるが、個人が大網などできるわけもなく、納屋元に任せるしかないのである。漁業権に伴う金を支払っていたのは庄屋であるから、彼が村の万雑さえ払えば、後は一般の住人は文句が言えないのである。

信濃川流域で沼垂の庄屋が漁業権を買い集めていく過程を第三章で記すが、塩谷・桃崎の網元も、庄屋から出発しているのである。面白いのは、海運で儲けた廻船問屋が数軒あるが漁業に手を出さないで、内陸紫雲寺潟の開拓権利を購入していることである。紫雲寺潟の開拓は難航し、海老江の廻船問屋、小川家は財産をなくしてしまうのであるが、それでも漁業には手を出していない。儲けの種と考えていないのである(30)。

大網という河口部の村の最適漁法が網元という資本家を育てる。平等な権利状態を維持している中

・上流域の村々と異質な社会組織を創り上げていくことがわかる。河口部は最適漁法による鮭漁業権の行使によって、いち早く資本蓄積の進む庄屋を現出させ、階層を分離させていった。

(二) 商業的漁業への進出

入札によって特定の集団や個人に漁業権を渡した村は次の所であった。

・湯の沢、貝附、荒島、花立、小岩内、佐々木、福田、牛屋

これらの村では、漁業者が居繰り網漁を中心に鮭を採捕して、それをイサバに渡して金に換えていた。漁業権の入札はお盆に村の鎮守で行ない、ここで最高値を付けたものが鮭川の権利を取得した。取得した人たちは家から鮭小屋の材料を持って集まり、小屋を造ってここに寝泊まりして十一月から始まる漁業に備えた。

いずれの村も流域で鮭を捕獲してきたところであるが、鳥屋のように鮭・鱒によって各家が生存を確保してきたところとは異なる。ここでは鮭だけのために金を払って権利を取得しているのである。捕れた鮭はイサバが定期的に廻ってきて持っていき、週締め月締めで金額の支払いを受けた。いずれにしても、集団漁の入札金が万雑の一部として村費に入り、この金額を超えれば、そのまま漁をしている人の儲けとなった。分配は集団個々人すべて平等である。

漁業はそこに住む人々の生存の基本であるが、余剰は商品として流通する。漁民が商業的漁業者となっていくのは、イサバのように流通させる人たちとセットで、莫大な漁獲を捌いたからである。鮭

・鱒漁に携わる人たちが海辺のイワシを運んだ人たち同様、商業的漁業者の先駆と考えている。漁業権を取得したもののみが最も漁獲効率のよい居繰り網漁で鮭を捕ることによって、村内で商業的漁業の元が築かれた。漁獲が入札金を下回ったのでは損することになる。上回るように最適な漁法を駆使して漁業をしたのである。

昭和の初めには、自分の集落で鮭川の権利の取れなかった人が、他の集落の入札に参加する事例があったと聞いた。最も入札金の高かった小岩内は、鮭が溯上を休む堰の下に漁場があり、ここには代理人を立ててでも鮭川の権利を取得しようとする人たちが来ていたという。

鮭漁によって内陸の村は商業的漁業の元ができていったと考えるのはこのような理由によるのである。アユなどについても同じように考えられるが、アユではどんなに漁獲量が高くても、鮭・鱒のように捕れすぎて処分に困ったということはあまりない。加工も利くし干物にすることもできる。ところが魚体の大きい鮭・鱒や、爆発的に捕れるイワシの場合は、その処分が追いつかないことがあり、このような量の問題が流通、商業への指向性を持つことになる。ヨーロッパでは遠洋漁業の元になったタラ漁業が商業的漁業の嚆矢であるとする論がある(31)。日本でもタラ漁業が始まった十六世紀の状況は、商業的漁業であるが、鮭・鱒の河川漁業の方がはるかに早くから商業的に製品を加工し、商業的な流通をさせていた事実は見逃せない。

八　漁法と生存のミニマム

(一)　生存を支えた漁法

突く漁（ヤス・マレク）、鉤漁などの個人漁は、漁業者の生存の持続のために、時代を超えて存在し続けている。個人漁の漁法は、効率だけで取捨選択されるものではない。そして、最適漁場の確保は、鮭・鱒に依存してきた流域の人々の生存の持続に必要であった。集団漁は漁獲効率の良い漁法に淘汰されていく。

漁獲率（単位時間・面積当たり漁獲の効率）はその漁法が機能する範囲の面積と比例することから、個人漁ではアイヌのマレク、集団漁では居繰り網漁が最も効率の良い漁法として鮭・鱒溯上河川に広く分布し、時代を経て残されてきた。

個人漁における鮭・鱒の最適採捕パッチは、鮭が産卵場のホリバで、鱒が産卵に備えて溜《た》まっている淵・ホリバである。鮭・鱒はこの場所で鉤によって捕獲されてきている。個人が最大漁獲率をあげるのは、最適採捕パッチのホリバでの鉤漁である。

一方、集団漁におけるそれは持ち網漁場で、ここは流域でも特別な場所として認められている。

(二) 漁法と社会組織

集団漁と個人漁は社会組織の中で必要に応じて使い分けられてきた。越後荒川流域の鳥屋集落は、個人の生存維持のための個人漁と村の万雑徴収のための集団漁が絶妙に配され、漁業で生きてきた村である。このように鮭・鱒漁業を中心に生きていくには、個人漁としての最低保障と集団漁としての余剰が必要とされ、鮭・鱒以外の漁業（アユ・カジカなど）も余剰として複合する必要があった。

- 個人漁（ヤス、筌、刺し網）は各家の生存を持続させるために保障された漁業形態で、漁獲量よりも確実性が優先した。
- 集団漁は資本蓄積を経て事業的に発展していくものと、特定の個人に漁業権が集約されるタイプにわかれ、漁業権の集約が資本の集約につながるケースが多かった。
- 漁業権の平等性を志向している中流域の集落では、個人漁と集団漁を厳密に分けている。前者は各家の漁獲を保障するシステムで、後者は村の運営費を生み出す仕組みをとる。集団漁が専業漁業、商業的漁業への道を開いた。
- 河口部の漁業権を共有する村では、特定の資本家に漁業の運営を任せる形が作られ、階層の分化が進行する。

商業的漁業への進出は、専業漁業者の最適漁法による過剰な漁獲が元となり、これを捌くイサバの活動がセットとなり、資本蓄積を経て遂行される。

第二章　鮭・鱒の溯上実態——習性伝承の認知

一　鮭の早生と晩生

(一)　川　相

鮭の溯上傾向が昔と変わってきた。大正時代から昭和の初めまで、越後荒川や三面川では、十一月下旬と十二月十五日頃に大量に上るという二山のピークを持つ二峰曲線で表わされた。伝承もこれを裏付けていて、

- 荒川では十一月になると鮭がぞくぞく上ってくる。
- 最初はカナ（雄）が多く、ブナ（婚姻色の鮭）が来る頃は半々になる。
- 正月前まで鮭はぞくぞく来たもので、十二月中旬の寒い時期にピークを迎えるものだった。
- 最近の鮭は、十一月下旬にピークが来る。

鮭の溯上に関しては、鮭の孵化を専門にしている人たちの間で、次のような事実が指摘されている。

■日本海側の北越後から庄内にかけては、鮭の溯上数は十一月下旬に一つのピークが来て、十二月中旬に最大のピークが来るのが普通である。
■岩手県は津軽石川を中心に、晩生の鮭が多く、一月に溯上鮭の数はピークを示した。
■鮭にはワセ（早生）とオク（晩生）があり、ワセは北海道のギンケ（魚体に婚姻色の赤が出る前の銀色の鮭）に代表され、オクは本州のブナ鮭に代表された。
この事実を裏付けるように、三面川鮭産漁業協同組合増殖担当の佐藤貴弘より、次の事実を教示された。

三面川と山形県最上川などは鮭溯上のピークを意図的に、昔の傾向（十一月と十二月中旬にピークが来る二峰型）を踏まえてワセのギンケ（早期群）の溯上に力を入れてきた。具体的には北海道のギンケの鮭の卵を導入して早期群の少ない所をてこ入れし、溯上傾向が十月末から十一月上旬に一つの大きなピークを作り、十二月中旬の最大のピークと、二つのピークを示すように意図的に変えてきた。これは、早く鮭の卵を採取して孵化を安定させたいのと、ギンケであれば脂ものっていて市場価値が高いからである。

三面川の鮭の卵は、晩生と早生が程良く混じっていたものであるため、岩手県の晩生の多い津軽石川に移出したり、新潟西部の筒石方面に移出した。糸魚川方面では今も、晩生の鮭は三面川のものを中心にしている。

北海道のギンケの卵を移入したのは昭和五十三年からである。四年後、ギンケは三面川本来の早生よりも早く溯上を始め、十月にかなりの卵が採取できるようになった。晩生から卵を取っていると、孵化の時間が春先までずれ込み、健康な稚魚として送り出すのに時間が足りなくなることがあったが、早生の導入によって溯上数を安定させることができた。

このように鮭の溯上には、本来の川で生まれた遺伝子を持つものが主体であったが、北海道の種類を導入することで、溯上の時期が早まり、孵化・放流の仕事が確実にできるようになったという背景がある。

そこでこの経緯を示すデータを一覧表（表1）にする。

鮭が最も遅くまで上る川として有名な岩手県津軽石川は十二月末〜一月をピークに、二月の溯上群も多いという特性がある。昭和五十九年、三面川へ津軽石川の卵が移入されたのは、三面川の溯上群の回帰率が、早生は順調であったが、晩生が少なくなってしまったことから取られた措置である。三面川では、早生と晩生で漁獲の数量が二峰型を取ることが、安定した回帰の姿であると捉えていたからである。

岩手県の河川では閉井川が十二月上旬に一つ山のピークを示す漁獲数であるのに対し、大槌川は漁獲数に二つのピークを持つ（昭和四十九年のデータより）。

山形県月光川はやはり十二月下旬にピークの来る一峰型であるのに、最上川は二峰型である。

このように川にはそれぞれの相があり、鮭の溯上傾向にいちじるしい特徴があったことになる。

■三面川では鼻曲がり鮭は昔はそれほど多くなかった。

表１　三面川における鮭の年次別採捕，産卵，放流，回帰率

年次	三面川の採捕尾数	三面川における採卵数 (×1000)	移出卵数 (×1000)	移入卵数 (×1000)	孵化飼育卵数 (×1000)	歩留り %	放流尾数 (×1000)	回帰率 年次	回帰率 %
昭48	5.890	2,488			2,488	80.0	1,990	昭52	0.39
49	5.809	3,234			3,234	80.0	2,587	53	0.18
50	5.245	3,552			3,552	80.0	2,842	54	0.36
51	6.987	4,425			4,425	80.0	3,540	55	0.32
52	7.771	5,000			5,000	86.8	4,340	56	0.34
53	4.626	5,044		北海道より 3,000	8,044	88.7	7,135	57	0.26
54	10.133	12,385	山形月光川へ 2,000	3,000	13,385	93.3	12,491	58	0.18
55	11.456	15,133	4,000	3,000	14,133	88.6	12,525	59	0.06
56	14.605	20,074	5万粒石川県へ 7,160	3,000	15,914	91.4	14,538	60	0.06
57	18.325	20,180	1,500	1,500	20,180	90.2	18,207	61	0.04
58	22.167	30,551	9,230 100万粒岩手へ 230万粒北海道へ		24,621	88.5	21,797	62	0.06
59	7.670	9,206		4,900	14,106	88.3	12,466	63	0.15
60	8.305	10,418		北海道より 5,300	17,804	89.8	15,988	平１	0.04
61	7.211	6,150		7,396	13,546	85.5	11,594	2	0.10
62	13.137	9,480		3,006	12,486	75.7	9,459	3	0.20
63	18.672	11,167		2,000	13,167	82.0	10,800	4	0.15
平１	6.987	5,442		5,644	11,085	77.8	8,624	5	0.17
2	12.093	9,476		1,993	11,326	77.4	8,762	6	0.29
3	19.176	12,062		987	12,882	81.3	10,479	7	0.31
4	15.390	12,024	500		11,360	75.6	8,969	8	0.19
5	14.211	8,361	300	1,900	9,961	80.2	8,227	9	0.18
6	25.542	9,826	1,000	1,700	10,525	80.2	8,442	10	0.26
7	32.577	11,440	1,500	995	10,935	83.3	9,107	11	0.28
8	17.403	7,286	200	1,900	8,987	85.2	7,661	12	0.25
9	14.847	8,919	500		8,419	89.5	7,532	13	0.27
10	21.768	8,369		1,500	9,867	81.8	8,074		
11	25.127	10,256		600	10,856	78.4	8,516		
12	18.805	10,138	300		9,838	80.2	7,894		
13	20.625	10,936	1,100		9,836	80.5	7,919		
14	20.789	10,000							

出所：三面川鮭産漁業協同組合

■ブナ鮭が三面川の主流であった。

この伝承は、昔の三面川に上る鮭が晩生の中でも比較的早い群であったことを示している。この傾向は、信濃川以北から山形県の河川にかけて類似している。もちろん、川によって異なる相があることは、岩手県・山形県なども同様である。

日本海側信濃川から庄内の河川にかけて、鮭のオオスケ・コスケ伝承が集中的に現われる。これは二峰型の鮭溯上傾向を示す河川で、最後の群が十二月十五日を中心に来る、この地方の特色から生まれた。

(二) 三面川の日々溯上数

昭和五十三年からの、溯上する群を早生と晩生で二つのピークを作る取り組みは、四年後の昭和五十七年以降に実を結ぶことになる。回帰率はひどく落ち込んだ年もあるが、大体〇・三%で落ち着きつつある。

三面川の鮭にこだわり続けた結果、戦後、四六二六尾まで落ち込んだ漁獲量では、鮭そのものの回帰が危ぶまれかねない。大正年間、一〇万尾を捕っていた川から鮭がいなくなってしまう瀬戸際であった。平成十四年、二万尾まで回復した鮭は、自らの河川の卵を孵化放流させることで回帰率も安定しつつある(表2)。

グラフ(図1)のように、最近年の回帰の傾向は、二つのピークに近づきつつある。十月中に一定

表2　平成10～13年三面川鮭の採捕数

月日	平成10年			平成11年			平成12年			平成13年		
	♀	♂	計	♀	♂	計	♀	♂	計	♀	♂	計
10月11日	45	60	105	12	23	35	13	25	38	60	74	134
12	43	47	90	19	31	50	33	48	81	59	51	244
13	34	47	81	35	23	58	58	74	132	98	122	220
14	41	47	88	30	25	55	14	18	32	50	75	125
15	32	32	64	32	44	76	48	62	110	58	70	128
16		4	4	17	15	32	25	27	52	51	52	103
17	2		2	38	42	80	33	38	71	75	73	148
18	29	29	58	21	35	56	52	74	126	46	55	101
19	10	28	38	51	61	112	91	112	203	54	78	132
20	6	11	17	95	105	202	33	55	88	61	71	132
21	40	26	66	88	88	176	53	75	128	69	78	147
22	32	27	59	96	99	195	90	103	193	48	48	96
23	46	46	92	40	34	74	54	60	114	111	159	270
24	45	53	98	88	97	185	102	101	203	95	127	222
25	22	62	84	152	142	294	66	88	154	57	42	99
26	37	41	78	105	111	216	92	107	199	82	66	148
27	66	65	131	75	87	162	141	137	278	49	59	108
28	62	80	142	140	204	344	59	62	121	92	76	168
29	107	94	201	46	38	84	74	74	148	141	269	410
30	124	108	232	71	53	124	82	77	159	81	98	179
31	177	149	326	105	64	169	93	125	218	44	39	83
11月　1日	67	72	139	105	83	188	40	45	85	59	66	125
2	72	76	148	94	91	185	78	106	184	153	228	381
3	79	88	167	95	55	150	67	49	116	59	53	112
4	82	90	172	63	73	136	99	86	185	126	103	229
5	47	51	98	93	85	178	77	70	147	44	71	115
6	110	130	240	111	121	233	63	62	125	167	144	311
7	124	188	312	135	114	249	57	76	133	22	43	65
8	143	165	308	62	59	121	30	38	68	48	46	94
9	67	70	137	83	100	183	63	73	136	39	31	70
10	122	166	288	89	94	183	56	64	120	64	51	115
11	99	93	192	64	72	136	123	134	257	48	57	105
12	27	69	96	63	70	133	70	82	152	48	37	85
13	127	151	278	122	145	267	84	93	177	70	57	127
14	166	177	343	96	122	218	69	91	160	45	54	99
15	105	119	224	64	73	137	66	89	155	44	70	114
16	115	172	287	91	160	251	71	103	174	48	49	97
17	149	175	324	56	54	110	175	210	385	59	53	112
18	57	87	144	78	74	152	128	191	319	71	104	175
19	64	132	196	32	50	82	116	134	250	56	80	136
20	109	165	274	140	202	342	93	100	193	99	116	215
21	80	142	222	212	274	486	77	82	159	100	105	205

月日	平成 10 年			平成 11 年			平成 12 年			平成 13 年		
	♀	♂	計	♀	♂	計	♀	♂	計	♀	♂	計
22	169	258	427	73	97	170	15	24	39	149	280	429
23	324	436	760	105	166	271	56	29	85	105	141	246
24	56	126	182	115	142	257	191	139	330	167	181	342
25	69	139	208	184	205	389	328	360	688	216	305	521
26	64	129	193	204	248	452	226	150	376	255	321	576
27	107	131	238	339	373	712	314	194	508	390	448	838
28	88	164	252	144	119	263	493	457	950	94	92	186
29	55	98	153	64	55	119	278	195	473	129	205	334
30	68	101	169	83	119	201	374	374	748	80	98	178
12月 1日	104	107	211	116	102	218	201	120	321	195	161	356
2	58	72	130	125	93	218	275	242	517	427	256	683
3	68	72	140	90	59	149	318	214	532	361	181	542
4	69	65	134	281	203	484	238	142	380	591	377	968
5	109	87	196	373	337	710	226	211	437	275	128	403
6	169	122	291	207	108	315	167	117	284	345	242	587
7	144	121	265	77	43	120	264	190	454	208	82	290
8	93	106	199	106	43	149	193	88	281	364	260	624
9	97	114	211	93	57	150	34	10	44	64	47	111
10	63	71	134	94	60	154	ウライ解放			ウライ解放		
11	131	131	262	ウライ（一括採捕施設）の解放								
12	141	125	266									
13	91	73	164									
14	76	110	186									
15	83	52	135									
	データここまで											

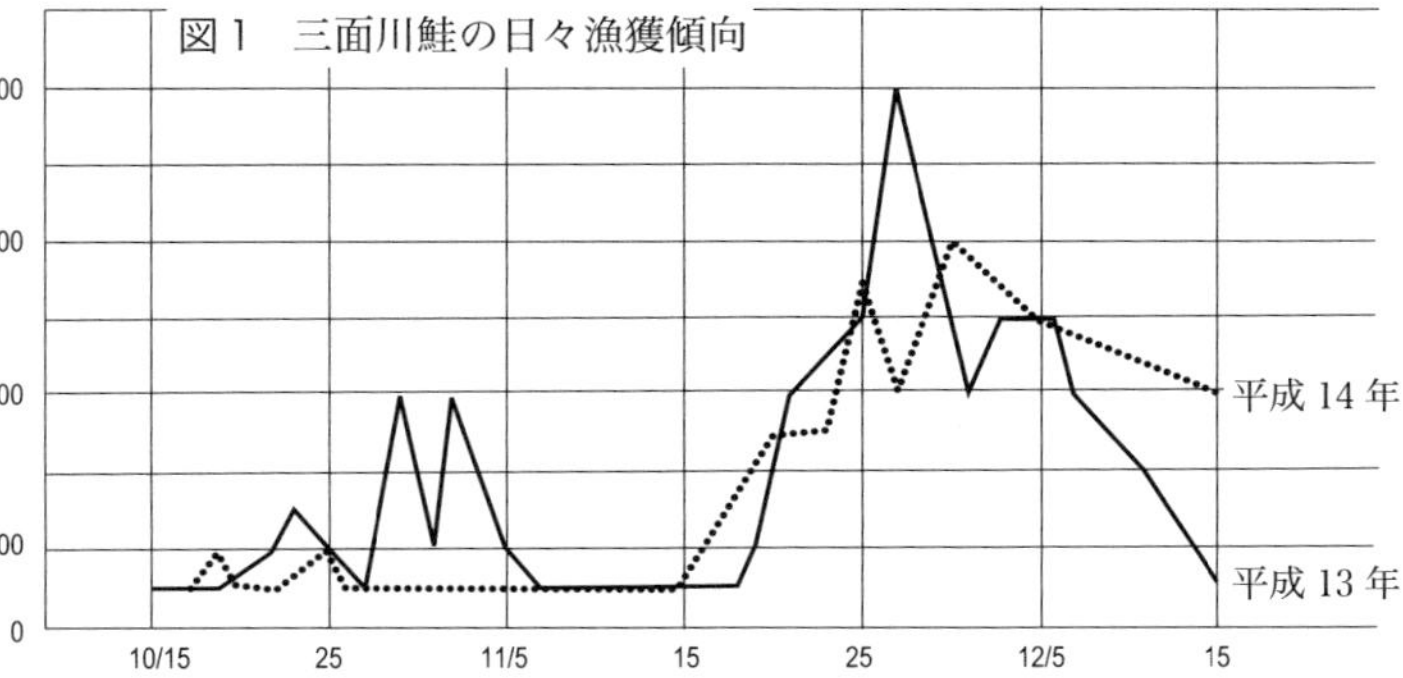

図 1　三面川鮭の日々漁獲傾向

量の鮭を捕獲したいという漁業者の欲求は満たされつつある。年によって回帰の数と傾向は大きく異なるが、十月の早生鮭で一つの山を迎え、十二月の晩生在来種で安定的な数の確保ができるまでになってきている。

このように人工的に数を管理しなければならなくなってきた理由の一つに、海での捕獲数の増大がある。定置網は鮭の魚道を遮断して設置されるため、海でその多くが網に入ってしまう。川に入るまでに捕られてしまうのである。

三面川の場合、本来三面川に上ると推測される鮭が、河口周辺の定置網にかかる率は、具体的な数字が発表されていない現在、定置網の数で推測するしかない。三面川河口沿岸で三面川回帰群がかかっていると推測される建網《たて》は、次の海岸に建てられている。

〈北側〉――馬下、吉浦、早川

〈南側〉――岩船

海から揚がる鮭は脂がのっていて味が良いため、高値で取り引きされる。商品価値が高い特性がある。一方川に溯上してくる婚姻色のブナをありがたがるのは、三面川から揚がる鮭を食べ続けていた人たちで、ブナ鮭は保存用として多用された。

脂が抜けるのは、川に入ると鮭は餌をとらないからだと言われている。産卵に備えてのことである。川の鮭をありがたがるのは、食料として昔から保存していたアイヌの人々や、鮭に依存する生活をしてきたところである。脂が少ないから味が劣るというような問題ではなく、川に入った鮭は保存が利き、食料として重要だったからである。

三面川筋では、正月間近に捕れた鮭を食べることが最高の御馳走であった。川端の人たちは、捕れた鮭を長期間保存して食料としていた。

■塩引き——鮭の内臓を取ったものを塩漬けにして一週間ねかせて塩をしみ込ませる。この鮭を洗い、寒風に晒して外側の水分を取る。尻尾から吊したまま、保存する。

■焼き漬け——生の鮭を切り身にして焼き、醬油と酒・みりんを混ぜた液の入った瓶に焼き上げたものを入れて、このまま保存する。夏までの間、適宜瓶から出して、弁当のおかずなどにして食べる。

内臓なども残らず食べる技術が確立していた。捨てるところは鰭くらいである。この鰭も、尾鰭は料理の際に水場の板にペタッと張り付けているし、エビス鰭はエビス棚に捧げられている。

二　食料としての鮭

(一)　鮭溯上の最大値

鮭の溯上数が近世以降はっきり数値で残されている三面川では、鮭が地域経済を引っ張る牽引役であった。今までわかっている最大値は、明治十一年の一三万尾余である。大正元年まで一〇万尾を超す数であった。ところが、大正二年から減り始める。この頃、海での定置網が各地で導入され始めていたことから、河川への回帰数が減ったのだと考えられている。

豊凶の激しい鮭の数であるが、戦前・戦後を通じて一万尾前後で推移してきたのは、孵化事業の定着によるものである。

山北町勝木川では、平成十三年に一〇〇〇本を超える鮭が溯上して千本供養塔を建てた。この年の海の定置網にも大量に鮭が入り、浜は鮭の大漁でにぎわった。勝木川に入るはずであった鮭を捕っている定置網は、河口から八〇〇メートルほど離れたところにある、碁石海岸に設置されていた。平成十三年、勝木川に入った一一一〇本は、碁石海岸の定置網にかからないで入ってきた群れである。もしこの定置網がなければ、海での漁獲本数六〇〇〇本を加えた数が川に押し寄せたと考えられる。つまり七〇〇〇本余りである。

同様の傾向は、三面川でもみられ、三面川周辺の四つの定置網に掛からなかった鮭が三面川に上っている計算になる。現在二万尾で安定したように見える溯上数であるが、海では一つの網にやはり川の六倍程度の鮭が掛かっているものと考えられる。勝木川と同じ傾向であったとすれば、海の定置網に一二万尾かかっている可能性がある。すると単純に計算しても、三面川への溯上数は五〇万尾ということになる。

問題は、これだけの鮭がかつては溯上するだけの河川の許容量があったということである。現在なくなったのは、川の水量が減ってきたこと、そして川の護岸工事などで河川の流域面積が極端に減らされてしまったことなどがあげられる。「昔の川は今の三倍の水が流れていた」とは、私が調査に歩いた東日本の河川流域ではどこでも似たように伝承している。山北町の大川は、今もコド漁に多くの人がかかわっているが、かつての川の水量はこんなものではなかったというのが漁業者の口癖である。

三面川の溯上数は、江戸時代の増殖事業である鮭の種川によって安定していた。そして、明治時代の人工増殖によって一〇万尾を越える鮭を回帰させた。そして、現在の孵化養殖の努力を駆使して二万尾に安定している三面川の溯上数は、マキシマムな数値であると考えられる。川の水量が減り、上流にダムが二つも造られている川で二万尾は立派な数字なのである。

(二) 個人あたりの鮭の数

三面川の鮭の溯上数のデータは比較的よくわかっている。そして、近世の人口についても、軒付帳が残っていたことで、享保などの時期にどのくらい人がいたかもわかっている。鮭の捕獲数は明治年間の最大値一三万尾は三面川での人工孵化の成功による数も入っていることから、それまでの種川（自然産卵・孵化を管理した増殖河川）による潜在的自然孵化数は五〜一〇万尾と考えられる。近世の人口数は、村上町で七〇〇〇人（現在三万三〇〇〇人）程度であり、この数値は享保から幕末まで、大きな変動がなかった。

村上の町では近世中頃から幕末までの一〇〇年間のスパンで考えることができる。このときの鮭の溯上数が毎年五〜一〇万尾なのである。単純に割り算すれば、溯上数を七万尾と考えて、一人一〇尾が割り当たる鮭の数となる。

鮭の移出など、流通を考えなければ流域の人々が一年間にわたって鮭を食べ続けることのできる量である。

三　鮭溯上の時期

(一)　溯上傾向（図2）

埼玉県・東京都を貫流する荒川に鮭が上った。太平洋側では関東地方の荒川あたりが鮭溯上の南限にあたるようである。赤松宗旦の『利根川図志』によれば、利根川の布川あたりの鮭を最上としている[1]。漁期は「毎年七月下旬より十月下旬までなり」とあり、安政五（一八五八）年の暦であるから、現在の八月下旬から十一月下旬までであると考えられる。この鮭の群れは早生で、南から順に北上するように、北側の河川ですこしずつ遅れて上るようになっていく。

福島県で鮭が盛んに溯上している河川で、鮭溯上のピークを鮭増殖組合に問い合わせたところ、溯上の盛んな順に次のような結果となった。

泉田川――十月下旬～十一月上旬
木戸川――十月下旬～十一月上旬
熊川　　――十月下旬～十一月上旬
真野川――十月下旬～十一月上旬

夏井川――十月十七日～十一月下旬、二〇〇三年には二週間で三〇〇〇万粒の卵採取、溯上数七〇〇〇尾

北上して宮城県の河川では、北上川が最も溯上数が多い。しかし、近年は河口に張られた定置網にかかってしまい、多くの鮭が海で捕られてしまっているという。

北上川――十月下旬と十二月下旬にピークが来ることが多かった

岩手県にはいると、宮古市周辺の閉井川・津軽石川で、本州最終の鮭の群れが溯上している。ここが最も遅いのである。

津軽石川――十二月末～一月

一方、本州の北端に近い陸奥半島付け根の八戸市に流れ下る馬淵川では、二〇〇三年には四万四〇〇〇尾の捕獲をしており、溯上は順調である。

馬淵川――十月下旬～十一月中旬

このように、本州太平洋側の溯上傾向は早生の利根川に始まって、最終の津軽石川まで三カ月の時期のズレがあることがわかってきた。

一方、日本海側の状況では、『利根川図志』刊行に先だつ二〇年前、天保七（一八三六）年『北越雪譜』に次の記録がある。信濃川の鮭漁である。「七月より此業をなしはじめて十二月寒明けまで一連のものかはるかはる此小屋にありて鮭をとる(2)」。

現在の暦で、八月～一月の寒明けまでである。そして、ピークが来るのは十一月～十二月下旬までである。

この溯上傾向は、新潟県の河川と庄内地方の河川で類似し、同一の群が来ているものと考えられている。

阿賀野川——十月～十二月上旬

越後荒川——十一月上旬～十二月中旬

三面川——十一月上旬～十二月中旬

山形県でも傾向は同様である。

赤川　——十一月上旬～十二月中旬

最上川——十一月上旬～十二月中旬

月光川——十一月上旬～十二月下旬

秋田県にはいると、雄物川・米代川が鮭の川として有名であった。

雄物川下流域——九月末～十二月十日頃まで鮭の漁期

米代川——十一月上旬～十二月上旬

この数値を見る限り、日本海側での鮭の溯上傾向は、十一月上旬～十二月上旬

図2　鮭の溯上時期

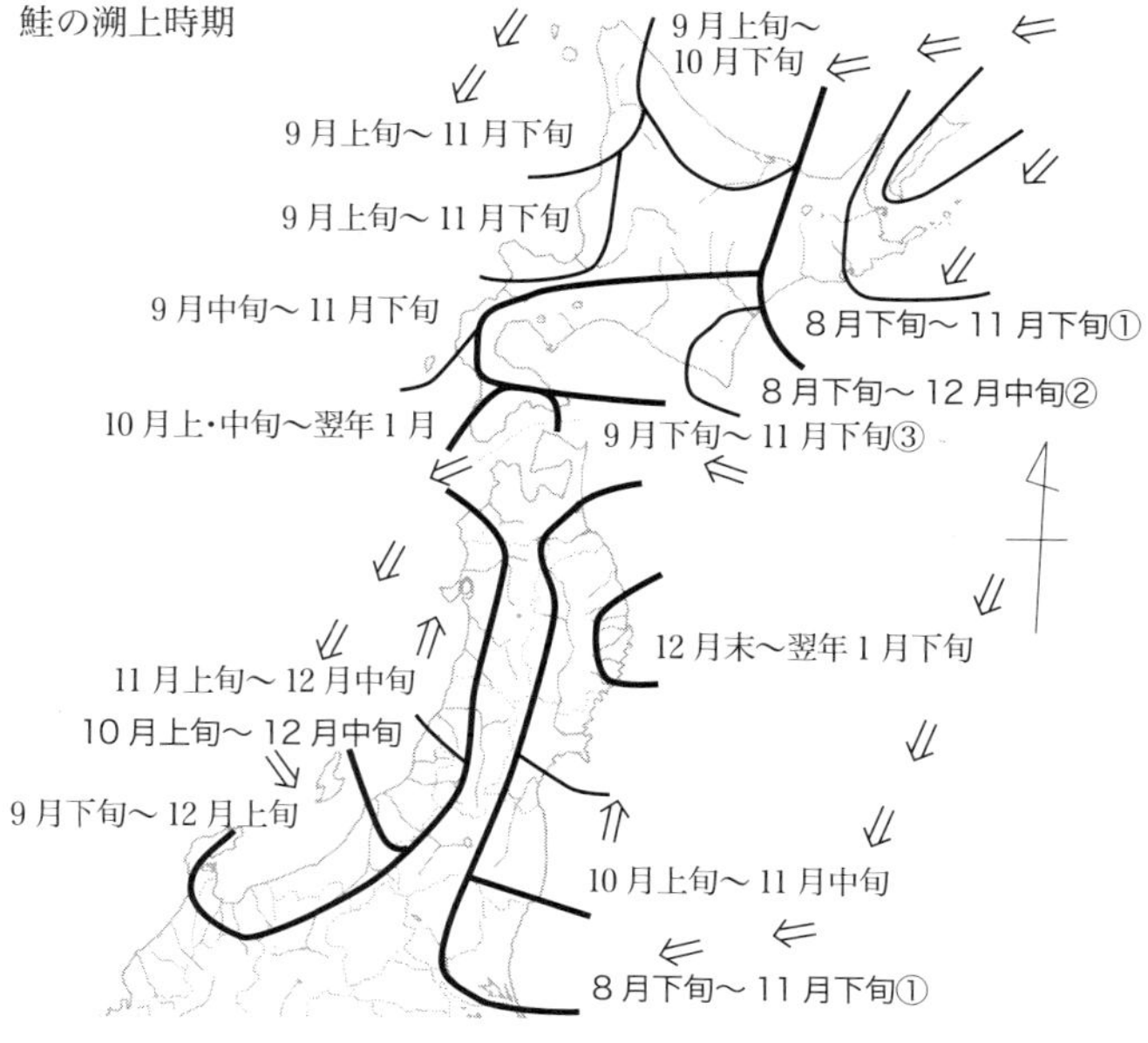

にピークの来る大きな群れであった可能性がある。三面川のように、早生を北海道、晩生を津軽石川から導入してピークを人為的に変えようとする動きが出るほどに、単一化していた可能性がある。

一方、ベーリング海に近い北海道の沿岸では、択捉島など千島列島から鮭漁が始まる傾向があった。昭和初期の記録として残されているものでは、次のような傾向があった。[3]

八月中旬より十一月下旬まで　紗那、振別、藻取、択捉四郡
八月下旬より十一月上旬まで　根室、花咲二郡
八月下旬より十一月下旬まで　野付、国後、釧路、厚岸四郡
八月下旬より十二月中旬まで　標津、目梨二郡
九月上旬より十月下旬まで　網走、斜里、紋別、苫前四郡
九月上旬より十一月上旬まで　留萌、増毛二郡
九月上旬より十一月下旬まで　古宇、岩内二郡
九月上旬より十二月上旬まで　石狩郡
九月上旬より十二月下旬まで　常呂郡
九月中旬より十一月中旬まで　小樽郡
九月中旬より十一月下旬まで　余市、中川、十勝三郡
九月下旬より十一月中旬まで　忍路郡
九月下旬より十一月下旬まで　磯谷、久遠、沙流、白老、虻田、茅部、有珠、幌別、室蘭、古平、三石、広尾十二郡

九月下旬より十二月上旬まで　　寿都、爾志、山越、歌棄、瀬棚五郡
九月下旬より十二月中旬まで　　浦河、新冠、静内、様似四郡
九月下旬より十二月下旬まで　　檜山、島牧二郡
九月下旬より翌年一月まで　　勇払郡
十月上旬より十二月下旬まで　　亀田郡
十月中旬より十一月下旬まで　　函館区
十月下旬より翌年一月まで　　松前郡

このように回帰時期のずれる傾向は、夏過ぎの北海道からすでに現われている。この中のどの群れが東日本の各河川での溯上に向かうのかについては水産学の研究を待たなければならないが、鮭は千島列島沿いに南下して道東から溯上を開始し、徐々に南下してくることが読みとれる。そして、東日本日本海側の各河川へは、宗谷海峡を南下してきた大きな群れが一気に南下して各母川に溯上し、徐々に北上しながら青森に達する。太平洋側では千島から一気に南下した大きな群れが、利根川から上りはじめ、福島県の諸河川、北上川と北上しながら母川に回帰している。最後は津軽海峡沿いの河川で溯上している。最終の群れは岩手県の太平洋側に突っ張りのように出ている津軽石川に回帰している。

鮭の群れは、何波にもわたって南下している姿が見て取れる。三面川から標識をつけて放流した鮭が、ベーリング海で過ごして四年後、日本海を南下する大きな群れで沖合を戻り、能登半島で反転して、沿岸を北上しながら、川の水の臭いを探しながら三面川まで達していることが、新潟県水産試験

場の調査で明らかになっている。

(二) 川ごとの溯上傾向モデル

三面川の鮭溯上傾向を第一節でみてきた。一つの河川の溯上傾向にはそれぞれの特徴がある。これが川の相となっている。

たとえば、三面川では二つのピークで示される溯上群の集中期があった。ところが、最後の群れが入ってくる岩手県津軽石川では、一月に溯上群最大のピークが来ている。そこで溯上傾向モデルを分類し、どの型に入るか検討する(図3)。

鮭の溯上実体は各河川、十月中旬と十二月中旬に溯上群のピークが来る二峰型を取ることが多い。特に信濃川、最上川のような支流を集めて降海する河川(支流集約降海型)では、河口部で一峰型に見えても、上流部では二峰型となることが多い。

三面川、越後荒川、最上川流域など、日本海側の河川での溯上は、ピークの来る時期が微妙に異なるとはいえ、次のような傾向を持っている。

- 鮭の最初の溯上ピークは十一月頃にあり、十二月の歳の暮れに最後のピークが来て終わる。
- 二つのピークのうち、最初のピークよりも最終のピークの方が数は多い。最初にたくさん上って最後のピークが少なくなるということはあまりない。
- 最初のピークは十一月上旬までで、最後のピークは十一月下旬から十二月中旬まで続く。

■最初のピークに上ってくるものが早生で、最後のピークが晩生である。

ところが、溯上群が一峰型で示される河川も存在する。庄内の月光川である。ここでは、現在こそ北海道から早期群の鮭を導入して二峰型に近い傾向で推移しているが、本来は十二月中・下旬にピークがくる一峰型であった。溯上傾向では鮭の遺伝的傾向として、その川独自の特色を示していたものであるといわれている。

二峰型の溯上傾向は、現在では各河川が北海道からの卵の供給を受けていることから、早期群が帰ってくるようになって、ほとんどの河川でこの傾向を示す。そこで、Ⅰ型、Ⅱ型、Ⅲ型の川ごとの違いを検討する。

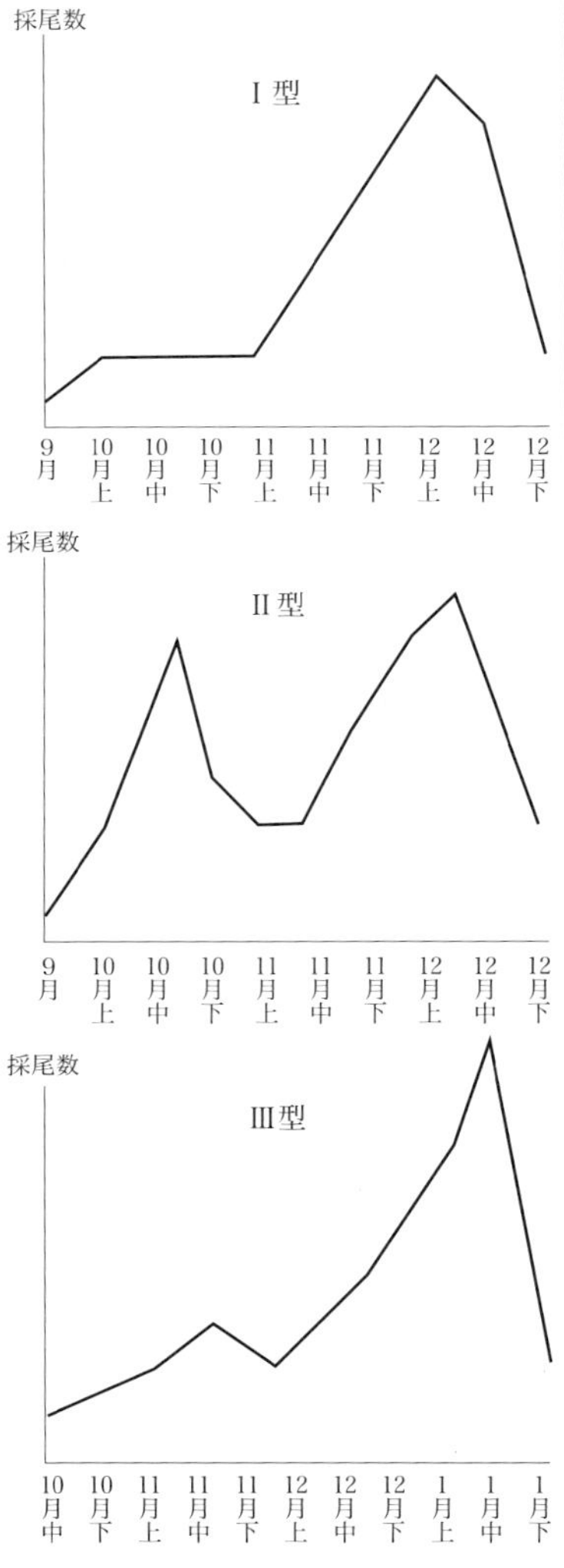

図３　溯上傾向モデル

Ⅰ型——海岸部に近い沿岸部で産卵孵化のみられる溯上傾向である。庄内の月光川や秋田の川袋川など、溯上と同時に産卵孵化のできるような小河川で現われる型で、晩生に主体がある一峰型の溯上傾向を示す。

Ⅱ型——信濃川、阿賀野川、最上川のような水量の多い河川で、各支流域まで鮭が上っている所では、上流域の一括採捕場で早生の鮭の大量の溯上がみられる。越後荒川ではワシザケ（早期溯上の鮭）は、溯上の力が強く、一気に上流まで進むという。しかし、主体は十二月中旬にくる大量の晩生溯上群であり、二峰型をとる。

Ⅲ型——晩生を中心とした溯上の集まる河川でみられる溯上傾向で、二峰型ではあっても早期群の数はきわめて少なく主体は十二月下旬から一月中旬に来る晩生を中心とする、津軽石川のようなタイプである。

各河川にはそれぞれの特徴があるが、その中で上流部と下流部でも溯上傾向に違いがある。

Ⅰ型として特徴的に現われるのは山形県の月光川である。ここは遊佐が日本海河口である。鮭は溯上してすぐに豊かな伏流水の山裾に入る。河口から五〇〇メートルほどの距離にある箕輪の鮭孵化場も枡川の孵化場も一気に溯上してくる鮭を採捕している。海岸近くで溯上鮭の産卵場がある場所では、このような一峰型の溯上傾向を示しやすい。早生種は大きな河川に溯上しており、主体は十二月に来る晩生中心で、その川特有の鮭であることを漁業協同組合では意識している。月光川の鮭は同じ鳥海山麓、秋田県側の川袋川に放流されているが、放流以後は月光川の溯上群と同じ傾向になっていることが指摘されている。この鮭は、メジカと呼ばれる一群である。目の間隔が近いことから、成長しきっていないという説もある。月光川の群れがこれにあたる。この群れは、月光川に特徴的であると地元の人たちは言う。

年末に大量に帰ってくる鮭を、酒田市へ売りに行く仲買の人たちに言わせると、正月前の鮭は、最上川流域からも来るが、これより遅くて味のよい一群として商品価値が高かったというのである。おそらく、日本海側の溯上群では最終の部類に入るものであろうと私は推測している。

Ⅱ型は越後荒川、信濃川、阿賀野川、最上川などで現われる溯上傾向である。早生が早い時期に来て、大漁に恵まれることがある。大きな河川では中流域から上流域にかけて、早生群と晩生群の数にそれほど大きな違いがない場所が多く現われる。特に上流域の支流では十月中・下旬に捕獲された数と十二月中・下旬のそれが近似の数値を示すことがある。このような溯上傾向から、特定河川本来の鮭の群れが、早生と晩生と二つの群れであったことが指摘できる。現在は早生種の商品価値の高さから、海の定置網での採捕が主体となっていて早期群を捕る目的で定置網を実施しており、川では商品価値の低い後期群が主体として採捕されている。

Ⅲ型は津軽石川を中心とした、最後期群が中心となって溯上する状況を示している。しかも、その時期が一月中旬まで遅れるという顕著な特徴を持っている。津軽石川の溯上群は本州で最も遅く上ってくる群れに属していて、この川特有の晩生群である。日本海側の晩生は遅くても十二月末から正月頃には溯上を終えているのであるが、津軽石川の群れはその後に本格的に戻ってくるのである。津軽石川では、もとから早生種も少なからず帰ってきていたのであるが、晩生の数が莫大であることから、こちらがめだっているのである。

特定の河川で晩生の鮭の溯上を充実させる際に、津軽石川から鮭の卵を譲り受けて放流していることは鮭増殖に取り組む人たちには全国的に知られている。

三面川のように、ギンケと呼ばれる早生種の商品価値の高いものが欲しいことから、早生種を北海道の孵化場から送ってもらってII型の早期群を充実させようとしている川や、晩生の数が減ったことから晩生を増やそうと津軽石川の卵を導入してII型をめざそうとしている信濃川など、現在の人為的な溯上傾向作りが鮭にとって、流域住民にとってどのような変化をもたらすのかについては、今後の課題として後に検討する。

四　鮭を待つ——鮭小屋・川小屋・待ち小屋

(一)　鮭の習性

鮭が夜に川を溯上していくことは鮭捕りの漁業者が等しく口を揃える習性である。鮭捕り衆は鮭が騒ぐ（移動する）時間というものを昔から観察し、伝承していた。鮭は日中、深みの暗いところや森陰の薄暗いところでじっとしていて、夜になると溯上を開始するというのである。鱒もチクラミとシラシラに騒ぐと言われ、夕時と朝方の薄暗さが必要であった。鮭・鱒は溯るときに捕るのが最も漁獲効率が高いのである。

図4　鮭魚の移動時刻調査

〈趣旨〉鮭魚の河川を溯上する時刻は、昼間よりも夜間に多く移動することを常としている。毎一時間に於ける移動状況を調査すると、次のような結果となった。

〈方法〉鮭の産卵期、三面川村上鮭産育養所専用漁場、芝居股に設置した四ツ手網の漁獲によって調査した。

〈結果〉午後六時頃より移動を始めて、七時になって最高率に達し、以後漸次減率して、午後一一時頃から午前一時頃を最低とする。さらに、二時・三時頃から再び移動し始める（グラフ参照）

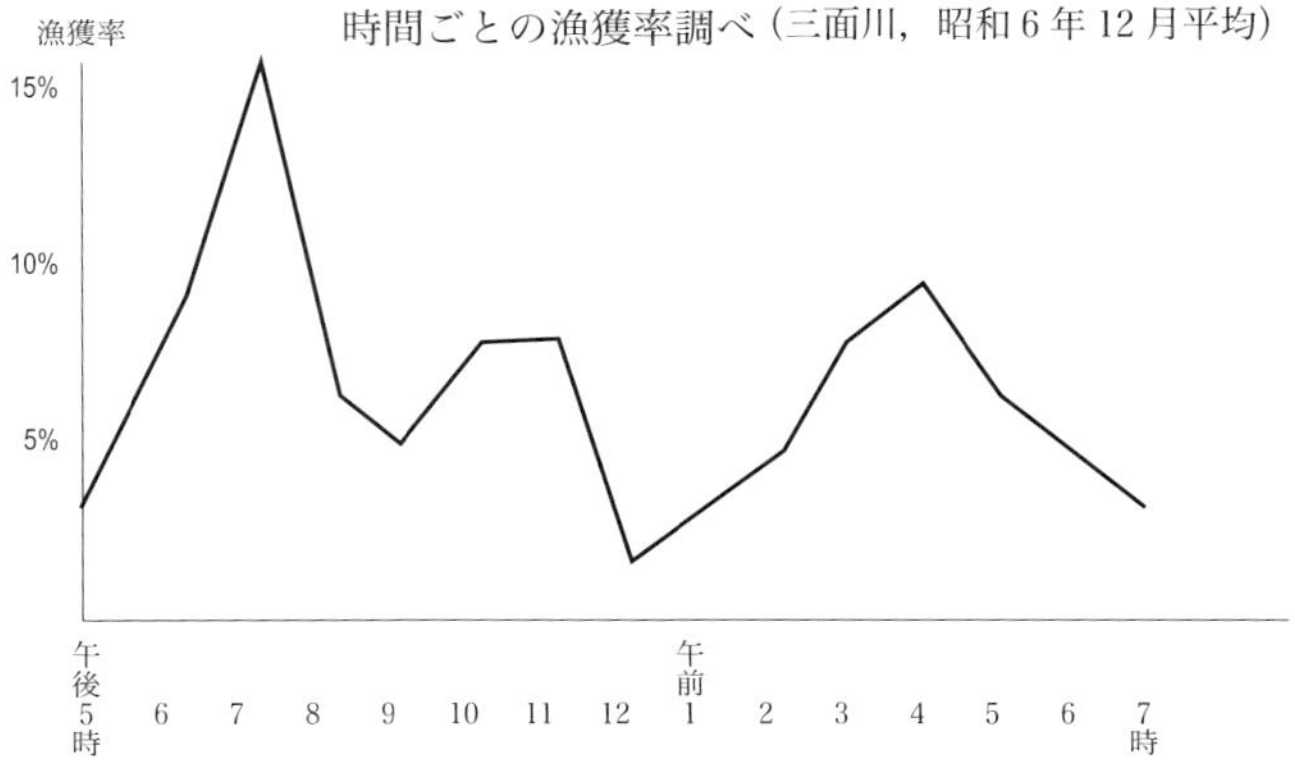

これについて、調査研究した昭和六年、新潟県水産試験場報告がある(4)（図4）。

鮭が騒がなければそれを捕獲することはできない。鮭の移動時間に人が合わせなければ鮭を手に入れることはできないのである。冬の午後七時が最も動くということになれば、午後四時半に日が暮れ、それから準備を始めて、六時頃には漁場にいなければならない。つまり、漁師にとって完全に生活が昼夜逆転するということなのである。

金沢市出身の作家・室生犀星が書いた『魚眠洞随筆』に鮭捕りの人々が作った小屋のようすが記録されている(5)。

冬の間にはマスと同じように、川原に藁小屋が建てられ、なるべく広い瀬に向かって入口がつけられる。そして昼も晩もその瀬すじを見ている人がある。鮭が登るのをやすという銛でねらい突きするのだ。

武藤鉄城は戦前に秋田各地を歩き、魚の捕り方から昭和十年代当時の人々の暮らしまで詳細に記録している。その中にナヤ（魚舎）の記録がある。

河原と草地の境の辺に建てられ、長木を屋根型に組み、藁のトバで葺いたものですこぶる原始的なものであった。然し内部の床は、川ゴミと称するすこぶる吸収性の強い土質故に、よく乾燥して住み心地の悪いものではなかった。小屋の真ん中よりわずか左方に寄って炉が切ってあり、即製の自在鉤に魚型を刻んだものを取り付けておいてあったりした。その奥、左右には蓆を敷いて寝床とし、夜具類を捲っておく。鮭は大抵、五十集屋（イサバヤ）が来て買っていくが、それでもその時間外に獲れたものを並べておくため、入口から一寸入った右手に簡単に木枠を拵えておいた。(6)

秋田内陸、角館近くの状況であるが、川原に小屋を作り、ここで寝泊まりして、鮭を捕るという行為は、鮭を重要な食料としてきた人たちに共通する。鮭捕りの時期になると川端に小屋を建てて、ここで生活しながら鮭を捕る。この形態はカムチャツカ、サハリン、北海道、日本と共通し、鮭の溯上実態からくる生活形態である。しかも、地床炉を中心とした竪穴式川小屋は、縄文の竪穴式住居の構造とよく似ている。地面に炉を作った川小屋の分布は鮭溯上の場所に象徴的に残されている。

　アイヌの人々や、北方の民族では夏の家、冬の家といい、夏に鮭捕りのために海や川の近くに家を造って出て来て、冬は山での猟のためにもとからあった山の家に戻るという生活があった。西日本の竈、北は囲炉裏の文化という言い方があるが、煮炊き、火棚での魚の乾燥保存、熱源など、囲炉裏の持つ機能の高さに注目する必要がある。

鮭捕りの人たちが、わざわざ川端に小屋を建てて鮭や鱒を狙うには、それだけの理由があった。ここで寝起きして鮭・鱒を捕るということは、鮭・鱒に人間が生活を合わせたのである。

(二)　川小屋の形態

鮭捕り小屋の作り方を記録して研究の俎上に載せたのは、新潟で鮭の民俗・考古学的研究をしている酒井和男である。(7)

魚野川、早出川、信濃川・阿賀野川下流域の川小屋の作り方を、形態で分けて記録している。海岸部にもあった漁師小屋との関連も追及しており、また考古資料としての竪穴住居に類似した事例も収集している。

酒井の分類した三点は、①平面長楕円形・立体ドーム型、②平面円形・立体ドーム型、③平面円形・立体円錐型である。

酒井の資料のように、ドーム形の優位が目につくのは事実である。しかし、新潟県北部の越後荒川、三面川、山形県庄内地方、雄物川には合掌造りを基本とする小屋が多い。そこで、平面方形・合掌造りを④として分類し、その違いを考察する。

①　平面長楕円形・立体ドーム型（図5）

コヤ・サケコヤ・アミコヤ・バンゴヤなどと呼ばれ、所有者の屋号をとった源右衛門小屋などの名前が一般的である。信濃川・阿賀野川下流域に広く分布していた。

平面は長楕円形で二間×三間。一四〜一五人入ったという。これは鮭の地曳き網を引く人たちの休む小屋である。円形の場合は直径が四メートルはあった。

まず設置する河原微高地で砂の多い水の吸収のいい場所に、竪穴式に六〇センチほど床面を掘り下げる。掘り下げた周りに長さ四メートルの長木を一〇本、円周に沿って等間隔に立て、上部を集めて縛る。柱の間にびっしり萱の束を詰め込み、柱に渡したトバオサエと呼ばれる横木で固定していく。この上からトバを巻く。入口は川の方向に向け、俵切れを吊り下げた。屋根はこの上から縄でぐるぐる巻きにして、風に飛ばされないように固定した。

　小屋の内部は、人がいる中央に炉を造り、柱の接合点から自在鉤を下ろして、これに鍋などをかけて煮炊きできるようにした。炉の周りの床に藁などを敷き詰めて、休み場所を作った。

　このタイプは鮭小屋の中で最大級に属

図5　平面長楕円形・立体ドーム型

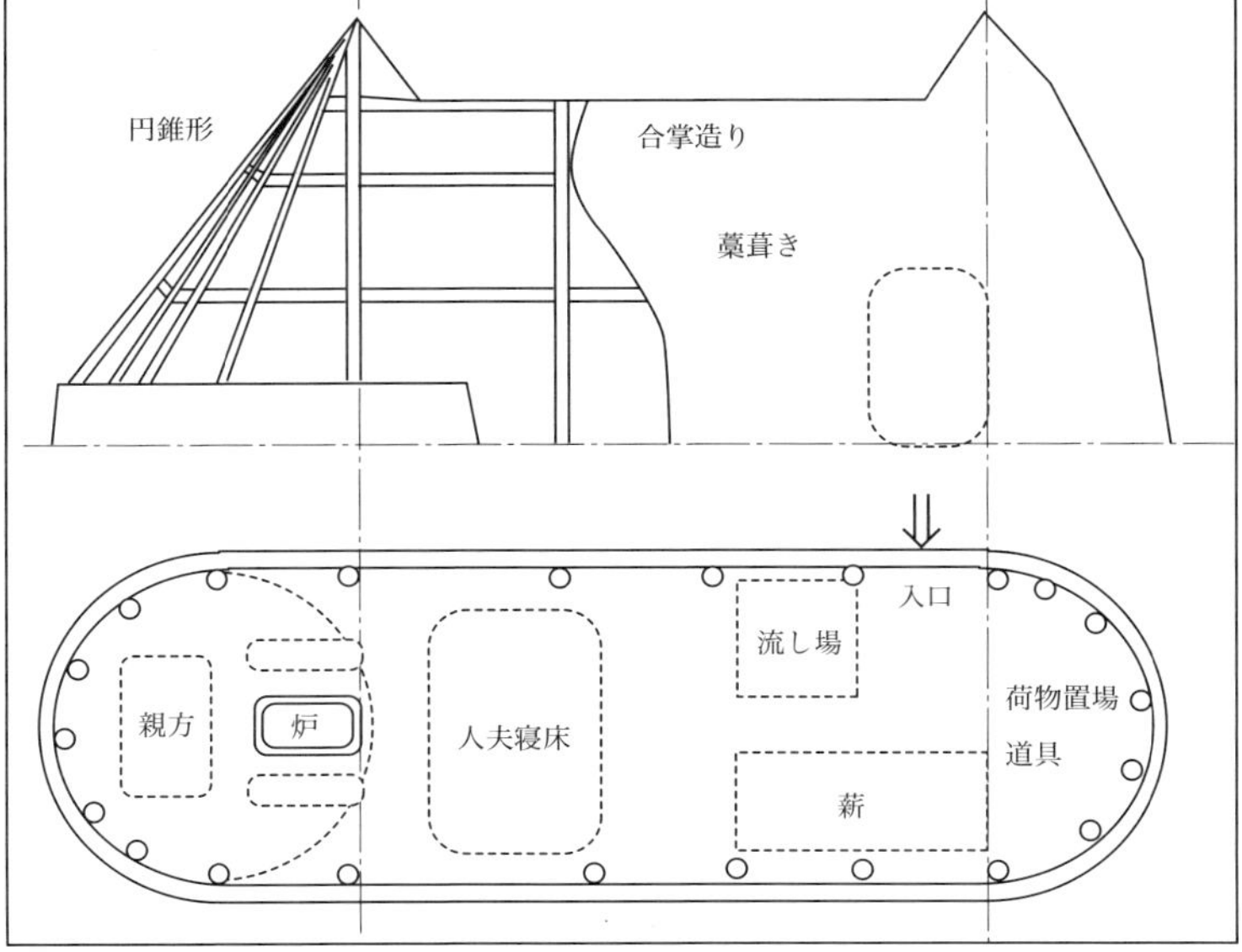

し、小さな個人の家と同じくらいの大きさがあった。作る際には、冬の季節風を防ぎながら生活する防寒性に優れたものとして機能させるため、大量の藁を枠組みの外側に縛って覆う仕事があり、参加者が持ち寄る資材は、木の杭、藁、縄など、大量に上った。

阿賀野川の横越周辺まで、このような小屋をかけた。支流域に入り、早出川ではドーム形と円錐形のどちらの形も併存した。小屋の名称はアジャ小屋といった。

居繰り網漁のような少人数の集団漁でなく、一〇人を超えるような大集団での地曳き網などでこの小屋が用いられた。

類似の川小屋は、阿賀野川下流域から信濃川流域の鮭川沿いに建てられ、夜中に漁を行なう漁師たちが鮭捕りの期間、ここで生活した。昭和十年代までこのような川小屋は流域各地にあった。

② 平面円形・立体ドーム形（図6）

昭和初期の鮭がたくさん捕れた頃、阿賀野川支流早出川の川岸から二〇メートルほど離れた高台に、小屋を作ってここで寝泊まりして鮭を捕った。早出川は産卵に適した河床が続いているため、網漁業を禁止して鉤とヤスだけで捕っていた。

小屋は鮭漁が始まる前の十月頃に鮭川の権利を買った仲間数人と作る。根曲がり杉二〇本を長楕円形の床面外側に穴を掘って立てていく。根曲がり杉の膨らみが外を向くことで内部が広くなるように作っていく。

長楕円形の平面は、奥に炉を切って人の寝泊まりする場所を確保し、入口側は、雨具を掛けたり、薪を置いたり、また捕れた鮭を並べる水場などとして使われた。屋根は柱の間に縛った割竹にトバを巻いて固定した。

現在、鮭小屋を作るほど漁業者が多くないこともあって、川岸で古いマイクロバスを鮭漁の時期だけ置いて、車の内部の座席を取り払って居住の間を作り、ここに寝泊まりして鮭捕りをしている。

少人数の鮭捕り衆が集まる場所での鮭小屋である。中は背を屈めていなければならないほど狭いのであるが、焚き火のために早く温まり、むせかえるほどの暑さとなる。この小屋に寝泊まりして、素潜りで鮭の抱き捕りをした人たちもいたが、個人漁であることから、

図6　平面円形・立体ドーム形

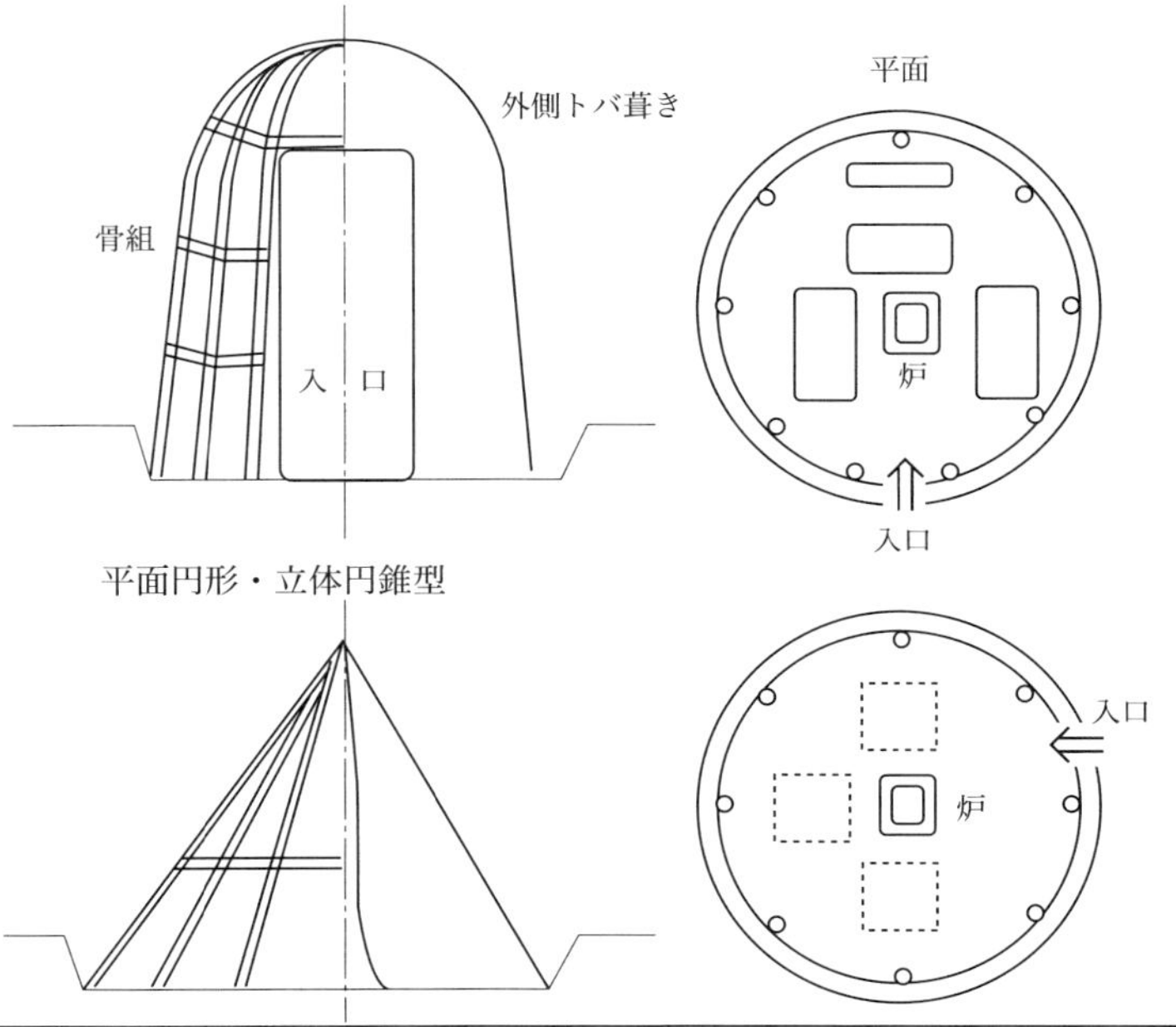

小屋は小さくしたのである。四人も入ればいっぱいとなる。

③　平面円形・立体円錐型（図6）

阿賀野川、信濃川上流部で個人漁としての鮭漁をしている人たちの小屋である。魚野川の待ち川での待機小屋として使われたり、鉤漁の待ち場で使われたりした。

床平面の円周上に柱を立てて、それを集めて上部で縛る方法では、湾曲したブナの細木を使って小屋の外側が膨らむように作っていく。

早出川の二本木では直径四メートル、高さ二メートルのドーム形のアジャ小屋を作った。孟宗竹を四分割し、竹の弾力を利用して円形ドーム形になるように、天井部分の一点で竹の支柱が集まるようにして作る。周りを縛り、この上からトバを掛けて出入り口を作った。小屋の内部中心には炉を切り、周りに一〇人も休めるようにしてあった。

この形の小屋は大人数の漁法では使われることはなく、個人漁に近いもので、人が待機するときに使っており、ここでは生活しない。

④　平面方形・合掌造り

越後荒川や三面川で圧倒的に多い形が、平面方形の両端に二本の木を斜めに立てて交差させ、この二点を結ぶ棟木を渡して屋根形にこしらえる合掌造りである。この鮭小屋の構造は第三章第一節の越後荒川の例で図示する。

五　鮭溯上の年代別周期

鮭の漁獲高を年代順に一覧してみると、豊凶の激しさに驚かされる。一七〇〇年から鮭川運上金の記録がある三面川の年ごとの数値は、鮭の獲れ高に連動しているから、おおよその漁獲傾向として読み取ることができる。いちじるしい不漁の年が二〇年も続いた時期がある。

「不漁期は享保期に確立した金納（役米上納）による漁業権確保から程なくして始まり、約二〇年近く続いたことが指摘されて」いるのは第三章二節、信濃川の鮭川で検討することである。信濃川河口部の鮭川では寛延年間（一七四八〜五一）の不漁の文書を示したが、享保年間も不漁であったという伝承は、三面川の運上金でも証明される。信濃川と三面川が連動しているかどうかは判然としないが、三面川では一七二〇〜四一年までの享保年間の不漁は目を覆うばかりである。信濃川と同じ傾向が見て取れる。

そこで、鮭の獲れ高をグラフ（図7）に表わし、漁獲量に周期的な豊凶を示す事象が見て取れるのかどうかを検討する。このグラフは三面川の鮭運上金として一七〇〇年から残されているもので、これが漁獲高であると単純には考えられない。というのも、これは入札金なのである。いちじるしい不漁期には敷札として最低金額を決めて入札させているし、入札金より捕れれば、それは漁業者の儲けである。しかし、当時自分の財産のすべてをかけて入札に参加した多くの商人は、かなりの確度で獲れ高を予測していたことがわかっていて、鮭漁に携わった商人で身代を潰した家はないことから、あ

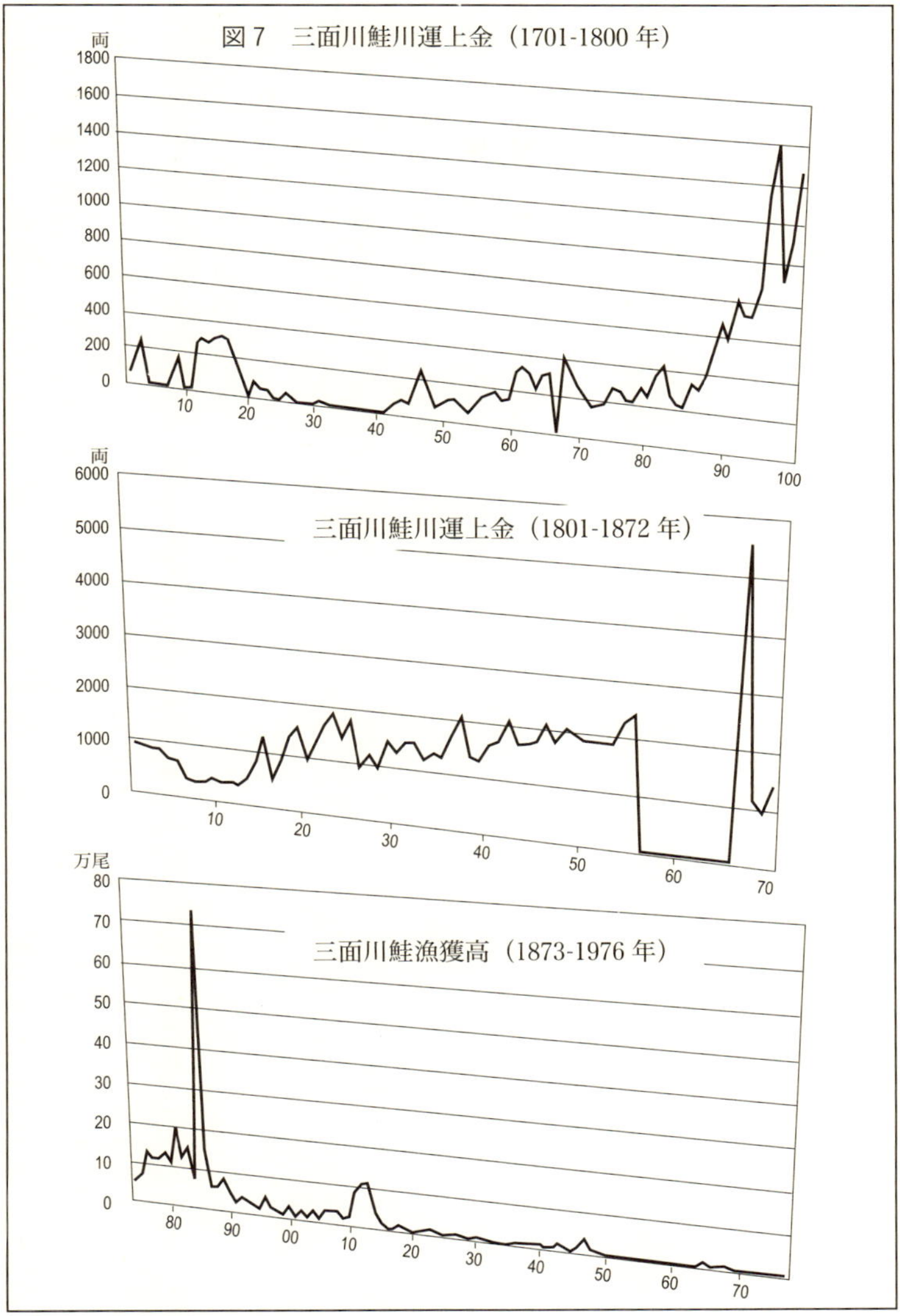

図 7　三面川鮭川運上金（1701-1800 年）

る程度の割合で保証があった（いちじるしい不漁では減免）と考えられ、漁獲高そのものの数値とは違うにしても、傾向は見て取れる。前年に大漁をして大もうけした商人は次の年、莫大な鮭溯上の傾向が強いと考えれば、昨年度の儲けを注ぎ込んで鮭川の権利を取得したであろうし、前年に予想を下回って損をすれば、次の年はお金をかけないであろう。だから、一〜二年の誤差はあっても、漁獲の傾向は見て取れるのである。

魚の漁獲高周期の研究は、イワシで進められている。(8) 鮭にもこのような傾向があると考えてもあながち間違いではなかろう。

三面川鮭川運上金のグラフを眺めていると、やはり豊凶が激しい中にも、一定の周期が見て取れる（本書では、その法則性の検討は目的としない）。
データがしっかりしていないところを先に示すと、一七〇五〜六年、一七六七年、そして一八五七〜一八六六年である。グラフ上ではゼロとしたが、それを考慮しないことにすれば、量が増加していくか減少していくか、それとも安定期かの判断はできる。一七〇〇年からの傾向は次の通りである。
一七〇一〜一七一九――安定期
一七二〇〜一七四一――いちじるしい不漁期
一七四二〜一七八七――漸増期
一七八八〜一八〇四――豊漁期
一八〇六〜一八一四――安定期
一八一五〜一八五四――漸増期

一八五五〜一八六七――豊漁期
一八六七〜一八八三――安定期
一八八四　　　　　――豊漁年
一八八五〜一九〇九――安定期（人工孵化事業の成果が現われてきた頃）
一九一〇〜一九一三――豊漁期
一九一四〜一九七六――いちじるしい不漁期

このように見てくると、享保年間（一七一六〜三六）、元文年間（一七三六〜四一）にかけての不漁期は、現在の不漁期と似ているが、現在の不漁期はその期間が長すぎる。海での漁獲が影響していることは容易に想像できるが、コンスタントに二万尾しか捕れないというのは、危機的な状態であることに間違いない。越後荒川でも年貢としての鮭を検討する（第三章）が、享保期を中心に不漁の傾向があり、信濃川・三面川と類似する。やはりこの時期の新潟県諸河川に帰ってくる鮭の数はきわめて限られていた。日本海側の溯上群も同じ傾向にあったと考えられる。

一方、気候が寒く、東北地方では米が取れなくて困った時期がある。天明（一七八一〜八九）と天保（一八三〇〜四四）の飢饉である。餓死者が頻出した。この時代の鮭の溯上数を見ると、漸増から豊漁期に当たっている。「米の不漁は鮭の豊漁」の伝承を、そのまま表わすような数値である。

六　森と鮭・鱒

㈠　木やキノコにたとえる

河川に溯上し、婚姻色の赤っぽい斑肌になった鮭をブナと呼ぶ。ブナ肌の鮭は生殖活動ができるようになった第二次性徴を指し、卵・精子を蓄えたものである。雄では鼻曲がりに近くなったものがブナ肌となってくる。海の定置網で捕獲される鮭ではブナ肌がそれほどはっきりしていない。ところが川に入ったとたんに見事なブナの葉の色になってくる。山のブナの葉が色づいたものと同じだとか、ブナが色づいた頃に上ってくるからだとか言われるが、ブナの葉を意識したものであることは間違いない（図8）。

そして大群で上ってくる時期に大きな鮭が金色や黄色に輝いているものがある。福島県泉田川流域ではコガネと呼び、岩手県三陸沿岸の河川でも「ギンケのコガネ」という言い方がある。このような鮭が来ると大漁だと言われる。同時にコガネをキワダ・キハダと呼ぶ越後の例がある。肌が黄・金色のものをキワダ肌とかキワダという。

このキワダ・キハダは黄檗のことであろう。山のキハダ・黄檗は胃腸の薬として、あるいは染めの染料として採集が続けられてきたもので、山間部の人々にとってはなじみの深い木である。表皮を取ると内皮が黄色に輝いている。この色からの連想であろう。

図 8　鮭の呼び名（上：左から 1 ～ 3 匹目＝ブナ，同 4 匹目＝キハダ，同 5 ～ 6 匹目＝ギンケ，　下：ブナ鮭）

鮭は密漁の対象として、昔からその地の約束事に逆らう人々によって捕獲されてきた。太平洋戦争後の一時期、三面川では溯上数が統計上一〇〇〇匹を下回るという前代未聞の事態となった。食料難で流域の人々が、夜中に鮭を引っかけて捕り、飢えをしのいだのである。密漁で捕った鮭のことは、当然のように隠語で語られたが、「切り株」を拾ったとか「根っこ」を拾うという言い方が多かったという。阿賀野川・信濃川流域でも「木の根」とか「根っこ」という言葉で密漁した鮭を意味した。

このように鮭の密漁に関しては木の根っこを連想させる言葉が多く採集されているのはなぜだろうか。福島県相馬地方を流れて太平洋に注ぐ泉田川では、ネッコショイという言葉で密漁を意味した。

一方、上流部まで達し、産卵を終えて死を控えた鮭をホッチャレと言うが、身体は白っぽく斑状で、やせ細って木が流れているように見える。このような鮭を「朴の木」と言った。このような鮭もかつては見捨てないで、捕ってきて味噌漬けなどにして食べたのである。脂が抜け、食べても旨くないことから、「猫マタギ」つまり猫も跨いでいくと軽蔑されたが、この鮭は脂が抜けていることから長期間の貯蔵には適していたという。食料として保存した鮭はこのような鮭である。山形県大鳥では産卵を終えた鱒をヨリキといっている。やはり食料とした。

飯豊山麓金目集落は、越後荒川の最上流部の村であるが、正月過ぎに「遊び鮭」とも呼ばれる朴の木が淵にじっとしていることがあり、これを鉤で引っかけて捕って大切な食料にしたことを語ってくれた話者がいた。同時にコノハカムリという言葉でも呼んでいたのは、木の葉の流れる川岸に沈んで死んでいくからである。この名前の分布は広く、新潟県と福島県以北の東北地方で呼び習わしている。

森が豊かな水を育み、ここからほとばしる水が川を作り、これによって鮭を育てていることを古の人は理解していたのであろうし、森に帰っていく鮭の姿は溯上河川の人々の意識の中に鮭は森の子であることを気づかせた。

秋田県の奥羽山脈の中に暮らす熊を追う狩人は、熊がいつもいて捕れる山中の場所に、ホリバ(掘場)と言う名前を付けている。朝日山中の熊狩り衆にいわせると、熊はブナの実が堆積する沢の尻にいつも来ているという。窪んだところに溜《た》まる細かいブナの実を掌に附けて、殻のまま口に入れて食べ続けているという。このような場所は雪が最後まで残っていて、ここをひっくり返しながら熊は食べ続けるという。降り積もった雪が残るこのような場所でブナの実が断面に現われていると、熊はこの実が奥にもあることを理解して、必死で起こしているという。掘り出していく場所であるからホリバであろう(9)。

木の姿や状態から鮭に対してたとえた名称は、山や森との深いつながりを連想させるが、鱒の場合はもっと深く山とつながっている。魚とキノコはその組み合わせから深い結びつきを持つことがなかったが、秋のキノコ狩りの頃に鱒が捕れることから、マスタケ(*Laetiporus sulphureus Bond. et Sing*)というキノコが鱒から連想されたことは山人の間ではよく知られている。マスタケはミズナラなどの大木の枯れたところに重なり合って生えてくる。このキノコは若いうちは歯ごたえがあって食べられるが、掌サイズを超えるとスポンジ状になった組織は堅くて食べられなくなる。キノコの色が鱒の肉のように鮮明な朱色をしていることから付いた名前であるといわれている。キノコの採集時期が、ちょうど鱒が源流域で産卵を始める頃に当たっていて、山人が鱒と関連させたものといわれている。奥三面の人々は「マスタケがミズナラの木に生え始めると鱒が産卵に支流に入る」という生物暦を持っている。

十勝アイヌの人々が伝える「ナナツバ（ハンゴン草）の黄色い花が咲くと鱒が上ってくる」、「ウドの実（黒い粒が付く）が食べたくて鱒がのぼってくる」という伝承と似ているが、産卵期にまで注目して鱒を観察している姿は、山に生きる人々の本来の姿であったものであろう。

鱒は春先、藤の花が咲く頃に海から溯上し、河川源流域で一夏を過ごし、秋になると小支流に陸封型のヤマメの雄と連れだって上って産卵する。山人にとって最もなじみの深い魚で、小さな雄のヤマメに巨大な雌の鱒が連れ立って上ることから、山人の間で、女房の方が亭主より背丈の高い夫婦を「ヤマメの夫婦」という言葉で囃した。

また、ホウノハマスという言葉がある。鱒は朴の葉が開き始める頃に源流域に入る特性があり、雪代の増水時、山では朴の葉が開き始めた春の盛りに、集落の一番下の淵にはいると伝えるところが多い。

山形県小国町の長者原では集落の一番下の大きな淵を笊淵といい、この淵に最初に鱒が入ってくると言われていた。実際、鱒を春のよき訪れとして歓迎していた山人は、村の鱒捕り名人の行動によって季節を計っていた。

このように鮭・鱒の溯上の季節を木や森で象徴する生物暦と、鮭・鱒の個体そのものを木にたとえる伝統があった。

(二) 豊穣の森と鮭・鱒

鮭・鱒が緑の豊かな木の生い茂ったところを好むことは流域の人々が等しく口にする習性である。越後荒川の漁法に筌《うけ》があったが、これを柳の葉で隠しておく伝承や、朝陽が昇ると鮭は一斉に川底の暗い場所に身を隠すことは記した。新潟県山北町の大川では鮭が上ってくる河口部からコド漁として、鮭の隠れ家を拵えて、ここに入る鮭を捕ることも記した。このとき、鮭のノボリミチに沿って山から杉の若木を切ってきて立ててやる。鮭は影になった部分を上ってくると言い、ふだんは石ころだらけの殺風景な川原に森が出現するのである。高さ四メートルほどの間伐の若杉二〇本を、鮭の上ってくる川筋に立てて待つ。そして、鮭を捕獲する場所は木や笹で囲って暗くしているのである。コド漁のある場所もこの杉で隠すが、サグリカキで鉤を使う場所でも、二〜三メートルの杉木立を作っている。杉は漁業権を得た人が、その川の状態を見て、鮭が上るように、木の陰が鮭のノボリミチを導くように連続させる。木は自分の山から切ってきて、コドまで導くように立てるのである。

大川の上流部では、鬱蒼とした森の中でも、鉤を使う人がいて、ここでは森に遮られているために特別の施設は作らずに漁をしている（図9）。

三面川は、河口部右岸に魚付き林を持っている。河口部に森があることで鮭が上るという漠然とした伝承を流域の人たちが伝えている。もちろん鮭捕りの人たちは鮭が川岸の暗がりに身を潜めることは知っているし、ここで使う筌も柳の葉で覆った。三面川の河口部の林はタブの古木で、江戸時代の政策の中にここの木を勝手に切らせない決まりがあった[10]。

三面川河口の滝の前集落は右岸の魚付き林の中にある。ここには近世、山廻り奉行が任命されていて、木を勝手に伐採しないように見回っていたことがわかっている。この集落の人たちは、昔から「山

図9　森の中のコド

の木は切るものではない」ことを教育されてきた。現在の森はタブの森となっており、暖地性の植物が繁茂する場所として保護区域になっているが、このように保護されるまで、人が木を切らなかった（切らせなかった）効果が残っているのである。滝の前は河口部の岩場であることから、左岸瀬波集落のように地曳き網ができなかった。そのためにヤス突きの個人漁が盛んで、河口部で川の水に体を慣らしている鮭を夜間に川舟の上からカンテラの光に入るものだけを突くという方法で捕っていた。

また、集落前の川に牛枠を数基入れて、ここを柴で止めて川の中に淀みを作り、刺し網でも捕っていた。この方法は、五月の雪代の増水時に鱒を捕るための施設としても使われ、春先、溯上を始めたばかりの鱒捕りに使われている。

庄内赤川では、居繰り網漁をするときに、川岸の柳の根元を狙って居繰り網を流したという伝承があり、川端に繁茂する木は鮭の格好の隠れ場であったという。

岩手県の津軽石川では、やはり川を中心に両側に森が繁茂している。保護しているというが、鮭の自然産卵に最も適した状態にある川を守るために、両側に深い森を残したと考えられる。津軽石川鮭繁殖組合員は年に三回、川を守るための川普請に出ているが、川の水が枯れないように、川の中やその周辺のゴミ拾いを行ない、森の木を切ることはなかったという。ここでも森を守っている姿に会った。河口部の稲荷が祀られている高台下から国道が津軽石川の背後を通るが、現在も川は森に守られている（図10）。

岩手県の鮭溯上河川は、その多くがリアス式海岸の奥まったところに河口があり、鬱蒼とした森に囲まれている。鮭がつく場所が多いのが特徴で、日本海側の砂丘列に比べると鮭が取りつく緑は圧倒的に多い。

北海道の河川も河口まで豊かな緑に覆われた場所が多く、特に釧路から根室、知床にかけての小河川はどこも緑の森の中から水が海に注いでいる。石狩川や天塩川は、河口部に緑の繁茂する場所が少なく、早くから山の木を切って鰊粕を作ってきた西海岸は、森の復活が待たれる。

鮭の溯上河川が河口部の森から意識されるのは、溯上後、森陰に身を潜ませながら夜上る習性があったことにもよるだろう。ところが鱒は春先に上ると秋まで源流域で生息することから、流路全体の森の状態を良好に保たなければ、自然産卵孵化による増殖はおぼつかない。この魚の産卵場は源流域の小支流が鬱閉された森の中である。明るい日の光の当たる所ではけっして産卵しない。森の魚と言っても過言ではない。

鱒は、その子孫を残すために川で餌を捕り、栄養を取り込んで産卵する。雌は夏にはすでに

図 10　津軽石川の清流と森

腹中にスジコ（筋子）と呼ばれる卵の塊を保有しており、秋の産卵までにしっかり餌を捕って成熟していく。

森は鱒の成長にとっても大切な役割を果たす。降海型の鱒が海で餌を捕って大きくなって戻ってくるのに対し、降海しないで川に残るヤマメは、魚体が降海型ほど大きくならない。餌となるものの量が川では決定的に少ないからであると言われている。森が豊かに鱒の餌を供給すれば、陸封型のヤマメも大型となることができるのである。川に残されたヤマメでは雄が圧倒的に多かった。「ヤマメは雄ばかり」という伝承は源流域の村では等しく伝承しており、ヤマメを捕ってスジコの入っている事例があまりないことを皆知っていた。雌のヤマメも捕れるのであるが、数がきわめて少なかったことによるものだろう。ヤマメよりわずかに冷たい水を好むイワナの雌にはスジコの入っているものが多くいるのに対して、ヤマメではスジコにお目にかかる例があまりないことも関係している。

三面川での鱒の捕獲数を見ても、雄は少ない。これについては、昔から議論があった。「雄は川に残っているので雌ばかり上ってくる」というのである。

北海道鮭鱒孵化場の記録では昭和十二年には次の事実がわかっていた(11)。

鱒は海より河に溯り九月頃産卵す。もとの稚魚は翌年四、五月頃河中に現はれ九粍位の大きさを示す。九月には約百八粍、翌年三月には百五十五粍、九月には百八十八粍に成長す。初めは雌雄の割合略々同数なれども次第に雌の割合を減じて二年目の秋以降にはほとんど全部雄魚のみを河中に残す。しかるに海より溯上する鱒は何処に於いても雌は常に雄より多く正にヤマベの雌雄の割合に反対なり。故にヤマベ及び鱒の雌雄を各々合計して比較するときは初めてヤマベとして河に現われたる時の雌雄の割合に近し。これによりてもヤマベは大多数は鱒の稚魚にして海に下りたるもの（雌に多し）は鱒となり河に止まるもの（雄に多し）はヤマベとして生涯を終わるものなるを知る。

降海する雌は、生まれた川に戻ってきて産卵するという。鱒の海での分布は鮭ほど広がらず、大陸棚の範囲で棲息していることがわかっている。溯上後は夏過ぎまで淵に留まり、秋に小支流に入って産卵する。

「鱒は淵という淵に溜《た》まっていて、イヲドメの滝までいる」との伝承は、鱒捕りの好きな山の人たちが語るところである。川の大きな淵は鱒の漁場でもあった。

鱒は餌を捕る際、淵にいた方が都合がよかったものと考えられる。私は奥三面、元屋敷の淵に潜って観察したことがある。深さ三メートルほどの水底は昼でも光が通らないほどで、水は水面から三〇センチも入ると一気に冷たくなる。暗いところに何匹もかたまっていた。餌を捕りに出てくるのは、夕暮れ時と朝方で、この時期は流れの方向を向いていて、淵の上手近くで餌を探していた。鱒の索餌行動は、水面に流れてくる昆虫やその幼虫を捕ることで、淵はこれら流れてきた餌が留まる絶好のポイントであった。

表3　三面川鱒の捕獲数

年	♂	♀
1974	34	746
1975	29	628
1976		
1977	100	680
1978	134	489
1979	93	750
1980	120	280
1981	100	305
1982	59	272
1983	22	327
1984	64	354
1985	14	183

サケ科魚類ニジマスで具体的に調査した餌資源全体に占める落下陸生無脊椎動物の割合は、その季節ごとの森から供給される餌資源として、「春一一%、夏六八%、秋四八%、冬一%」という調査記録がある。[12] 森の中での餌の豊富さが、サケ科魚類を育んできたという。

鱒は溯上してしまうと、上流域の淵に多くが留まり、ここで育まれる。淵に伝説が残されていくのは、人との深い交渉がさせることである。中・下流域の瀬の続く場所では鱒と人がこのような交渉を持つことはなかった。川はその状態によって魚との交渉のあり方に違いが出てくるのであった。

(三) 川の地形と鱒

川の地形について、細かく名称を付けていた越後荒川、阿賀野川、信濃川流域の人々の伝承から記録する。川の地形を細かく言葉で分類してきた人々の伝承は川と共に生きる絶対条件であった。しかも、命名の基本的な動機が理解できる事例がある。船乗り衆は難所に多くの名前を付けている。たとえばマキ、ドなど。そして鱒捕り衆は淵に必ず名前を付けるという傾向を指摘することができる。

フチとトロは同じような使い方がされるが、船乗り衆はトロの名称で船が進まないことを示し、鱒捕り衆は鱒の棲息場をフチと呼んでいる。越後荒川の蒙羅《もうら》の淵は、船乗り衆は蒙羅のトロ（瀞）という言い方をするが、鱒捕り衆は蒙羅のフチ（淵）と称している。

《下流域・中流域》

■カワラ――川原のことで流れが淀んで砂利や小石の堆積した場所

■セ　――流れが強く浅い場所
■フカミ、フカバ――流れが緩やかで深い場所
■ヨドミ――流れが止まったように見えるフカバ
■オチアイ――川の合流点で支流などが交わる場所
■ガケ　――川が削れてガケになっている場所
■フチ　――片側がガケで深みとなっている場所
■マキ　――渦巻きの発生する場所
■オトシコミ――急流で深くなった場所
■ド　――ヨドミを中心にこの上下のセにつながる場所
■カワシキ――川の底
■ムカワ――本流のこと
■タンポ――かつての流域に残った沼地

《上流域》

■アラセ――急流になったセの場所
■トロバ、ヨドミ――急流がゆったりした深みになっている場所
■ブットメ、カッチ――沢の源流点
■セバト――川の流れが狭くなった場所
■フチ　――切り立った岸壁を持ち水が淀んでいる場所

■エダサワ、コサワ――本流に流れ込む小さな支流
■ナメイワ――絶えず濡れている岩
■ナメトコ――岩がいつも濡れた状態になっている流れの場所
■デト　――下流
■イリ　――上流
■ジャクズレ――雨が降ると土砂が川に流れ込む場所
■コギッパ、コイッパ――渡河できる場所
■ヨドケ――淀み
■イシガワラ――石の多い川原
■ガンペ――岸壁
■ガニバ――ガケで横歩きしなければ溯れない場所
■ハネイシ――石を飛んで対岸に渡る場所
■ヘズリ――足形をつけなければ川を横切れないような場所
■ユキシロ――雪消えの川水で増水すること
■メッキリ――消え始めた山の斜面の雪の割れ目
■ツツクイ――雪渓
■イヌドメ――魚がその上流にはいない場所

これらの地形名目の中で、特に上流域での名前が多いのは、フチ（淵）の名称である。どの川に入っ

ても、すべての場所に名前が付けられている。そして、鱒が溯上する限界についても必ずイヲドメの滝が銘記されている。

三面川支流高根川は、集落の上手が鱒の留まる場所で鬱蒼とした森の中に淵やトロバ、アラセが続く。ダンダラという場所は小さな滝が連続する場所で、それぞれが流れ込む下に広い淵やトロバを抱えている。ここには鱒がいっぱいいたという。ヒッカケブチ、タツイワは鱒のいる淵に付けられた名前で、鱒がいる場所にはすべて名前が付けられている。そして、イヲドメの滝が上流にあり、マスドメとも呼ばれた。アイノマタ川はカサネ滝、ヒラトコ川はヒラトコ滝、ムカワ（本流）は鈴が滝がイヲドメの滝（マスドメ）だった。

越後荒川は上流区に鱒の溜《た》まっている場所がある。現在の関川村高瀬温泉から上手である。どのヨドミの場所にも名前があって、本流の鱒捕りに出かける高田集落の人々はすべて頭に入れていた。

- 高瀬温泉上手「獅子舞岩のフチ」――獅子舞ができるほど広い岩の下にある淵
- 温泉橋下の「湯沢のサカマキ」――本流が渦を巻いて深くなっている場所
- 「蒙羅のフチ」――荒川上流域最大の淵で鱒捕りには居繰り網が優先
- 鷹ノ巣の下「カゲイワのフチ」――影岩は峡谷で日の当たらない場所の岩
- 鷹ノ巣の前「タテイワのフチ」――立岩は岩が切り立った場所
- 鷹ノ巣の上「マガリブチ」――本流が大きく曲がっているぶつかりの淵
- 片貝の下「ナベブチ」――大きく湾曲した河床を持つ淵
- 八口権現の前「ダイコクのフチ」――名称の起源不詳

■八口対岸「ジャクズレのフチ」――ジャクズレを起こす場所にある淵
■金丸の「ゼンダナのフチ」――川の流れが段々になっている場所の淵
■金丸の「タテイワのフチ」――この上手は山形県

このように、鱒は夏の間、淵に棲む。川の淵にすべて名前を付けたのは鱒捕りの人たちが中心となっていたことは想像に難くない。というのも、越後荒川の場合、舟運を司る人たちが付けた名称で多いのは難所としてのマキである。ところがこれ以外の淵については、聞き取り調査の段階であがってこないことが多く、淵についての名称を知っていたのは、鱒捕り衆ばかりであったことにもよる。

同様の事例は、舟運が機能しない上流部の源流域で淵の名称を知っているのは鱒捕りなどの魚捕り衆ばかりであったことによる。女川は淵をめざして歩いたのが近くの鱒捕り衆ばかりであり、マスドメまでの川の地形名目については彼らが名付け親であった。

越後荒川で、鱒は各淵からさらに上り、源流域では飯豊山麓直下まで上がっている。支流朝日山麓側では金目川の最上流、祝瓶山直下のイヌドメの滝まで溯上した。熊捕り集落の徳網は、大朝日岳の登山口に当たるが、この川で鱒捕りをした斉藤金好（大正十五年生まれ）は、ここに上ってくるのは九月の産卵期になったことを覚えている。川床が小石の砂利で鱒がホリ（産卵場）を掘っているのを見つけると、ヤスを持っていって突いたものであるという。

越後荒川の支流女川では、流域の人たちがサツキ（田植え）後に楽しみとして鱒捕りをしたが、現在のナミソ（波走）集落の上手から源流域にかけての淵に鱒が溜まっていた。下手から、サクライケ、マスブチ、イクムロ、カブチ、ヒカゲブチ、ナガトロ、アナブチ、カブチ、サワラビノと続き、イヲドメの滝まで分布した。イヲドメの滝はマスドメのことであるが、増水時にこの滝が低くなった年にはイヲドメの滝の上流、約三キロにある雨乞いの滝がマスドメとなった。

奥三面では、離村するまで鱒捕りが年中行事となっていた。鱒は相模岳直下の赤滝まで溯上し、ここに留まっていた。マスドメの滝は赤滝である。この場所へは、夏の盆休みになると若い衆が連れ立って鱒捕りに出かけた。十三日は家で各自じっとしているが、十四日になるとマスドメの滝壺に溜まっている鱒を捕るために、赤滝まで出かけた。ヤス突きの若者が潜って突いた。水が冷たいために川原では火を焚いて、潜った人たちを温めた。奥三面にとって、鱒はお盆の魚であった。

越後荒川本流で夏の盆休みに鱒捕りを楽しみとしていたのが高田集落の人たちである。高田は荒川流域の水運を主な仕事にしてきたところで、昭和初めの鉄道開通まで、流域の物資輸送を担ってきた集落の一つである。どの家にも川舟があって、これで商いをした。ここの人たちは、本流はもちろん女川や大石川といった支流域でも優先的に川舟を通すことが認められていて、堰や梁の一部でも、川舟の運航に邪魔となるものは退かすことができた。彼らの楽しみの一つが盆の十四日に村中の各家から男衆が出て、本流を山形県境まで鱒捕りをして歩くことであったという。先に記した淵がその場所で、一番年下の荷物持ちが年長者の道具を持って、渇水期の川を溯りながら鱒捕りをした。淵では網持ちが鱒が逃げないように上流側と下流側に川を遮るように網を張って鱒を封じ込め、ここにヤス突きが潜った。鱒は網の間を逃げまどうが、ヤス突きに長けた若者が、川底の岩陰から鱒を突いては捕って浮かび上がった。川原では荷物持ちの若者が川木を集めて火を焚き、潜っている若者の体を温めた。昭和初めの例として渡辺金一（明治三十五年生まれ、故人）によると、各家から若者が一人ずつ出て、総勢六〇人ほどで出かけたという。一つの淵で鱒は数本捕れたが、下からすこしずつ上がっていく間に大漁となれば、荷物持ちの年下の者に捕れた鱒を持たせて集落に帰し、自分たちは県境の淵まで捕りに歩いたという。捕れた鱒はすべて平等に分配し、荷物持ちの年下の者にまで平等に分配された。この鱒が盆の魚として御馳走であった[13]。

このように、山間の村々では、鱒によって盆を迎えるところが多い。上流域では鱒に食料依存の度合いが高い。

鱒が入る各淵は、各村の地先であればこれに多くの意味づけがあって、指標となっているのも山間の鱒を食べてきた村に共通する。山形県小国町の金目は、熊捕り集落であるが、鱒捕りも盛んであった。金目川のユキシロが落ち着く頃、六月上旬のサツキ前になると、集落の地先一番下手のマガリブチに鱒が入る。若者で鱒捕りの好きな者が鱒が入ったことを村中に告げると、この者がまず鉤を持って淵に潜り、鱒を捕る。これがきっかけとなってサツキが始まると、他の家の者も集落の外れを流れている金目川の淵に思い思いに潜って鱒を捕った。夏には金目川のイヌドメの滝まで出かけるのであるが、サツキの鱒はその年の最初の鱒でサツキが終わったサナブリ祝いには、どこの家でも鱒で御馳走を作ったという。

鱒がサナブリの魚となっているのは、荒川流域では下流域も同様である。現神林村宿田でも、鱒がサナブリの魚で、御馳走であったと述べている。ところが、支流女川の集落では、サナブリにはイワシなどの海の魚でなければならないとしており、捕り始めはやはりサツキの頃であるが、ここではサナブリに鱒を使わない。

鱒溯上を集落の皆に伝える指標となる淵に、決められた人が入って鱒の来訪を伝える事例は、山形県飯豊山麓の小玉川集落も同じである。ここでは集落の一番下に笊淵という巨大な淵があり、ユキシロの増水時から鱒捕りの若者が一人、ここで火を焚きながら褌一つになって水に入る。身を切るように冷たい水の中から最初に入った鱒を見つけると、この知らせが村中に伝わり、サツキの始まる頃には若者があちこちで淵に潜るようになる。小玉川は戦前まで、集落の地先は武士の流れを引くとされる遠藤氏の所領で、村人が鱒を捕ることは許されなかった。地先を外れれば村の川であるため、各淵に潜って鱒捕りをした。笊淵も集落のものである。

女川では集落の地先に堰が多く、集落の堰の下に鱒が入るとこれが合図となって鱒捕りに出かけた。集落での鱒捕りのルールは、川下の淵に鱒が入るところから始まり、九月の産卵までを漁期とする慣例であった。

(四)　鱒地名の山間部への偏り

中世、新潟県北部にあった奥山荘は、当時の絵図に描かれた河川が現在の胎内川に比定されているが、流域の地頭・黒川氏に安堵された地名の中に、鱒河の記録がある。現在の胎内川上流部、黒川村の奥胎内である。ここは飯豊山麓の西側に位置し、相当数の鱒が上っていたことがわかっている。米の収穫が十分でなかったこの頃、鱒捕りの権利は大変な財産であったのは間違いない。与えられた財産は、奥山荘では一級の財産に相当するものではなかろうかと推測している。現在、電源開発で多くの堰ができて鱒はもう上れないが、飯豊山麓から流れ下る川はイワナの宝庫となっている。

胎内川に隣接する越後荒川は、中世に荒川保という国衙領であった。荒川保の川村余一は国衙領の責任者として中世文書資料に出てくる。つまり、その場所の管理者が鮭・鱒漁業の全権を担っていたのではないかと考えられるのである。この川は奥山荘のような単一の支配体系に入っていないようにみられているが、国衙領として川からの揚がりは奥山荘同様の位置づけがされていたと推測される。

岩手県遠野郷から流れ出ている猿ヶ石川流域は中世、遠野保としてあったが、北上川に合流するまでの渓谷の高台、軍事の要衝に鱒沢という地名があり、鱒沢城として、館・山城が残っている。現在の宮守村鱒川であるが、この場所は盆地となっている遠野郷の西、江刺側の出口で、猿ヶ石川には今も梁が立つ。かつてはここだけで四カ所の梁を立てたという伝承に接しており、北上川から入ってくる鱒の上る川が地域の大切な財産であったことがわかっている。ちょうど峠にあたる場所に鱒沢集落があり、梁には鱒がかかったという伝承を得ている。

同じ岩手県の沢内村に隣接する柴波町は、奥羽山脈の秋田と隣接する山深い場所であるが、北上川の支流・沢内川の上流に位置し、鱒沢（現在は升沢）という地名を持っている。ここは縄文遺跡の集積地と伝承され、今も畑から土器や石器が盛んに表面採集される。

同様の例は山形県遊佐町にもある。鳥海山麓洗沢川の上流部に枡川という地名がある。鱒がたくさん上ることからマスカワの名が付けられて今日に至っているとの伝承を持つ。ここも縄文時代の優れた遺物包含地で、開発に手をつけられない場所であると、高橋石雄教育委員長が語るところである。事実、土地改良以前に伏流水が湧き出していたタンポから、縄文時代のポイント（槍穂）が大量に出土した。この場所は現在水田となっているが、鱒や鮭の稚魚が最近までみられたと現地の古老は教えてくれた。

逆に、発掘された遺跡が立地しているところで鱒が主たる川の資源であったと推測されるところが奥三面である。奥三面遺跡群は二〇〇〇年のダム建設による水没で現在はその面影もないが、かつては鱒の溯上分布圏であった。現在の奥三面ダムのわずか下の新滝が鮭の溯上限界で、鱒はこの滝を越えて、奥三面集落の周りから、三面川源流域にまで分布した。溯上の力強さでは鱒は川魚中最高であったと伝承されている。この鱒も、奥三面の相模岳直下、赤滝がイヲドメの滝で、ここに夏には鱒が群れて溜《た》まっていたという。

越後荒川上流部では、やはり長者原や小玉川といった熊捕りの集落まで上っていって産卵・孵化していた。ここには遺跡が数多く立地していて、やはり、縄文時代のタンパク源であったのではないかとの推測を生んでいる。鮭はここまで上ってこられなかった。

山形県高畠町は縄文時代の押出遺跡が出て有名になったところであるが、ここもまた米沢の上流部に当たり、鮭の溯上はほとんどなく、鱒の溯上圏であった。秋田県米代川の上流部の大湯遺跡も縄文時代の巨大遺跡であり、鱒の溯上域である。

福島県の会津地方は阿賀野川の上流部に当たり、田子倉川、只見川といった深い渓谷には、鱒が群れていた。檜枝岐も、田子倉も鱒捕りが大切な仕事の一つで、鱒を薫製にして温泉地に運んだものが貴重な現金収入にもなったのである。貞享二（一六八五）年の「伊南古町組郷村之品々書上帳」には、鱒滝で捕られる鱒についての記録がある。(14)

それによると、幅一〇間、高さ二間。五月から七月頃、葡萄の根で作った網を滝の中段に張り、上ろうとして飛び上がって落ちる鱒を網で受けとった。檜枝岐川流域の伊南村大桃での記録であるが、鱒が源流域まで上っていって繁殖のためにここに滞在し、子孫を増やしていたかつての姿が山間の集落で記録されているのである。

檜枝岐の西側、新潟県信濃川の支流、魚野川でも鱒は上り、この支流の破間川源流域の大白川には、夏の間鱒が留め置かれるイヲドメの滝があり、ここに潜って鱒を捕った人々の絵図が残されている。

宮城県大和町の升沢は、やはり奥羽山脈沿いの山間部にあり、山形県尾花沢との間を結ぶ山間の宿場であったが、鱒が多く上ってくる川としてマスカワの名称が付いた。東和町も同様に鱒淵という地名を持つ。鱒淵川は鱒が多くいたことから付けられたと考えられている。現地に立つと、深い淵が現在も残る。ゲンジボタルで有名になっているこの流域で最大の淵であり、溯上してきた鱒が、この淵に留まることは容易に想像できた。

秋田県では阿仁川沿いの合川町に増沢がある。これも鱒の沢であろう。由利郡の芋川流域にも増川という地名がある。いずれも急流の中で深く岩をはむ場所である。

山形県では赤川の上流部朝日村の山間に、その名も鱒淵という集落がある。ここの川は赤川の支流源流部に属し、高台の集落の下手に段々になった淵の連続する川が比高差約五〇メートル下にみえる。ここは上流域の産卵場となる鱒の淵という位置づけのできる所で、鱒によって多くの恩恵を受けてきた。

宮城県に隣接する金山町には沢の名称がマスとなっている枡沢がある。現在ダム建設によって堰き止められているが、鱒が多かったという。ここの水は新庄市、真室川町、鮭川村の水田を潤している。間違いなく鱒の川である。

青森県でも津軽半島の北端に全長九キロメートルの増川川がある。これも鱒の上ることから付けられたものと考えられている。

このように、鱒の地名は山間部、急峻な山の中にあることが多く、地元の人たちが呼び習わしている場所まで探せば、鱒地名は相当な数に上ると考えられる。この魚を利用してきたのは、山間に住む人たちであった。

(五) 源流域の村々と鱒捕獲からみる生存のミニマム

川は上流域では川を覆う森が鬱閉し、餌となる有機物を供給し、上流部に住む鱒を育て続ける。中流域では森が開けて日光が河床まで届くことから藻類食者が優勢となりアユのような魚が育つ。下流域では収集食者が優勢で、上流部の栄養を受けて、多くの魚がお互いに競争しながら育つ（図11）。流域ごとの優位性を示すこのモデルから、鱒捕りにはフチ優位森林鬱閉の場所が多くあれば多いほど漁獲率の向上が期待できる。つまり、淵の続く上流域の川が水量豊かで長く続く場所こそが鱒の多く生息できる場所であることを意味する。

鱒捕り集落での聞き取りで、大きな淵にはより多くの鱒が留《とど》まり、深さのない所には鱒が留まれないことが指摘されている。大きな淵には春先溯上してきて黒くなるほど溜《た》まる場所があり、溯上限界のマスドメでは大きな鱒が産卵期まで溜まっていたものであるという。

奥三面では、樽の淵という長大な淵が集落の北側に口を開けていた。ここは垂直に切り立った崖が約五〇〇メートルも続く。幅約一〇メートル、深いところで約一〇メートルもある。ここには鱒やイワナが多く群れていた。集落の離村時四二軒の各家が、この淵を中心に平均一〇本の鱒を得ていた。つまり、四二〇本の許容量があった計算になる。もちろん鱒は鉄砲水などの増水で流されたり、支流の淵に移り棲んだりしていたが。

越後荒川最上流部の玉川では、産卵に適した支流の内川まで続く淵が鱒の留まる場所で産卵期に内川の小支流に入る鱒の多くが内川の淵に棲み続けていた。ここは集落の地先にあたる内川の所有権が特定のオモダチ（村の起源を担う旧家）・遠藤家に帰せられていたことから、集落地先の淵では鱒を捕獲できなかったが、地先を外れた上流部は村人がそれぞれ権利を分割して淵を所有し、ここで鱒捕りをしていた。

山形県赤川支流の大鳥川では、荒沢の急流域にかかる手前の大きな淵が田沢集落・倉沢集落の所有になる淵で、ここからサ

図11　鱒溯上河川の流域ごとの優位性

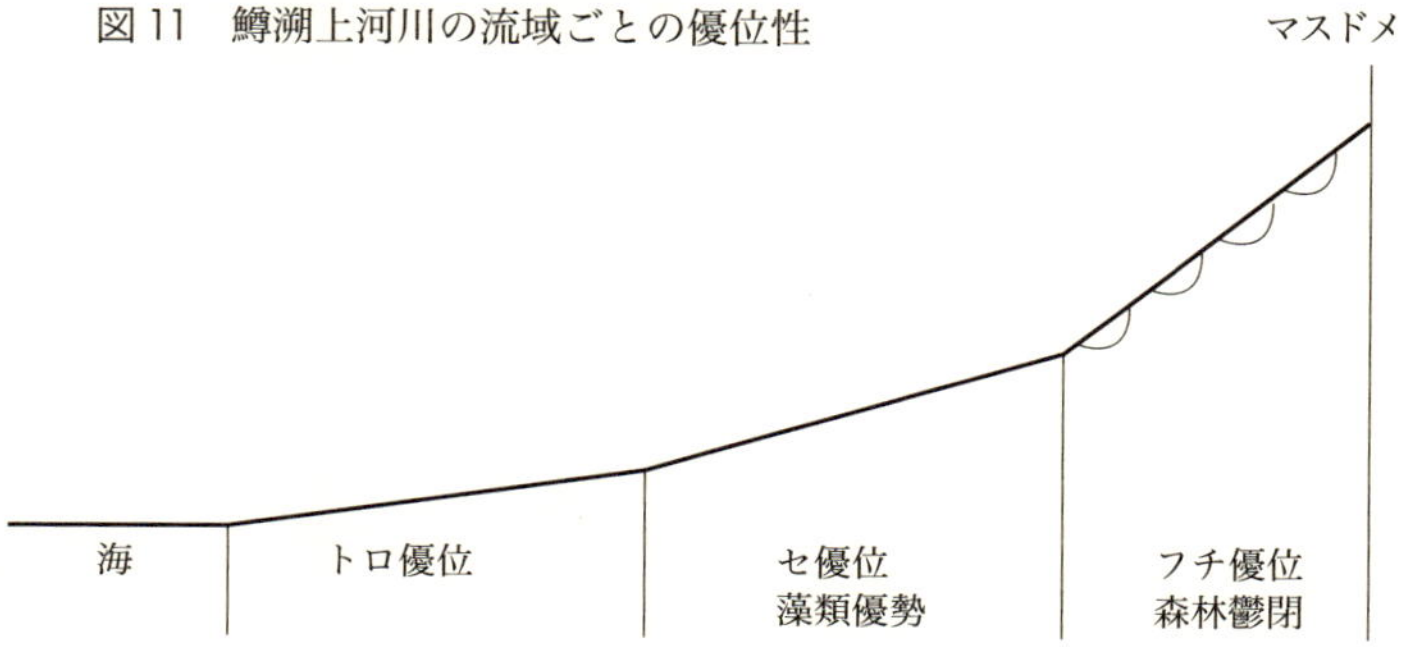

ナブリ鱒を各戸が捕っている。荒沢から上流、急流域の淵にはそれぞれに鱒が溜まっていたが、淵の規模が小さいために多くて数匹しかいないことが多かったという。村人が総出で鱒捕りのできる数十匹の溜《た》まる荒沢手前の淵こそが村の地先にある最大の漁場であった。

このように鱒は、上流域・源流域の集落に大きな恵みをもたらしていた。後背に莫大な面積の山を占有する山間の拠点集落と推測される村々は、鱒の溯上を生活の糧とする前提の上で成立してきたものであることが推測される。

鱒溯上河川、源流域の村では鱒の確保を前提とした食料採取システムをとっていたことが仮定される。このことは山間集落が依存したタンパク源が鱒を中心とした川魚である可能性が高い。哺乳動物の狩猟によってタンパク源を得るという考え方が狩猟研究で示されることがあるが、今まで検討してきたように、量から考えた場合、各戸が保持したタンパク源では、鱒の方がはるかにその量が大きい。

奥三面でのカモシカの捕獲は厳冬期一三人以上が山に入って年間二～三頭。熊は同様の組織で二～三頭。これを各戸に分配した場合、一軒の家で食べられる獣の肉は熊もカモシカも、多くて二キログラムというのが相場であった。

これに対し、アラマキ（荒巻）として確保した鱒が一〇本あれば、三〇キログラムは各家で確保できていた計算になり、獣の肉の一〇倍以上が鱒から得られる計算となる。

山間集落でのタンパク源確保では、鱒を中心とした川の恵みが最も多かったと考えて間違いない。鮨に漬け込むイワナやヤマメなどを加えた場合、タヌキやバンドリ（ムササビ）といった山人が旨い肉であると認めている獣肉の総量を軽く超えているのである。山人にとって鱒はありがたい栄養源であった。

七　鱒捕りの実際㈠

㈠　庄内、大鳥川流域の鱒捕り名人

山形県東田川郡朝日村は赤川支流の大鳥川が貫流する山間に集落が点在する。大鳥川の源流は朝日連邦の西の端にある以東岳である。直下には大鳥池があり、漫画『釣りキチ三平』（矢口高雄作）で有名になったタキタロウという巨大イワナの棲む池から大鳥川は流れ下っている。

流域は、現在最上流には大鳥集落があり、繁岡、高岡、寿岡、松ヶ崎の集落から構成されている。ここから流れを下って誉谷、その下に荒沢があり、ここに荒沢ダムができている。荒沢から東に入る支流鱒淵川沿いに鱒淵集落がある。鱒淵沢と荒沢の落合から谷は広がり大鳥川沿いに水田が展開し、集落も規模を大きくする。上田沢・下田沢は、大鳥川中流域で最も大きな集落で二〇〇軒を超す。上田沢の神社は水神を祀る河内神社である。(15) 最上流部の大鳥と田沢地区が大鳥流域の拠点集落と予想される。(16)

田沢地区から北流する大鳥川を渡った東側に四二軒の倉沢集落があり、ここに大鳥川の鱒捕り名人の亀井一郎（大正十二年生まれ）がいる。

田沢集落と倉沢集落に挟まれた大鳥川は、急流域にかかる直前の淵が連続する場所であった。ちょうど現在ダムになっている荒沢から上流は急流域である。鱒が溯上する際に溜まる絶好のポイントに集落が立地している。拠点集落は食料確保で最も地の利を得ていることが多く、鱒の捕獲ポイントは立地として適している。同様のことは大鳥集落にも当てはまる。ここから上手は枝分かれする小支流の急流域で、鱒は大鳥池手前直下の七つ滝まで溯上する間際に、大鳥集落の場所で溯上を休んだポイントとなっている。

下田沢から大鳥川下手に大針上、大針中、大針下集落が続き、支流域には大平、松沢の集落が配置されている。大鳥川は下流部に砂川、行沢、本郷の集落が立地して、梵字川との落合となり、ここから赤川となる。

大鳥川で鱒が最も大量に捕れたのは上田沢であるという伝承は、上田沢の七十歳を超えた人たちが等しく口にすることである。そして、「ここの鱒が脂がのっていて最もうまい」という。流域の松沢や鱒淵集落の古老からの聞き取りでも、最も鱒を捕っていたのは上田沢と倉沢であったという。そして、伝説の鱒捕り名人がいたことを語る。

倉沢の亀井一郎はカワウソと呼ばれた。鱒捕りがあまりにも上手なために流域の人たちが付けたあだ名だという。カワウソとは魚捕りの上手な日本カワウソからの連想であろう。彼の才能は父親譲りであると本人は言う。父から網の作り方や魚の捕り方の多くを教えてもらったというのである。その父も、流域の人々からカワウソと呼ばれたという。

鱒捕りでは鮭を捕るのと違う難しさがある。「鱒は鮭に比べて頭が良い」という伝承はここにもあり、

図12　大鳥川

鱒の習性を知悉した者のみが捕ることができた。大鳥川での鱒捕りの特徴は、集落から多くの人が出て鱒捕りをするサツキ（田植え）後の漁の外に、個人で捕り続けていた亀井のような熟達者がいたことである。朝日連峰を南に越えた奥三面も同様に集団漁と個人漁の併存したところである。

鱒は大針集落に堰堤ができてからは魚道はあってもこれを越えてくるのはごくわずかになり、ほとんどの鱒はここを越えることができず、上田沢、倉沢まで溯上しなくなってしまった。昭和三十年後半のことである。これに追い打ちをかけたのが荒沢ダムの完成で、これ以降、まったく鱒はその繁殖場所を失い、姿さえ消えていく。

鱒捕り名人、亀井の鱒捕りは投網、ヤス突き、巻き網などの漁法を鱒の習性に合わせて行なうもので、鱒の習性を知悉していなければ捕れるものではない。ここでは亀井から聞き取りできた鱒漁について、できる限り客観的な事実を記す。

(二) 鱒という魚

鱒の溯上について上流域の村々では春の訪れとして、皆が楽しみに待っていた。鱒が上ってくるとそれを知らせる人が村には必ずいた。鱒捕りの好きな人でいつも淵を見回っているのである。村の地先の淵に入ると、潜って捕るか、捕り逃がしても溯上の事実を村人に知らせた。亀井は鱒を捕って持ち帰ることで村人に鱒の溯上の事実を実物で知らせた。亀井は溯上を最も待ちこがれていた一人である。

■柳の芽が赤くなると上ってくる（川端のネコヤナギの芽が膨らみ始める時）。
■鱒には上りたい水と上りたくない水があり、雪消えの早い年でユキシロ（雪代）が早めに減っていく年は早く上り、いつまでもユキシロの続く年は鱒が上りたくない水だと言ってなかなか上ってこない。
■天気のいい日が続く年で、ユキシロ（雪解けの増水）の少ないときは鱒が上ってこないものだ。

このように、天気によるユキシロの状態と川端のネコヤナギの示す生物暦で鱒の溯上を計っていた。ユキシロは冬の積雪が多い年には長期間続くが、この水に乗って上ってくる鱒はユキシロの水自体を「上りたいか」「上りたくないか」判断するというのである。いつまでも続く年より、出水の期間・時間の幅が少ないときの方が上るというのである。

亀井が最も早く鱒を捕った年は昭和二十三年であるという。二十一年に復員して家の仕事がようやく手につき始めた頃であったという。その年はユキシロの出ない年で天気が続く年であったので、今までの言い伝えからして上ってきているとは思わなかったという。ところが、四月中頃の月夜の晩、九時頃いつも投網をうつ場所に投げ込んでみたところ三本の鱒が入り、溯上していることを知った。

倉沢の漁場は上田沢との間にある。大鳥川を取水目的で大正十二年に村人が作った堰堤の下の淵で、ここにはオオボリという名前が付いていた。村人であれば誰でもオオボリから鱒を捕ることができた。鱒の漁業権は慣例が優先し、倉沢の人たちが捕る場所では上田沢は入ってこなかったし、逆に上田沢の人たちが捕る場所には倉沢からは入らないようにしていた。

漁場の確保は、その漁場での鱒の動きを逐一観察することになる。亀井はオオボリで連日鱒を捕ったことから、次の事実を指摘する。

■鱒は夜いる場所が決まっていて、どの鱒もその場所にいる。そして、夜の間に三回場所を変える。

■淵の中で鱒がいる場所は決まっていて、必ず捕れる場所がある。

■水が多いと鱒は動くが、ユキシロでもサドイ（梅雨の増水）でも、鱒が夜じっとしている場所は変わらない。

■カジカがトメ草（夏の最終の田の草取り）で動くといわれ、このときから鱒も夏に自分のいた淵から移動する。

■春のユキシロに乗って上ってくる銀色に光る鱒を「一番上り」といった。

■ムギカリという鱒は麦を刈る頃に上ってくる鱒を指した。この頃が最も鱒の数が増えたものだ。

■サナブリ鱒といわれ、田植え後の祝いには必ず鱒を食べた。鱒を食べないとサナブリにならないといわれ、「鱒のないサナブリなし」という言葉がある。この頃は鱒が川に多くいるときで、サツキが終わると村人が誘い合って鱒捕りに精を出した。

■麦刈り頃に上ってくる一群があり、鱒の背鰭前の鱗が大きく発達していっぱい付いている。これを「二番上り」といった。「二番上り」の来る年は鱒の豊漁だった。

■夏になると腹側が赤みを帯び桜色になる。このような鱒は産卵を控えていて、腹にはスジコがいっぱい詰まっていた。

大鳥川流域ではサナブリにニシンを食べたという鱒淵集落のような例もある。上流域でこの傾向が

という。

鱒は最も旨いものといわれ、脂の乗っている鱒はサナダムシがいることはわかっていても生で食べたは、季節は夏になった。サナブリ鱒までが春鱒で、この後は夏鱒になる。「半夏まで鱒は旨い」と春強く、鶴岡から身欠きニシンが来るのがちょうどこの時期であったという。サナブリの鱒を食べた後

という。

六月三十日を過ぎると夏鱒は脂が落ち始める。ところが保存が利くのは夏鱒からで、この頃、冬に備えて盛んに皆が鱒捕りに精出したものだという。脂が強いと保存が利かないといった。

亀井の語る伝承の中で、鱒は同じ淵の中で夜三回場所を変えるというのは、投網で春鱒を捕ってきた経験から言えることだという。鱒の習性に気づいたのは投網をうつ時間を父親から教えられ、これに従いながら鱒の習性を学習したというのである。

サナブリが終わると、亀井はオオボリに連日出かけたという。網をうつ時間は「午後九時、午前〇時、午前三時」である。この時間帯であれば何本捕れるか計算できたという。そして、一日に五分ずつ遅らせた方が鱒が多く捕れることに気づいたというのである。つまり、六月中旬にサナブリが終わると、月夜の明るい日から計算して一日五分ずつ遅らせてうつことにしたという（表4）。

このやり方に行き着いたのは、時間通りに一回目二一時〇〇分、二回目〇時〇〇分、三回目三時〇〇分と投網をうった時、その網の上を走って溯上しようとするものがだんだん増えていくのに気づいてからであるという。

満月のときを九時に合わせているこの方法では、十二日で一時間を超え、一〇時まで延びることになる。しかも、水がコム（込む）と鱒が動くため時間の修正が必要になるという。このことは何を意

味するのか。亀井は月の動きより、水のコミ方の方が問題であるという。つまり、サドイ（梅雨の増水時）で順調に水が増えている分には五分ずつ遅らせるのが有効で、水が引き始めると網うちの時間を修正しなければならないのだという。

鮭捕りの人たちはコミという言葉で鮭の溯上時期を意味した。つまり、秋の時雨で三日から五日おきに川が増水するが、そのコミ水に乗って鮭が溯上して来るというのである。そして、この数字が計算されて各流域で鮭捕り衆に示されている（第三章一節参照）。

網うち時間の法則性は亀井の経験則であるというが、鮭のコミの問題と密接につながっている。そして、チシゴ（知死期）の問題ともつながってくる。

海の漁師はかつて、漁の時期で一番よい時間は、「月の入り」であると伝えていた。「月の入り」は魚が騒ぐといい、干満の入れ替わりの時期が漁の適期であるという。鮭もコミ上りといい、川水のコミするときが漁の適期といった。満月のときはゴハチ（五五八八）といい、五つ時（午後八時から一〇時）と八つ時（午前二時から四時）が漁の適期であるという（第六章四節

表4　鱒の投網をうつ時間

日	時間		
6月16日	①21：00	②0：00	③3：00
17	21：05	0：05	3：05
18	21：10	0：10	3：10
19	21：15	0：15	3：15
20	21：20	0：20	3：20
21	21：25	0：25	3：25
22	21：30	0：30	3：30
23	21：35	0：35	3：35
24	21：40	0：40	3：40

参照)。

六月中旬の満月から数えていく漁の適期は海でいう月の運行から割り出す知死期の表と重なるのである。亀井の計算は午前〇時を除いて、午後九時と午前三時がすっぽりはまる計算になる。海では月が欠けていくことから干満の差が激しくなり魚の動きが活発になる。この動きと鱒の動きが山深い大鳥川の中で重なるとは考えにくいが、なんらかの関係があったと考えたくなる事例である。鱒の生理的問題ではあっても、なんらかの法則性が認められれば、それを探って鱒を捕るのがカワウソと呼ばれた人々の姿であったのだろう。

いずれにしても、海では月の運行がもたらす干満によって水が動くのであり、川でも月の運行との関係は直接なくても、水のコミ具合にある一定の法則性を感じていた鱒捕りの人々がいたことだけは強調しなければならない。

亀井はサナブリ後から盆まで鱒捕りをした後は、絶対に川を荒らさなかったという。父親の代からの言い伝えで、「盆を過ぎたら鱒は捕るな」と言われ続けてきたという。それを忠実に守ったものであるとも言う。実際、鱒捕りは六月中旬から八月中旬までの二カ月間の勝負であった。

「盆過ぎに鱒を捕るものではない」との伝承は、この谷に広く伝わっている。産卵のために小支流に上っていくからだという。産卵を阻害してはならないからだというのである。

奥三面では九月の祭りに鱒を食べることになっており、この時期まで捕っていたが、この後は冬の食料、正月の年取魚として荒巻にして保存した。

大鳥流域では、やはり年取魚は鱒である。この鱒は、盆までに保存したものを使った。各家が自分で捕った鱒で正月を迎えていたのである。

鱒は産卵を終えるとここで死を迎えるものが多い。かつては秋のキノコ取りに行くと鱒が川岸を流れていったものであるという。このような鱒をヨリキ（寄木）と言った。ホッチャレのことである。亀井はこのような鱒は拾わなかったというが、拾って味噌漬けにしていた人たちもあった。貴重な冬の食料である。

㈢ 大鳥川の鱒の漁法

集団漁は各集落の人たちがサナブリ鱒を捕るために水鏡（大鳥ではカガミ）と鉤で引っかけて捕った。鉤は参加者全員が持ち、一つの淵で一人が石を投げて鱒を騒がせる。鱒は激しく動き回る。このとき、岸にいる人たちが鉤を入れて当たる鱒を引っかけたのである。それほど鱒は多くいたもので、うじゃうじゃしていたと語られている。

田植えはイイ（結い）で全集落が一斉に労働力を出しあってするため、各家の人たちがサツキ終了後、一斉にサナブリ鱒を確保するのは、村内では当然のことと見なされ、仮に一緒に鱒捕りに出かけられなくても、必ず鱒を届けたという。鱒捕りの参加者は、捕った鱒をすべて平等に分配した。

集団漁はサナブリ鱒と盆鱒である。盆の御馳走に鱒がなければならないということはなかったという。ただ、人が集まったりするときに、とっておきの魚として鱒を出す家があったのである。大鳥川流域では、盆だから生臭ものは出さないと語る人が多い。むしろ、「鱒捕りは盆まで」の俚諺が強く、最後の楽しみとして連れ立って淵に潜りながら鱒捕りをする楽しみはあった。このときに捕った鱒が盆鱒である。

個人漁は亀井のような鱒捕り名人がいたのであるが、亀井も気の合う仲間（隣近所）四人と組を作って、農作業の休み日や夏の休みには、下は大針から上は大鳥池の直下・七つ滝のイヲドメの滝まで鱒を捕り歩いた。

この漁法は投網と巻き網、そしてヤスである。四人は淵を見ると鱒のいる場所がわかる。「投網は波を見てうて」といわれ、川岸に立ったとき、波が引いていく所、寄せてくる所、穏やかになる所とうつ場所は異なる。投網はカラムシの繊維で自分で作った。四人が一つの淵で網投げするときは鱒のいる場所を判断し、そこに一斉にうった。

▪鱒捕りはジャミジャミ波にうつ。

▪淵の泡を見れば鱒がいるかどうかわかる。下が淀んで上が泡立っているところがよい。

▪アワサブというのは一の泡、二の泡が立っている淵で、一の泡をよい泡とし、二の泡を悪い泡とすることを言い、一の泡の判断で鱒がいるかどうか判断した。

淵の上部が泡立つような水流の場所の下に鱒がいた。投網を思い切り広げてジャミジャミ波にうち、水流に載せたまま引いて来る。一つの淵で四人が一斉に網打ちをするのである。

鱒の多く溜まっている大きな淵では、下流を巻き網で締め切ってから網をうった。この場合、投網ではとても捕りきれない鱒を捕るため、ヤスを持って水鏡をつけたまま淵を鱒と一緒に流れて突きもした。ヤスは先端が離頭する銛で、一本ヤスと二本ヤスがあった。

夏、四人組は大鳥川流域ではほとんどの淵に潜った経験があり、梵字川の淵まで行ったことがあるという。淵にはすべて名前が付いていた。

下——マツネシタブチ、ナシノブチ、ノナカ、サドブチ、タキ、ヤナギ、ミョウケンサマ、ナシノキ、フタゴ、ガニブチ、オッツケ、ワンダ、ウラバシ、フケブチ、ハツデブチ、イッポンマツ、ナガトロ、粟滝

上——ウルブシ、カケブチ、クロイワ、トウゲ、ヘビゴウラ、ヤマゴウ、バンニャ、ハシノシタ、クラシタ、タカネ、オオトリ

巻き網と投網を組み合わせた漁では、鱒の多くいる淵全体を網で囲い、周りを絞りながら、面積を縮めていって、鱒の集まっているところに投網をうった。

図13のように淵に合わせて、巻き網なども組み合わせて、最大の漁獲率（単位時間当たりの漁獲量）が得られるようにしている。

ここで問題になるのは、投網をうつ順序性である。これによって鱒の獲れ高に大きな違いが出てくる。

鱒捕りは下流の淵から順に上流へと上っていくのが鉄則で、上流部で鱒捕りをすると下流部の鱒は一斉に下ってしまう。「淵は下から攻めろ」といわれる所以である。四人は淵に着くと下からそっと配置につき、最も鱒がいる場所（その淵によって鱒がどの場所にいるか決まっていた）に亀井が入る。投網四人で攻める場合は、ジャミジャミ波のたつ場所が淵への水流の落ち口であれば、ここに鱒が溜まっていると判断できる。人①は亀井である。最初にここをうつと、次に深みの人④がうち、逃げ始め

た鱒を狙って人②と人③が一斉にうつ。投網は広く開いて水面に落下してから、ゆっくりと流れに任せながら口が窄まってゆくのが理想で、流れに任せながら引き揚げるものであるという。投網をうつ時間のずれはなるべくない方がよいという。四人ともこの動作をすることになるために、狭い淵では網が絡む。網をうつのは一斉にするのが理想的であったと亀井は語る。時間をずらすと鱒はすばしっこくて投網の上を走ることがあるという。漁獲率を上げるためにはなるべく広い面積を短時間に占有する漁法が有効であることは、ここでも言えることである。

淵を巻き網で巻いて鱒が逃げないようにした場合は、鱒はすでに激しく動き回り、網の中から飛び出そうとする動きを示す。そこで、巻き網を狭めると同時に岸にいる二人のうち手は一斉に投網をうつのである。この方法は漁場の占有面積を予め狭めておく方法によって漁獲率を上げるものである。投網二つの面積だけでその淵の鱒が捕れるのであるから、漁獲効率は高い。

図13　淵ごとの漁における投網と巻き網

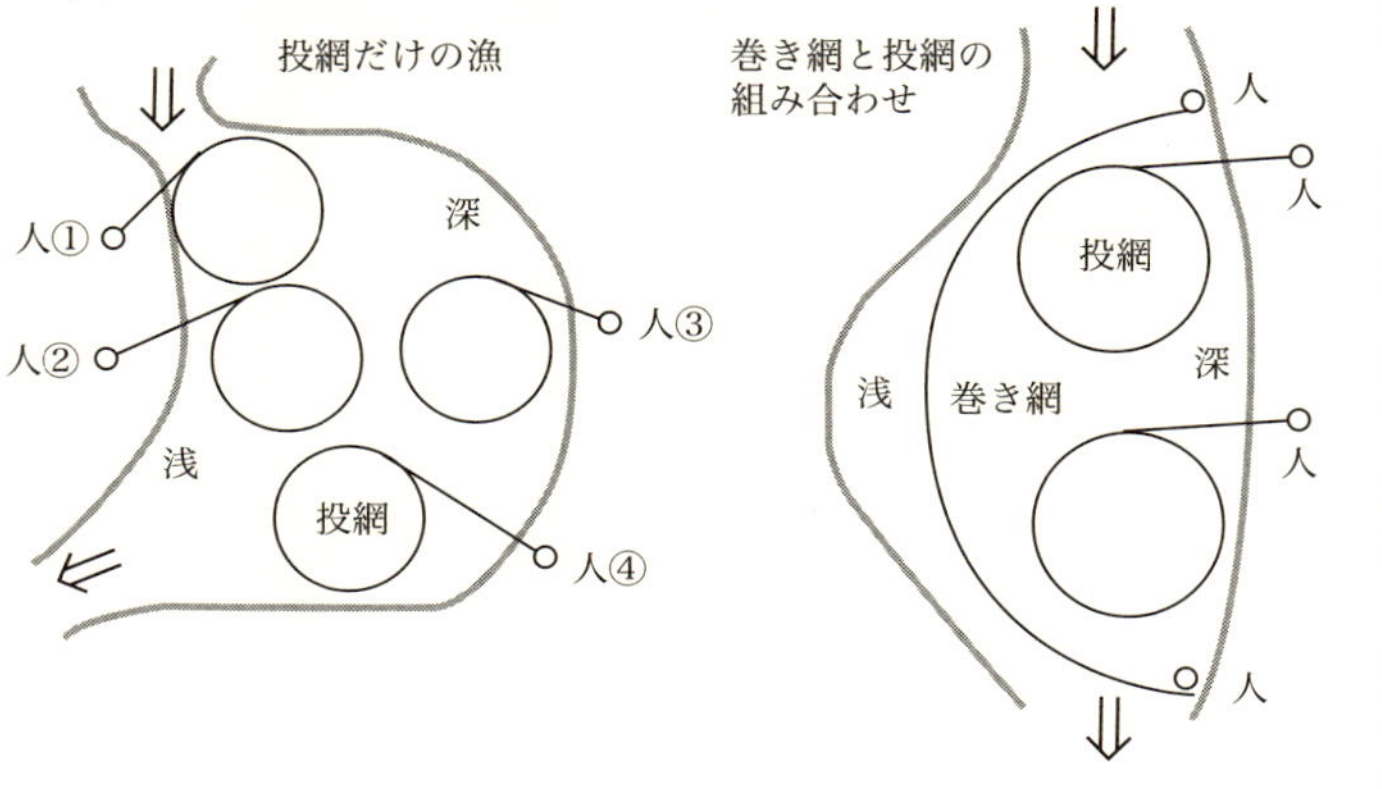

亀井は、淵で鱒を捕るときは四人が一斉に投網を投げるのが理想であることを述べていた。この問題は、最適採捕モデル（図14）として考えると、投網を投げる際に時間のずれがある場合にはCの線で描かれるように漁獲量が減少していく。それに対し、ずれが少なければBのようにより多くが捕れる。理想的な漁法は淵全体を一度にかぶせ、淵にいる鱒の量A全部を捕ることである。

巻き網を使う漁は、この面積を調節することができる優れた方法であるが、鱒という魚はとても頭がよくて、巻き網の底辺部、沈子の間にあくわずかな隙間を潜って逃げるものであるという。しかも、投網をうたれてもこの網に絡まってくるものはまれで、多くは網に沿って走っているために、引き揚げてからもしっかり網の口を塞がなければならないという。

■鱒は網をうっても刺し網をしても、アバ（浮き）の間を抜けて逃げる。

図14　淵にいる鱒を投網で捕る最適採捕モデル

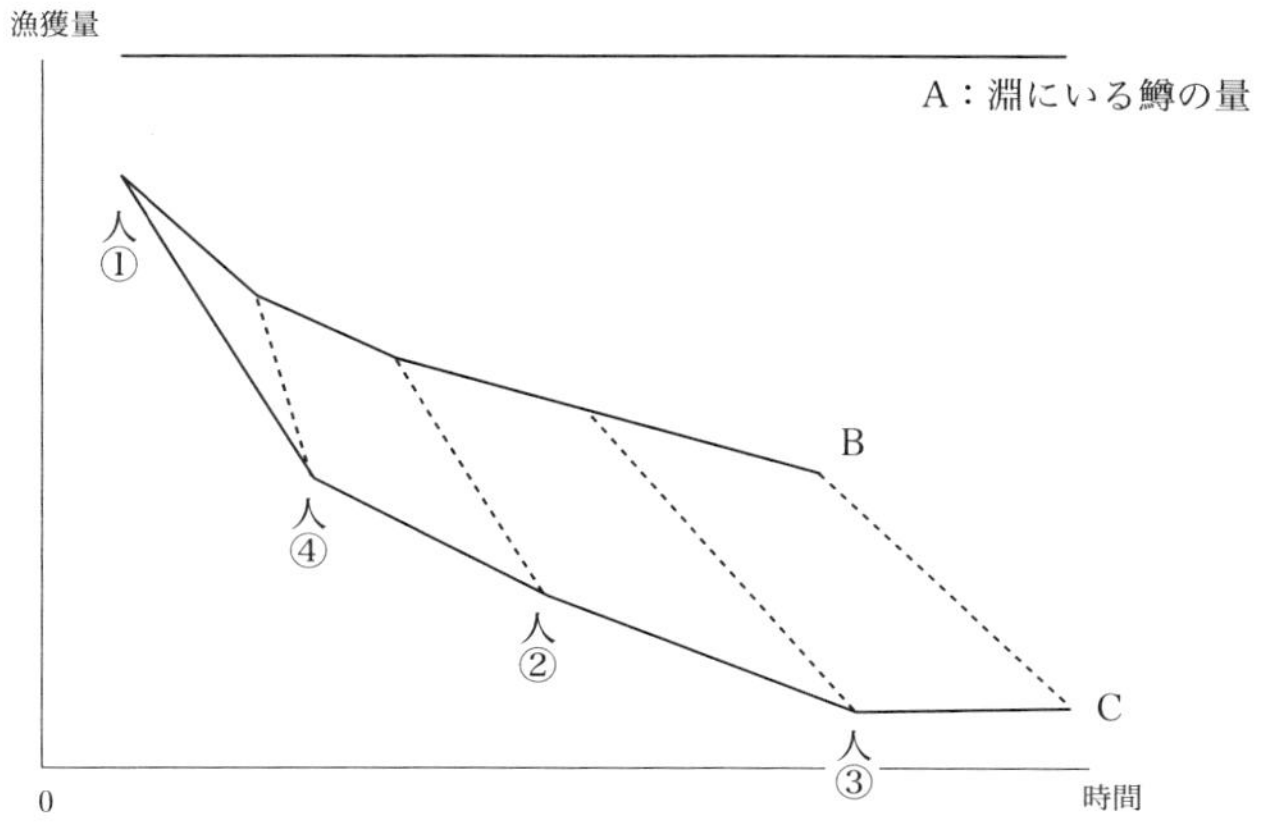

■投網をうっても鱒の鼻先が網に懸からないと捕れたとは言えなかった。
■大きい鱒は比較的おとなしい。

鱒は棒で叩くようなことはしないで、腹部鰓のつけ根を両手で強く押して殺したという。

投網さえうてれば誰でも鱒を取れるように考えがちであるが、各淵は鱒の居場所が決まっているために、そこを見つけ出してこの面積に広く網うちできる熟練が必要であった。亀井はその熟練者であったために大鳥川沿いの鱒捕りとして一目置かれたのである。集落の人に祝い事などがあって鱒を必要とするときは、亀井の家に頼みに来たという。青年会の総会、飲み会などでも、彼が鱒を調達する係を任されていたという。兵隊に行くとき、祝いの席に必要な鱒を集落の人から頼まれて捕った。

亀井が夜一人でする個人漁は、先に記したようによほどの増水でない限り、毎晩集落前の堰堤下・オオボリで行なった。夜網をうつことをヨグリといい、月の明かりでヨグリをした。家からオオボリまではカンテラを照らしながら行くが、手前で火を消し、そっと淵の岸に立つ。

サナブリ明けから毎晩行くのであるが、オオボリの中を一晩に三回動くといわれる鱒のいる場所は、時間ごとにすべて頭に入っていた。午後九時、午前〇時、午前三時の三回が、網うちの時間であった。

■ヨグリは波を見て網をうつ。
■波には三種類あり、ヒキ（引いていく波）、ヨセ（寄せてくる波）、ヤスミ（穏やかで波がない状態）で網のうちかたが変わる。ヒキでは波に載せるように投網を開き、ヨセではできる限り鱒のいるポイントを含めた遠くまで網を開く。こうすると寄せてくる波に網がのって鱒と一緒に入ってくる。一番難しいのはヤスミである。このときは鱒のいる場所に向けてうつだけであった。

㈣　大鳥流域の村と鱒

大鳥川が鱒生息に適した川であることは以前から側聞していた。そして、川の状態から考えて、最上流の大鳥周辺が最も生息数が多く、漁獲に対する伝承も広いと考えていたのであるが、実際には上田沢、倉沢での鱒の捕獲数や伝承が優越していた。これから山間部の急流域にかかるという場所が鱒の留まる所であった。

亀井は捕った鱒の量を一夏に平均七〇から八〇本と述べている。これだけの量をどのように保存したかというと、高さ一尺ほどの半切《はんぎり》（楕円形の底を持つ桶で上に蓋がはまるもの）に捕ってきた鱒を塩漬けにする。大きい鱒では七〇〇匁（二・六キロ）もあった。

腹を開くと、多くは卵のつながっている赤いスジコ（筋子）を持っているという。スジコは笹の葉三枚に片腹を縦に載せて、笹で塞いだ後、笹の両端と中央を藁で縛って桶に漬ける。笹の葉にくるまれたスジコに塩をふりながら重ねていき、一段漬けると笹の葉で覆う。中心部に笹の付け根がくるように桶の中央部から円形に敷き詰めていき、この上に塩をふって、また笹の葉にくるんだスジコを重ねていく。これを何段も漬けていくのである。

鰓のつけ根から切り込みを入れて鱒の片身を腹側から開き、塩漬けにしていく。大きい鱒は三枚におろして漬け込んでいった。四斗樽に三つも漬け込んでおいた。

大鳥川流域の村では塩漬けの鱒は正月の年取魚、そして正月の御馳走として使われたが、亀井は春のニシンが来るまでは魚と言えば鱒を食べていたという。春のニシンも鶴岡の商人が持ってくるようになったのが戦後のことであったという。それまではすべて鱒が行事の食材であった。

鱒は鮨にも漬け込まれた。塩を戻して蒸した御飯と麹を混ぜて漬け込んだ。正月の御馳走である。アユの鮨も作ったが、これも大量に漬け込んで冬の魚とした。倉沢や上田沢の家々ではどこも冬用に鮨を作っていて、保存食として食べていた。

鱒は雌ばかりだという伝承が各地にあるが、雌は確かに多いが、雄もしっかりいるという。ヤマメが鱒の雄であるとの伝承はここにもあるが、亀井は盆過ぎに鱒を捕らなかったことからヤマメを捕ったという。そしてヤマメには雄も雌もいると断言していた。

カワウソと呼ばれる鱒捕り名人を輩出したのは、急流の谷が一気に広がったところにある倉沢、上田沢の村人であった。この村々に豊かな鱒の伝承が残っているのに対し、上田沢、倉沢から上流部支流、鱒淵沢に入って約三キロの斜面にある鱒淵集落には、意外なことにこのような伝承が残っていない。

この谷の鱒に関する調査では、鱒淵の村を最も楽しみにしていたのであるが、支流域の鱒淵は、産卵場であって、鱒は上ってくるものの、春から夏にかけて倉沢、上田沢のような遡上数はなかった。水量の少ない川であることによるものと考えられる。ただ、佐藤武夫（大正十二年生まれ）によると、鱒淵沢はナガノ淵という大きな淵を持ち、カミノフチ、ナカノフチ、シモノフチとわかれていたという。この奥にイヌドメの滝があり、ここまで鱒が産卵に来たという話は聞いていたという。そして、この鱒淵沢は自分たちの地先であることからカジカやイワナを捕っていたが、鱒については権利を有する川ではないという。つまり、鱒は本流の村（大鳥川流域の村）のものであったという。太平洋戦争後、シベリア抑留から復員してきたときには、すでに鱒は捕れないものとなっていたというのである。

鱒淵村が分離型集落で本流域の上田沢村（拠点集落）のようなところから分村したことにより、母村の権利の中で大切な鱒の権利を譲られなかったことが考えられる。この点については、鱒淵集落一一軒の生業と信仰のつながりを見ていくことで明らかにできると考えている。

鱒淵村は東流する鱒淵沢の南向き斜面に集落が点在している。焼畑のソバ作りと一軒三反歩くらいのわずかな水田がある。生業は春の山菜採りから始まるが、全戸がゼンマイ採りに精を出して、現金収入としていた。鱒淵沢は奥深い沢に鱒淵村しかないため、一つの村で沢水の出る範囲をテリトリーとすることができた。ゼンマイは干すと一割まで目減りする。良いゼンマイほどこの歩留まりが高く、一割で留まるのは奥山の太いゼンマイであったという。ゼンマイのワタは布団に入れたり、子供の鞠を作ったりした。現在、村では高齢化が進み、減反も手伝って元の水田部にゼンマイを植えて、遠くまで行かなくてもすむようにしている。そして、ギョウジャニンニクの栽培で現金収入を得ている。

戦後の仕事は官山を払い下げてもらって、炭焼をした。夏も冬も山で炭を焼いた。上田沢の農協から鶴岡に出荷したものであるが、シロウズミ（白炭）はブナとナラの木を切って焼いたが、炭焼窯で焼くため、山に泊まり込んだ。山はその年ごとに決められた面積だけ切ることにして、五〇から七〇年サイクルで元の山に戻るように村で計画した。こうすれば、山は再び元の姿に戻るものであった。ところが、戦後の炭焼では、営林署が杉を植えたため、現在は落葉広葉樹の森の中に不自然な杉木立ができている。ちょうど戦後六〇年たつ今頃が杉の木の伐採できるときであるが、杉の値段が下がり続けているため、伐れないという。

ここでのサツキ（田植え）は、一一軒がそれぞれ労力を出し合ってイイして棚田にサツキをした。サツキが終わると、サナブリとなるが、サナブリ鱒の伝承はここにはない。鶴岡から入るイワシか、身欠きニシンがサナブリ魚だった。サナブリ魚として鱒を捕ったことは伝承の範囲でもないという。この時期の鱒は、この沢まで入らなかったのである。本流を上をめざして上っていく時期で、鱒淵沢に入るのは秋の産卵期であった。

サナブリの御馳走は身欠きニシンとウドの煮付けで、旨いものであったという。この村に魚が入るのは、鶴岡からイサバの商人が入るサツキのときが最初であった。

鱒淵村の土地利用では、各家の権利となる栗山が平均一町歩あり、盆過ぎに栗林の下草を刈って秋に落ちる栗を拾った。栗は拾うと水に漬けて虫を出し、乾燥させてから砂に埋めて保存するスナグリにした。各家、栗だけで冬の糧飯《かてめし》はあったといい、稲収穫後・出荷後の自家用の米の糧《かて》にして食べ続けた。

栗は大木となっていて、二本あれば拾う栗の量は一年分に達したという。つまり、村ができたときから、栗の林は各家が最低限の食料を確保する場所として保持していたことがわかる。しかも分家を制限しているところから、鱒淵村の山のテリトリーは一一軒を養うことのできる許容量があったことがわかってくる。

鱒淵村の鎮守は山神である。八月十六日が祭りであった。盆の精霊送りの日である。各家では盆の精霊棚に藁馬などを添えて、鱒淵川に流した。この日の祭りは上田沢からタユサマ（太夫様）が来た。

太夫様とされる人は、下田沢村の鎮守・河内神社も管理する還俗した宗教者で、家は洋服屋である。盆の行事と一緒になっているのであるから、御馳走を食べたと思われるが、鱒は一切食材としなかったという。盆過ぎに鱒捕りに出る人もいなかったという。盆が過ぎれば、皆山仕事の多忙な時期を迎えることになり、炭窯の修理や製作に入ったのである。

上田沢の太夫様が来るのは、もう一度二月半ばにあった。水神様である。全戸の主が村の公民館に集まり、太夫様から御幣を切ってもらい、祈ってもらってからナオライとなった。この会での御馳走にも鱒は出なかった。水神の祭りを二月に行なうことについて特別な伝承はないというが、雪消えの近い時期であり、塞がれていた川（水）が迸り出始める時期であることは注目に値する。南に隣接する新潟県岩船地方は十二月十五日が水神様の日であり、この日を境に川（水）が塞がれるとするカワフタギの意味合いが強く、三月二十一日のマジナイモチを流して川を開けるとする考え方が強く残っている。これに従えば、水神様の日は川（水）を開けるカワビラキであったと考えられる。この地のカワフタギは十二月末のエビス様の日であった可能性が高い。

鱒を食べなければならないとしていたのは年取と正月だけであったという。このときばかりは鱒を年取魚にした。佐藤の記憶の範囲では、父親が正月のために鱒を捕ってきて保存したことはあったというが、自分は商店から鱒を買った。

つまり、本流域と支流域の村では、鱒に対する意識に大きな違いがあり、本流域で行なっているサナブリ鱒のような事例は、支流域の村では行なっていない。同様の事例は奥三面でも見られ、サナブリ鱒はやはり奥三面にはない。この時期、まだ上ってこなかったというのである。谷の状況によっては、海から三〇キロ程度でも、到着できなかったのである。

谷筋での共通項は年取魚としての鱒で、ここだけは大鳥の谷筋に共通する。そして、奥三面も鱒を年取魚としていた。

信濃川上流部の十日町市でも、年取魚に鱒という家が多く、信濃川上流部でもこのような傾向が見られる。

つまり、鱒の溯上圏は、鱒を大切な魚として扱い、年取魚にしたかつての姿があったのではないか。二月末の水神様の日は、大鳥川流域にとってはこれから春を迎え、川を開いて鱒を呼び込む時期に当たり、新潟県岩船地方ではマジナイモチで川を開いた。

倉沢の亀井も鱒淵の佐藤も、十二月末のエビス様の日の伝承について、次のように語っている。十二月の末、鮭のオオスケが下る。その時「鮭のオオスケ今下る」という声が聞こえる。この声を聞いた者は死ぬので、聞かないよう、各家で餅を搗いて耳を塞いだ。

この伝承は、鮭のオオスケ伝承の中でも特異なもので、「今下る」というフレーズが付いているのは、大鳥川と赤川だけである（第五章一節）。

これについて、野本寛一はカワフタギであろうとの見方をしている[18]が、おそらくその通りであろう。亀井はこの話の後に、「秋に産卵した子が下がることを意味」したと述べており、昔の人は皆そういったと、教えてくれている。この事実は、盆過ぎに鱒を捕るものではないという伝承とつながり、秋の鱒の産卵を踏まえた語りである可能性がある。つまり、大鳥川では鮭でなく鱒でこの話を伝えていたのである。鱒は鮭より早く産卵し、翌年の夏までに川を下る個体と残る個体がわかれ、雌の多くが川を下るという。ここでの水神の祭りは春の兆しが出てきた時期である。早めに川を開くことで鱒の稚魚が川を下っていけるようにしたのではなかったか。

亀井は鱒を捕ってくるたびに、大きな皿に鱒を載せてエビス棚に上げたことを語っている。鱒は海から来るエビスでもあった。

㈤　大鳥川流域の鱒と生存のミニマム

大鳥川本流域の各村の家々では、サナブリ鱒と年取魚の鱒の二本は最低限確保していた。支流域の村では、年取魚の鱒を最低一本は確保していた。

各家では、鱒のないサナブリとならないよう、自分で捕れなければ捕った人から個人的に融通してもらって鱒を食べている。倉沢集落四二軒の人たちは、各家最低二本消費した。亀井が年間七〇〜八〇本で、その仲間が五〇本。したがって個人漁で二七〇本＋各家で四二本で、倉沢集落だけで三一二本を確保している。上田沢でも各家の消費分が最低二本で二〇〇軒の村であるから、四〇〇本は最低限確保していた。

鱒が留まる下田沢、倉沢集落では、最低でも七〇〇本を越える鱒が年間に捕られているが、漁場は集落の地先でわずか五〇〇メートルほどの長さしかない。鱒が溯上を休む場所は、流域最大の漁場として位置づけられる。このようなところは必然的に拠点集落となっている。

個人漁で鱒捕りの得意な人たちは、鱒の習性を知悉し、漁法をこれに合わせて採捕を繰り返し、年中、鱒を食べることができた。

漁法は個人でも集団でも最高の漁獲率を上げる方法が伝統的に残されてきており、最適採捕モデルとして、獲物（鱒）の分布を習性から導き、高い効率の漁法を駆使して捕っていた。伝承されている漁法は、その技術的背景が魚の習性から来たものが多く、残された道具の全体像が因果的に説明できるものである。

昭和三十年代まで大鳥川で自然産卵孵化した鱒が、最大の漁場で七〇〇本捕れていたことは、溯上数と回帰数の関係（第四章五節参照、溯上数が回帰数と同じであれば数は減らない）から、この川で鱒の数が減っていく傾向はなかった。最低でも一四〇〇本は溯上している計算になる。莫大な数値となる可能性が高い。このように川の本流域に村を作ることは、川の恵みを受けやすく、生業の幅も広がるのである。

八　鱒捕りの実際㈡

㈠　子吉川流域、鱒の溯上

山形県と秋田県境に屹立する鳥海山は信仰の山として、物部氏にともなう大物忌神社が祀られている。海路をたどる船乗りには沖から見える目印として、漁業者には山当ての目印として恵みを与え続けてきた。鳥海山南麓、遊佐は中世遊佐氏の出所として知られている。豊かな伏流水の湧き出す裾野は稲作の適地で、歴史的な兵站地でもあった。

山麓は火山活動で作られた谷や玄武岩の大岩が散在し、急峻な斜面や溶岩流の堰き止めた湿原が広がる山腹など、変化に富んだ山容を形作っている。鳥海山は日本海からの水蒸気を屏風のように引きつけて、多量の雨や雪を留めている。これが豊かな伏流水を育み、北麓は子吉川に注ぐ多くの支流が形作られ、南麓は月光川、日向川に注ぐ支流が山麓から流れ下る。

鳥海山から流れ下る細流には、豊かな伏流水をめざして鮭・鱒が集まった。南麓では月光川河口部に合流する牛渡川、洗沢川、枡川から、内陸日向川上流の支流まで、鱒の溯上がある。北麓子吉川に合流する多くの細支流では現在も鱒が溯上する。

ところが、かつての溯上鱒の数たるや現在では想像もつかないほど莫大なものであることを聞き取り調査で教えられた。

秋田本荘市で日本海に注ぐ子吉川は、鳥海山に向かって溯上していく鱒の通り道で、下流部から上流部に向けて、鮎川、荒沢と鱒が好んで上る支流や沢があったという。

由利郡矢島町の佐藤貞二郎（昭和五年生まれ）は鱒捕り名人として流域の人々に知られているが、矢島町周辺で最も鱒が上った川として鮎川と荒沢を挙げている。佐藤は昭和三十三年まで荒沢上流の熊ノ子沢集落で生活していたが、営林署に職を得て矢島町内に降りてきた。営林署の仕事で鳥海山北麓を見続けてきたのであるが、故郷で身につけた鱒捕りと狩猟は、今も続けている。

彼の鱒捕り漁法はヤス（四本と三本）である。ヤスの大きさは穂先の幅八センチ×長さ一五センチの刃を持ち、柄の長さが一八〇センチある。刃の穂先は四本ともアギが付き、使いすぎて刃の三本を入れ替えたものを現有している（図15）。

荒沢は字のごとく荒れた沢で熊ノ子沢集落近辺では幅二メートルほどしかないが、勾配が急でいたる所に淵が連続している。ここが鱒の溜《た》まり場で、春三月頃からすこしずつ上り始めた鱒は六月の田植え（サツキ）時には、上から黒い影の姿が見えるほど数を増していたという。

荒沢のマスドメは最上流部の集落、柴倉の上手にある、コガ淵であった。コガとは大人一人が入れるくらいの桶のことで、淵の形がコガの形をしていたことから付いた名称である。ここより上に溯上できない鱒が黒く溜《た》まっていたという。「鳥海山三合目まで鱒は上る」という言葉があり、鮎川

写真15　鱒捕りのヤス（佐藤貞二郎）

では三合目の伏流水の湧き口まで鱒が上って産卵していたという。

■高くまで溯上していく鱒は形は小さいが元気なものであった。イワナを大きくしたくらいのものもいた。

■すこしでも泥が混じるところでは産卵しない。

鮎川の上流部、鳥海山三合目にあたる村杉には森林が鬱閉した沼地や蛇行する川がかたまっていたという。鱒は湿原にコイが棲むようにうじゃうじゃしていたという。ところがここでは鱒の産卵が一切見られなかったという。産卵時期には水がちょろちょろでもある小沢の砂利のあるところまで上って産卵したという。泥のたつ場所は産卵場にならないのである。

佐藤貞二郎は秋、鱒の産卵にともなう鱒の習性と、溯上直後の春先から夏まで過ごす淵での鱒の行動を知悉しており、最適な漁場を移動しながら確実に鱒を捕る名人であった。年間二〇〇本は下らなかったと語る。

「鱒の顔も見たくない」とは聞き取り調査で隣にいた奥さんで、毎日鱒ばかり食べていて、たまには他の魚の味が恋しかったという。今の感覚からすれば高級な鱒を毎日食べ続けた希有な伝承者なのだろうが、熊ノ子沢では各家がおかずといえば鱒の煮付けという、佐藤と同様の状態であったというから、鱒の数たるや想像を超えた溯上があったのである。

ここでの正月の年取魚は鱒ではない。赤魚（タイ、カナガシラなど）で正月を迎えるものであったという。そして、鱒を鮨にすることもなく、正月の鮨はハタハタと決まっていたというのである。鱒溯上圏の山奥の集落では、鱒を年取魚にする例が多いのであるが、ここではありふれた魚すぎて鱒の

図 16　鮭石（秋田県矢島町）

価値が高くないのである。しかも秋田県ではごくありふれたハタハタを正月の御馳走としている。金を払って購入する魚だったからであろう。

矢島町の縄文遺跡から出た一抱えもある大石で、鮭石と呼ばれる魚の線刻画のある出土品があることは序章「考古学と鮭・鱒」で述べたとおりである。出土遺物はいずれも縄文時代の地層から出土し、遺構と判明していることから年代は縄文時代である。ただ線刻を見た人が鮭と解釈できるような魚はない。デフォルメしすぎているため魚であることがわかるだけである。荒沢近辺の縄文遺跡からの出土であり、荒沢に群れていた魚を描いたことは容易に想像がつく。現在四点の出土品は町の資料館にある（図16）。

出土地点は、針ヶ岡、根城、前杉、大谷地の四集落地内の縄文遺跡であるが、針ヶ岡は荒沢が勾配をまして急流域にはいるところにあり、大谷地は上流域に立地している。根城、前杉は子吉川に近い。これだけ近い地点で全国的にもきわめてまれな四点の魚の線刻画があることはなんらかの考古学的説明を必要とする。私は、魚は鮭ではなく鱒やヤマメ、イワナ、ウグイなど、この川に群れていた魚を描いたものであろうと考えている。鮭は子吉川で盛んに産卵していて、荒沢の上流部まではこなかったという。

(二) 最適漁場の確保と最適漁法

荒沢での鱒捕りは、川乾し、棒叩き、手づかみ、ヤスと原初的漁法ばかりである。これは荒沢の漁場が、深さ二メートルを超えるような淵を形成しにくい、勾配の急な荒れ川であったことが関係している。鉤を使うほどの深さがなく、網を巻くだけの広い漁場が形成されず、増水のたびに石が上から流れ込むような漁場変化の激しい川であった。

鱒は早いものは春三月末には上ってきた。ところが、集落の人たちが一斉に捕り始めるのは、六月のサツキが終わってからであった。サナブリに鱒を食べることを楽しみに、田植えが終わると、各家では鱒捕りに出かけた。熊ノ子沢では集団漁として皆で出かけるのは夏の盆に源流のコガ淵のマスドメで鱒を捕るときに連れ立っていくことがあったくらいで、いつもは各家の兄弟などが一緒にヤス突きに精を出したものであるという。基本は個人漁である。

▪鱒は春先溯上してくると、気に入った淵ごとに入り、秋の産卵までここから動かない。熊ノ子沢では、地先の荒沢で夏まで鱒捕りを続ける。各淵は、それぞれ所有者を決めることもなく、誰でも鱒を捕りたければ捕ることが許されていたというが、それぞれに得意の淵があり、一度鱒を捕った淵ではその家の者たちの漁場になることが多かったという。というのも、鱒は淵に棲み着くと、いる場所が決まっていて、いつ行っても必ずそこにいたものであると語られている。所有が発生したのである。

▪鱒はエゴ（川底の岩穴）でも岩下でも、一つの淵の中では居場所が決まっていて、いつ行ってもその場所にいた。特に夜はカンテラを下げていくと、同じ場所にいるため、ヤスを突くポイントは、いつも同じ場所から同じ角度で突いて捕った。

▪エゴに鱒が入っているかどうかは昼に淵を見て、エゴの入口が泥や枯れ葉が溜まらずにきれいになっているときはここに入っていることがわかる。入っていることを確認すると、昼間は「手づかみ」で捕った。

■手づかみ漁は父親から技術を教えられた。両手の平を上に向けて、そっとエゴに手を入れ、鱒の腹を下から軽く持ち上げる。鱒は腹に触れられることは嫌いではなくじっとしている。このとき鰓のつけ根をぐっと絞めると簡単に捕れた。

■鱒を捕った淵は、そのまま二、三日おくと次の鱒が上ってきて入っていた。

■盆に手づかみで鱒捕りをした際、荒沢を下から一つずつ淵を攻めていって一日に最高八本捕ったことがある。

鱒は、最初に上ってきたものが上流をめざして、各淵を占有していき、そこに空きができると、下で溯上を待っている鱒がそこに入ってくるというのである。そして、同じ場所で秋の産卵期まで生息するという。つまり、いつも鱒が捕れる淵には、いつも鱒が入っているという状態なのである。溯上を待つ鱒は、子吉川の大きな淵に溜《た》まっていたものであるという。荒沢の子吉川落合には曲淵と呼ばれる巨大な淵があり、現在は地名としても残されている。

佐藤は、兄の太一郎とともに、春から夏の盆までに平均四〇本ずつ捕っていたというが、その鱒は荒沢の集落地先で捕ったもので、下流の針ヶ岡もやはり同じように集落の地先で鱒捕りをし、上流部の大谷地でもやはり地先の川で鱒捕りをしていた。

荒沢の流域には落合の矢島から上手に、荒沢、針ヶ岡、熊ノ子沢、濁川、柴倉の集落が、そして支流には大谷地の集落があり、それらの人々を支えるだけの鱒の数があったということになる。

図17 子吉川支流荒沢

各集落が鱒捕りを始めるのは田植えが終わったときであるのが共通している。サナブリ鱒という言葉はここにはないが、サナブリが川に入る日、口開けとしてあったと考えられる。ところが、川を開くことも閉めることも伝承としては残っていないのである。

そして、鱒捕りの好きな人の中に、熊ノ子沢の女性がいて、夕方になると自分がねらいをつけているいつもの淵で、カンテラを下げてヤスで鱒を突いていたという。鱒はどの家でもサナブリ後、毎日の食卓に上っていたという。二四軒あった熊ノ子沢集落を養うだけの鱒の総量があった。

佐藤の伝承の中に、鱒を保存した話がまったくないのが気になった。佐藤の妻は、毎日のように夫が捕ってくる鱒を毎日捌いて食べていたと語っている。鮨を作らなかったか聞くと、作ればいいし、その気になればできたのに、作らなかったというのである。塩で保存することはやっていた。捕りすぎたときには、背中から割って内臓を取り、塩に漬けて保存したという。それにしても冬のために取っておくということはしなかったというのである。

漁期は手づかみ漁が昼。手づかみで逃げられても、鱒は夕方にはまた同じ所に戻ってくる。ヤス突きの漁期は日が沈んで薄暗くなってくるチクラミ（遠くのものが見えなくなるくらい）の頃が最上で、カンテラを下げていくと、いつもの場所にじっとしていた。ヤス突きは、カンテラの光を頼りに、岸辺の真上から下ろすのが鉄則である。柄の長いヤスは各家にあり、岸上から突くために、柄は一間以上の長さのものが多かった。一晩に四〜五本捕ることもあった。サナブリから盆前までの鱒捕り最適漁場は、集落近くの各自の淵であった。

盆には、集落の人たちの楽しみとして、川狩りをした。盆の生臭ものに対する禁忌は十三日だけで、盆休みには各家で、皆が出て鱒をはじめとして魚捕りをした。この頃、川乾し漁法も実施している。川乾しはここではカワドメと呼ばれ、二股にわかれた片側を閉めきり、ここにいた魚を捕るもので、鱒、アユ、ヤマメ、イワナなどが捕れたという。ここでのカワドメの方法は手が込んでいて、干した反対側の流れを一週間も持続させ、ここに魚が棲みつくのを待って、干した川との合流部下部を草でサシバにして魚が下らない施設を作り、上流の分流部を草堰で止める。今度は流れが最初に干した川に流れると、草堰とサシバの間に大量の魚が残されていたという。そして今まで干していた流れを一週間持続させれば、また魚が大量に棲みついて獲物となった。

マスドメのコガ淵で鱒捕りをしたのも盆である。ふだん、村の若者が連れ立っていくことがない鱒捕りに、このときだけは数人で行って溜まっている鱒を捕った。

夏の漁は地先から徐々に上がりながら鱒に限らないあらゆる魚を捕って歩いたことに特徴がある。渇水期であるために、川の流れを操作する漁法ができた。

原初的な漁法に棒叩きというのがあった。鱒捕りにはいつも鱒を叩く棒を準備しているのが常で、ヤス突きにしろ手づかみにしろ、鱒が暴れると困るので、捕獲した際には長さ一メートルのタタキ棒をいつも持っていて、これで鱒を叩いた。棒は鉈で拵えるのであるが、川端の柳などを切って木刀のようにして持って歩いたという。

佐藤は、初めて行く淵などでは、鱒がいつもいる場所がわからない。そこでこの棒を鱒のいる淵の水面に向かって思いっきり叩くのである。鱒は振動に驚いて飛び出すことがあるという。そしてこのタタキ棒で鱒を叩いて捕るのである。

「鱒は鮭と違って棒で叩かれると一撃で死ぬ。どこを叩いても同じである」とは佐藤の言葉である。鱒タタキ棒は必需品であったという。営林署の仕事で初めて行く鳥海山の小支流などでは、まずタタキ棒を鉈で作って、淵を見て回ったものであるという。

(三) 鱒の産卵行動と最適採捕行動

鱒の産卵に関して、佐藤は次のような伝承を述べている。

■鱒の産卵は二百十日を基準に、山奥から始まり、二百二十日頃下流で終わる。産卵行動に合わせて佐藤は上流部の鱒から下流部まで、産卵鱒を捕り歩いた。

■鱒は二百十日前になると騒ぎ出す。淵の中に雄と雌が連れ立って騒ぐようになると、産卵期が来たことがわかるという。特にヤマメと連れだって動く雌もいる。

■鱒は鳥海山の奥から産卵してくる。上流部で昼間に連れ立って騒ぐ鱒の姿を淵で見つけると、この淵に流れ込む小支流を観察したという。小支流に泥が混じらず小石の散乱するところにホリバがあれば、産卵行動が始まったことがわかる。

■鱒の産卵は夕方暗くなる頃始まる。カンテラに火を灯して、山を登ってホリバのある場所に出かける。ここで産卵しているかどうか判断できる鱒の行動があるという。

■小支流に泳ぎ上りながら、そのままの姿勢でじっと流れに任せて、頭を上流に向けたまま下ってくる行動が繰り返し見られれば産卵が始まる。

■尾が白くなっているものは産卵をしている。

このような観察によって、産卵が始まると判断すると、岸でヤスを構えたまま、じっと待つ。鱒は動くものには敏感に反応するが、じっとしているものには構わないという。鱒がホリバを中心に上ったり、流れのまま下ってくるのをじっと待ち、バックして戻ってくるところ、ホリバに入る場所でヤスを首根を目がけて突き下ろす。

産卵鱒は腹が熟していることから、ヤスで突くと腹から卵が飛び出すことが多く、すぐにこれを止めるために、近くの葉を丸めて尻に差し込んだ。尻鰭が白くなって産卵が完全に終わったものは、ホッツアレといって、捨ててきたという。「この時期の鱒で旨いのはスジコの卵ばかりで身は捨てた」とも語っていた。鱒のスジコが獲れすぎた年には塩漬けにした。

佐藤の鱒捕りの行動は産卵鱒の最適な時期が、標高の高いところから始まることを熟知した上で、経験則の二百十日前後を睨ん

表5　子吉川での鱒の最適漁場

熊ノ子沢から	漁期	最適採捕行動
海抜 450m 最上流部	二百十日 9月初め〜4日頃	産卵行動が始まると同時に山奥まで出かけて鱒突き
海抜 300m 熊ノ子沢集落周辺	9月5日頃〜10日頃	産卵時期に従って下りながら地先で鱒突き
海抜 100m 子吉川落ち合い	9月10日〜彼岸頃まで 二百二十日	下流部に出かけて鱒を突く ※子吉川の本流では、8月31日頃から産卵している群れもいて，ここで捕る

で、上流部から徐々に下りながら落ち合いまで鱒捕りをしたものである。

最適漁場を確保した上で、最適採捕を駆使する行動は、当然のように漁獲率も高く、産卵期に捕った鱒の量が最も多かったと述べているのである。漁場を求めて出歩くようになるのは、確実に捕れるという確信があったことと、スジコの価値の高さが影響していることが考えられる。

鱒の産卵は朝方にも行なわれるというが、人が身を隠す暗さが必要なこの漁法では、朝の採捕はしなかった。荒沢では川の口開けも、川を塞ぐカワフタギの日の設定も出てこなかった。鱒の持続的繁殖には、産卵期の朝から日中にかけて鱒捕りの行動がないことが大きな原因ではなかろうか。ヤス突きという原初的な漁法だけで十分な漁獲があることから、これ以上の漁獲をめざす漁法を産卵期に入れなかったことが鱒の持続的溯上につながったと考えるのである。

(四) 荒沢の鱒捕りと生存のミニマム

荒沢の鱒捕りはきわめて原初的な漁法のみで成立していた。これには、淵が浅く急流であるという漁場の性格があった。そして、溯上の時期によって、漁法を変える柔軟な対処法がみられた。

特筆すべきは、産卵鱒のヤス突きでは、最適採捕の場所を海抜の高いところから徐々に、鱒の産卵時期に合わせて下ろしてくることである。漁獲率の高い産卵鱒と、山の上から本流の落合まで漁場を拡大して鱒を捕り続けるという方法で、漁獲を拡大していった。

サナブリの増水時、鱒捕りは夕方のヤス突きを淵で行なうだけの個人漁で、漁獲は十分であった。

これには、集団漁が必要でないほど、漁場が狭く（川幅が狭い）、鱒捕りは容易であった。漁場の拡大が、産卵時期に行なわれたのは、産卵鱒の習性がわかることで、確実に漁獲が期待できるからで、最適採捕のパッチであるホリバが漁場となったからである。

このように、最適漁場の確保と採捕の時期が嚙み合えば、漁獲率は飛躍的に向上する。

九　鱒捕りの実際㈢

㈠　破間川源流域での鱒捕り

信濃川支流の魚野川は上信越の豪雪地帯の雪解け水を集めて川口町で信濃川に注いでいる。魚野川とは魚（ウオ・イヲ）の多い川が語源といわれるほど豊かな魚を育む河川であった。イヲノカワは鮭の川という意味でもあるとされている。

この魚野川の支流に破間川《あぶるま》がある。この川もイワナ・ヤマメの宝庫として知られる。奥只見との境に屹立する浅草岳（海抜一五八五メートル）、守門岳（海抜一五三八メートル）を結ぶ稜線から流れ下り、小出町で魚野川と合流する。全長四六キロメートル、最上流の入広瀬村は登山の拠点としてまた最近は山菜王国として名乗りを上げている。浅草岳の深い谷には真夏でも雪渓が残り、破間川の水量は豊かで、戦前から電源開発が進んだ。この豊かな水に乗って鱒が盛んに溯上した。ところが昭和十五・

十六年の柿の木ダム・大倉沢ダム建設によって溯上は完全に止められた。ダム建設は戦後も続き、四カ所にも作られ、鱒の溯上は遠い昔語りとなってしまった。

聞き取り調査は困難であったが、幸い昭和五十二年に佐久間惇一らが新潟県教育委員会の委嘱で調査に入っており、そのときの調査記録を個人的に譲り受けていたため、筆者の追加調査と合わせて、実態を記すことが可能となった。

この地の鱒捕りが関係者の間で有名となった契機は、入広瀬村大白川新田の住安孝三郎氏所蔵の「捕鱒之図」の存在が大きい。明治四年大白川新田の庄屋が大栃山の庄屋とともに絵師に描かせて柏崎県知事（新潟県に統一されるまでの柏崎県）に贈呈したものである。この絵図の原画は現在入広瀬村教育委員会が保管している。

絵図と解説には破間川の鱒捕りの状態が実によく描かれている。そして、明治二十八年農商務省水産局が全国の漁法を集大成した『日本水産捕採誌』にも載せられている（絵図はなし）。当時の全国調査を集成した水産局が鱒捕りについての情報を確認していたのである（図18）。「越後地方にて使用する鱒鉤」の見出しで次のように記されている。(19)

越後国北魚沼郡破間川の源流黒又川又は平石川等にて鱒を捕るに淵潜瀬潜と称する漁法あり。之を為すに亦鉤を以て主用の器となすものにして、其捕法頗る奇なり。其漁場は河中巌石乱点し水其間を流れ或は奔湍となり或は碧譚を為せる処にして、炎暑の候十四五名乃至二十人夥伴を結んで為すものなり。其淵瀬は各自右手に鉤を持ち左手に石を抱き、両岸又は河中に露はるる岩石の

図 18 「破間川捕鱒之図」

上に足場を見定め、二名若くは三四名づつ並立して各気息を調へ、然る後深さ一丈乃至三丈四五尺の水底へ一斉に潜へ、各其体を斜めに構へて或は其鉤を岩に突き当て或は二人相対して其鉤を突き合せ或は又其後より鉤を出す等の方法あり。此時別に上流より一人小礫を把て下流に投下す。是に於て群れる鱒は狼狽して逃れんとするも、或は人体に遮られ或は岩石に障へられ進退維谷まりて鉤上に泳ぎ来たるとき忽然其鉤を翻して之を懸け、或は水底の岩窟に潜入せる鱒の腹部を探り鉤を其陰処に挿入して引出し捕獲するなり。瀬潜は水渦旋転白沫飛騰の所に於てするものにして其方法大略淵潜に同じと雖とも、但た之を行ふ処は激流なるが為め水勢に押流され自由に遊泳し難きを以て水勢の淀める岩間の側に其鉤を差当て以て鱒の遡り来るものを捕獲するものなり。然れとも此の漁事は専ら職業として為すにあらず、畢竟農間の遊漁にして獲る所も甚だ少なし

『日本水産捕採誌』の上記の文章は、絵図の説明が元になっている。おそらく、絵図につけた解説がそのまま『水産捕採誌』で採用されたものと考えられる。

(二)　鱒鉤漁法の有効性

破間川最上流部の漁業権が確立したのは明治四十一年であったという。隣同士の大白川集落と大栃山集落が、源流域の支流、平石川も黒又川も含めた漁業権を柿ノ木から上流で分割して占有し、他集落のものが入ることはできないようになった。川の権利を特定の集落が保持できるのは、流域での拠

点集落であったからと考えることができる。大白川新田が大白川から分村しても、ここでの漁業権は大白川のものなのである。

漁法は鱒鉤が優先している。鉤の使用は川の状態、漁期によって多くのバリエーションを持つ。

■オキ鉤――二股になった枝の又の部分を鉤の背に縛り付ける。鉤は上を向けておき、鱒の産卵期にホリバに置く。ここに産卵の鱒が入ってきて腹部に触ると同時に引いて鱒を捕る。股になった枝の大きさは全長六〇～一二〇センチあり、鉤は上下二連のものと一つのものがあり、鉤の柄の長さは五〇センチ程度であった。この鉤の後ろは折り曲げて紐を通している。ホリバの状態によって紐の長さを調節した。

破間川での鱒の産卵は、十月中旬であるという。第五節で記した鳥海山麓荒沢の鱒から遅れること一カ月半である。溯上も遅く、平石川や黒又川に黒くなるほど群れるのはサツキ（田植え）が終了してからであったという。「サツキが終われば夏」との伝承は新潟県各地同様ここにもある。越後の山間部では春鱒を捕ることはなく、夏鱒採捕が多かった。特に海から遠く離れた魚沼郡の源流域まで鱒が溯上することの不思議を地元の人たちも感じていたものと考えられる。産卵が遅れるのは、溯上してきた鱒が源流域で餌を捕って卵を成熟させるのにかかる時間の長さと考えられる。

鱒の産卵には河床が砂地で小石がごろごろ堆積している場所が適地であるとの伝承はここにもある。鱒はオガ（雄）とメナ（雌）が河床を掘って三個の石を置いてそこに産卵し、細かい石で覆うという。ホリバにオキ鉤を設置するときは、上流に鉤の刃を向けて沈めるのがこつであるという。鱒はホリバに上流からバックして入ってくる。つまり、このようにしておけば鉤の刃に鱒は気がつかないで捕られてしまうのである。

■テ鉤――手の握り部分が四〇センチの木の柄になっていて、この先に鉄の鉤棒が五〇センチほどの長さで取り付けてある。柄の尻には鉄の環がつけてあり、ここから四〇センチの紐が延びている。紐の端はやはり輪にしてあり、中指に懸けるようになっていた。水中で鱒を引っかけた場合、握っている鉤の柄の部分を離し、狂ったように逃げまどう鱒をそのまま弱るまで泳がせておく。中指に付いている紐は鱒が動き回っても捻れないように、柄の環が回転した。

前記の淵潜《ふちもぐ》りはこの鉤を使った漁法である。大栃山の大島寅太郎（故人）によると、夏の集団漁で、集落の仲間と行なったという。盆休みには二〇～三〇人の若者が連れだって鱒捕りをした。淵を網で巻いてこの中に鱒を閉じこめる。網の両端を保持したまま、淵の上流側と下流側から同時に潜って鉤で捕る。一日に巻ける淵は二つくらいであったが、一つの淵で五〇～一〇〇尾捕ったという。捕れた鱒の分配はすべて平等である。盆の集団漁だけで一軒当たり一〇本の鱒が手に入るものであったという（図19）。

下流部、守門村三淵沢にはタロ（樽）淵と呼ばれ、深さ三三尋ともいわれる深く大きな淵があった。この淵には次のような伝説がある。

守門村大倉沢の御家は俵藤太の子孫といわれている。この家には美しい娘がいた。娘の元には凛々しい若者が夜な夜な通ってきた。不審に思った家人が若者の着物の裾に糸をつけて後を追ってみるとコッパの館（カッパの館）に続いていた。その館は立派な建物で、ほどなく娘はこの館に嫁いでいった。それからというもの、毎年鱒が一本ずつ御家に届けられた。ところが玄関に鉄の鉤を吊しておいたところ、それからは来なくなった。

この伝説の舞台は、大倉沢の樽淵にあるコッパ岩で、淵に住むカッパが甲羅干しした場所といわれている。この淵の奥には「蛇の穴」という水中洞窟がある。この淵の主の棲処ともいわれていた。鱒は水の精と考えられていたのであろう。

蛇の穴が鱒の溜《た》まる場所で、ここまで潜っていって手鉤で鱒をかぎ捕るのである。水圧で耳が痛んだという。

鉤かけに失敗しても、一度傷ついた鱒はカギッパズレといって流れてくるため、下流で鱒捕りについて行った年少のものが拾った。

■ノシツケ——全長九二センチ、柄の長さ

図19 「破間川捕鱒之図」。テ鉤を持ち石を抱いて沈む

一八センチで、テ鉤同様三〇センチの紐が付いていた。夏鱒を捕り始めた際、溯上してくる鱒が、瀬に付いていて、自分の夏中棲む淵が決まらないものがいる。また、人が淵に近づくと、そこに棲み始めていた鱒はいったん瀬に出て、波がたってジャミジャミした所に下る習性があるという。このような鱒を年少の者たちが、年長者の指示で石を投げ込みながら、皆が潜る狩り場の淵まで追い込む。このとき、ノシツケという長い鉤を持つ年長者が、鱒に見つからないよう左手に一〇キログラムもある石を抱いたまま岩陰にこっそり沈んで、鉤の刃を上にして待つ。追われた鱒がこの鉤の上を通るとき、一気に引っかける。この際、鱒の通り道に狭い河床の場所があればしめたもので、ここの底に鉤を仕掛けて待つ。

■ツム鉤――鉤の刃が二〇センチほどで外れる構造になっている。柄をもって鱒を鉤に引っかけるが、この際、鉤の部分だけが離れて鱒に付いていく。鉤には紐が付いていて、紐で遊ばせて弱ったところを手元に引くことで採捕した。この鉤は離頭の鉤である。魚体を痛めないので、商品として地元の旅館に売る場合などにこの方法で捕ったものを渡した。

この鉤は、頭部だけあれば山で木の枝から柄をつくることが可能である。山仕事の際に持っていき、淵で鱒を見つけると柄を拵えて鉤に付け、淵に潜ったものであるという。ノスットカギといった。後に述べるように、止め川でこっそり密漁する際にはこの鉤が使われたことから、盗人の名前が付いたものだという。

このように鉤漁法は、人の背が立たないような深い淵の連続する、水量の多い河川源流部で優越する漁法である。ヤスはここでも小支流の産卵鱒採捕に使用されているが、夏に集団漁として、あるいは個人漁で淵に潜って捕る際には鉤が最も有効な漁具である。投網の使用例もあるが、大鳥川より水量が多く、淵が深い場合はテ鉤が最も確実なものであった。

(三)　最適採捕の漁場と時期

破間川最上流部の集落、大白川新田から四キロ入った場所に大日と呼ばれる場所がある。ここから上流部はトメガワ（止め川）だった。

トメガワとは、期間と場所を区切って鱒捕りを制限することである。場所は前記の通りであるが、期間（産卵鱒の終漁期から翌年の半夏まで）を区切ったのは破間川全流域であったともいわれている。トメガワの期間を決めたのは、持続的に鱒捕りをしてきた大白川や大栃山の集落の人々で、彼らは未来永劫にわたって鱒が溯上してくることを願って川漁を制限し、村の慣例的な決まりをつくっていた。禁漁区のはしりである。決まりの一つにカギオロシの日があった。その日は次のようになっていた。

- 半夏（七月二日頃）
- 盆（八月十一日）
- 秋彼岸の川の口開け（九月十一日）

カギオロシの日とは、村中で集団漁が許される日を指している。それには理由付けがきっちりとなされている。

半夏はサナブリ鱒の採捕の時期である。田植えが終了して、ハルコ（春蚕）が上がる時期である。

このときは村中総出となり、大白川の人たちは五味沢上流で鱒捕りをした。一つの淵では、瀬に変わる手前で、男衆が鉤を持って潜り、ここから下ろうとする鱒を捕る。子供たちや女衆は勢子となって淵の上流部から石を投げて鱒を騒がせる。一斉に下る鱒は、淵の出口で鉤に懸けられて捕られてしまうのである。

このカワガリは集落の楽しみとして続けられてきたもので、捕った鱒以外の魚（ヤマメやイワナ）は川原で焚いた火で焙り、石焼きにして楽しんだ。石焼きは平らな石を火で焙って熱を加え、魚をこの上に置いて焼くものであるが、味噌を魚の周りに巡らして焼いたりするため、香ばしい香りが立ちこめ、最上の料理であったと語られている。

鱒は全員平等に分割する。ただ捕った人に、エビス鰭が与えられたという。ついていった子供たちにも平等に鱒は分配された。この鱒がサナブリ鱒である。各家では、サナブリ祝いの鱒として食したのである。

このときの鱒はノボリマスと呼ばれる溯上してきて間もない鱒で、漁場は各淵である。鱒がまだ自分の棲む淵を見つけようとする頃の落ち着かない時期であることから、勢子に追われ瀬に飛び出すという動作が見られるのである。

次のカギオロシは盆の八月十一日である。盆が来る前に魚を確保することが目的であったといい、生臭ものを嫌う先祖祭りの日の御馳走として鱒が位置づけられていた。十二日は山の神の日で、この日は山や川を荒らすことが厳しく禁止されていた。盆は、農閑期の休みの時期として、山間の集落ではどこでも集団で魚捕りをする所が多い。暑い盛りに皆で鱒捕りに行くのは、盆の御馳走確保だけの目的かどうか、今後の検討が必要である。漁場は流域で最も大きく深いタロ淵のような淵で、棲みついた鱒を捕る。産卵期までそこに棲むことになる安定した鱒を捕ることから、集団で潜って鉤で捕ることが行なわれた。

九月十一日からのカギオロシは秋の彼岸である。村の祭礼の日であり、このための御馳走として鱒捕りが許されたのである。しかも、この時期は上流部の産卵が始まる時期に当たり、採捕の比較的容易な期間であった。この時期の鱒は、産卵のために脂が落ちてくる。このように脂の落ちてきたものが保存が利くのである。年取の鱒となった理由である。捕ってくると腹を出して筋子や白子を分け、次に背中から割って背骨の内側に付いている背わたをしっかり取る。ここが取れていないと保存が利かない。次に鰓を完全に除き、腹と背、外側に塩をたっぷりすり込んで栃の葉を巻き薦に包んで上下を紐で縛り、縁の下に板を敷いて保存した。この鱒が十二月三十一日には取り出され、年取魚として切り身にされ、歳徳神の前にエビス鰭が飾られたのである。この保存方法は実に理にかなっていて、奥三面の鱒の荒巻と同じ原理で保存されている。巻く栃の葉は、山の木の中で最も面積の大きい部類に入る。しかも、塩を吸い込まない性質を持っているという。「朴の葉でくるむのはだめか」という私の質問に、朴の葉は塩を吸ってしまうという。

秋祭りに鱒を食べるのは奥三面とこの大白川で共通する。奥三面の場合はノボリの魚といって、家運がますますノボルように鱒を食べると語られているが、大白川でも鱒が秋祭りの御馳走と語り、十二日は山の神の日なので避け、十一日に捕るという。この期間を最後に、破間川は再びトメガワとなる。

したがって正味三日間のみの川の口開け（カギオロシ）しかないことになる。この決まりは、村での集団漁を指していて、個人漁は黙認であったという。つまり、トメガワとは公の決まりであったことになる。

産卵期に鱒捕りをすることは資源の持続的存続につながらないと考えがちであるが、ホリバでの産卵を促進した上で捕獲する分には問題はなかった。特にこの時期の鱒の捕獲率は高く、保存にまわす量の確保が必要であった。

鱒は鮨としても保存された。秋に捕った鱒を背開きにして、身を塩漬けにする。鱒の切り身が桶に溜まると口径一尺の桶に鱒を漬け替える。粳米の飯を炊き麹とよく混ぜる。これを冷えないうちに桶に入れ、塩漬けした鱒を洗って御飯の上に載せる。これを交互に繰り返して最後に笹の葉を中心から敷き詰め、扇の骨のように巻いて上部を塞いでいく。最後に蓋をして重しを置く。

米の発酵にともなって水が蓋の上まで上がってくる。一寸の水の上がりが理想的といわれた。この水が雑菌の入るのを防ぎ、鮨が漬かったことを意味した。

大白川では鱒鮨をオオヨノズシといい、イワナズシをコヨノズシといった。オオヨノズシもコヨノズシも正月の御馳走で、三カ月もの保存食料となった。

鱒が食料の中で占める位置は大きかった。そのことは、前記のようにカギオロシの時期を決めて、特定の時期に食べる鱒をムラギメとして伝承していることであり、冬の食料として、産卵鱒を使っていることである。三回のカギオロシは、村としては絶対に認めなければならない最低限の採捕であった。

一〇　産卵鱒と生存のミニマム

貞享二（一六八五）年「会津郡伊北和泉田組風俗帳」に阿賀野川最上流部只見川、伊南川での鱒捕りの記録がある。(20)

一　秋鱒彼岸之内子を産ミ候節、夜どおしあミニて取申候、昼はやすニて突、置かきにて取申候、右之品々は年取肴ニ心掛申迄に御座候

一　秋鱒は川筋ニて勝手次第ニ取申候、……秋鱒をそ割と申ニ仕候、尾ひれ之能ヲそ割りニ仕、火棚にて干、毎年御台所御用ニ付差上申候

この記録のように、破間川を会津に越えた山間部でも同じように産卵鱒を捕っていて、保存し、冬の食料としていたことがわかる。年取魚としても産卵鱒が使われたことがわかる。

冬の保存に向けた捕獲は、産卵鱒を中心としていたのである。そのことは大鳥川、荒沢、破間川、そして只見川と山間集落で共通するのである。

産卵期の鱒捕りは脂の落ちた状態で保存にまわすことを考えたもので、捕獲率の高い時期の資源濫獲につながりやすい。しかし、冬の貯蔵食料のための採捕として必要であった。

そして、漁法ではホリバを漁場とすることから、その漁場と、産卵鱒の習性に特化した漁法が捕獲

率の向上の面からあみ出されていた。ヤスや鉤がそれにあたり、原初的ではあるが、最も確実な方法として機能していた。

最適漁期に適した最適の漁法が組み合わされて捕獲が進められていたことも指摘できる。

■産卵期――ヤスや鉤による漁

■溯上期――水深が最も大きい場所では潜り漁の鉤、比較的浅い場所では投網やヤス

産卵鱒の採捕は大白川のようにムラギメによって決められ、集団漁で保障されていたケースと、漁期や漁法、漁場に制限を設けず自由に個人漁を保障した荒沢のようなケースがある。いずれも保存食料としての位置づけには変わりなく、人々の生存の維持のために機能していた。

注

序章

(1) 鮭の溯上に関する水温、溯上速度、鮭の摂食行動、稚魚の行動など、「水産試験場報告」には、漁業者からの聞き取りを検証していく実験があり、伝承を水産研究に生かしている。民間伝承が水産研究の動機であった事実は、漁業者のしっかりした観察眼を再認識させる。

(2) 明治期の水産行政は漁業制度の整備として漁業法を制定し、漁業生産の振興として優良技術を全国から渉猟した。そのきっかけとなったのが各水産博覧会などである。彩色された絵図で細かく描かれた漁法や加工品の説明図は、今も説明する力を失っていない。

(3) 函館市立函館図書館蔵

(4) 農商務省水産局編纂（一九一〇）『日本水産捕採誌』（復刻＝岩崎美術社、一九八三）

(5) 農商務省水産講習所・松原新之助（一九一二）『日本鮭鱒養殖誌』

(6) 古川古松軒（一七八八）『東遊雑記』平凡社東洋文庫（一九六四）、四四頁。東北地方から蝦夷地までの紀行文で、巡検使に随行していることから、予め定められた場所を見ていたことが推測される。

(7) 菅江真澄（一七八九）『菅江真澄遊覧記』平凡社東洋文庫（一九六五）。

(8) 近世史の小林真人学芸課長（北海道開拓記念館）私信。

(9) 松浦武四郎（一八四五）『東西蝦夷山川地理取調日誌』北海道出版企画センター（一九八二）。松浦武四郎を顕彰する会があり、ここから全著作が刊行されている。その中では、アイヌの人々への温かい目と、和人の鮭を根こそぎにする方法への批判が描かれている。鮭・鱒についての記述は、ふだんの食料として描かれるなど、アイヌの生活の中での位置づけがわかるものとなっている。
(10) 榎森進（一九九四）「松浦武四郎」、『日本史大事典』平凡社
(11) 鈴木牧之（一八三六－四二）『北越雪譜』岩波文庫（一九三六）。伝承記録として天保年間まで溯りうる資料として、価値は高い。
(12) 柳田國男は、『利根川図志』（赤松宗旦（一九三八）岩波文庫）の解題に、「兄の家に世話になって最初に読んだ本がこれであった」と述べている。
(13) 福田アジオ（一九九八）『講座日本の民俗学1　民俗学の方法』雄山閣、一〇七頁
(14) 山内清男（一九六四）「日本先史時代概説」、『日本原始美術』第一巻、講談社。同（一九六九）「縄文時代研究の現段階」、『日本と世界の歴史』第一巻、学習研究社。「サケ・マス論」批判は渡辺誠から提出された（渡辺誠（一九六七）「日本石器時代　文化研究におけるサケ・マス論の問題点」、『古代文化』第一八巻二号）。その後、四柳嘉章が石川県の鮭・鱒統計資料で数量を扱う動きに発展していった。
(15) 高山純（一九七四）「サケ・マスと縄文人」、『季刊人類学』五巻一号や、四柳嘉章（一九七六）「サケ・マス論の基盤について」、『考古学研究』二三巻二号などが詳しいデータを扱っている。このような動きは、アイヌ社会での鮭の捕り方というナワバリを考慮した研究にまで進んでいく（渡辺仁（一九六三）「アイヌのナワバリとしての鮭の産卵区域」、『民族学ノート　岡正雄教授還暦記念論文集』平凡社）。その後、瀬川拓郎（一九九八）「干鮭と丸木舟」、『時の絆』で上川アイヌの干鮭の流通を産卵場とコタンの立地の関係で説いている。また、瀬川拓郎（二〇〇五）「アイヌのサケ加工と製品の移出に関する基礎的研究」、「アイヌ関連総合研究助成事業報告」第四号。
(16) 野本寛一（一九九三）「サケ・マスをめぐる民俗構造」、『民俗文化』一一号、近畿大学民俗学研究所。「始原生業民俗論」として、鱒の調査を山間部で進めた。その結果、源流域までへの溯上、盆の魚としての位置づけなどを解明している。佐々木長生（一九九七）「只見川上流域における鱒漁について」、『民具研究』第一一五号。赤羽正春（一九九九）「三面川の河川の変化と民俗」、『日本民俗学』二二〇号
(17) 知里真志保（一九七三）「アイヌの鮭漁」、『知里真志保著作集』三、平凡社

(18) 山田秀三（一九八二・八三）『アイヌ語地名の研究』一〜四、草風館

(19) 更科源蔵（一九八二）『アイヌの民俗』上・下、みやま書房。更科源蔵・光（一九七六）『コタン生物記Ⅱ』法政大学出版局などで、アイヌの貴重な食料、鮭・鱒を生活全般との関わりの中で記録している価値の高い著述である。

(20) 犬飼哲夫（一九五五）「アイヌの鮭漁に於ける祭事」、『北方文化研究報告』第九輯、北海道大学北方文化研究所

(21) 赤羽正春（二〇〇一）「アムール川の川舟と日本の舟」、『「もの」・「モノ」・「物」の世界――新たな日本文化論』雄山閣。同（二〇〇一）「アムール・サハリン・北海道をたどる丸木舟の流れ」、『東北学』五、作品社。

(22) 岩本由輝（一九七七）『南部鼻曲り鮭』日本経済評論社。大場喜代司（一九九一）「しきたりが守った三面川の鮭」、『現代農業』九月臨時増刊、農文協。鈴木鉀三（一九七七）『三面川の鮭の歴史』村上郷土研究グループ。三面川については鈴木の研究書の資料的価値が高い。これ以上の史料は今のところ出ていない。

(23) 松下高・高山謙治（一九四二）『鮭鱒聚苑』水産社。鮭・鱒に関して、日本の伝承・文書記録、北洋漁業など、水産史として、また鮭・鱒民俗研究としてまとめられた内容は縦横・細部にわたっている。

(24) 武藤鉄城（一九四〇）『秋田郡邑魚譚』アチック・ミューゼアム（復刻＝一九九〇、無明舎）

(25) 伊藤栄来子（一九七三）「鮭漁聞書――南魚沼郡大和町浦佐」、『高志路』二二八号。同（一九八二）「山北町大川の鮭漁」、『高志路』二六四号。犬塚幹士（一九九〇）「最上川水系の鮭漁と用具」、『民具マンスリー』一五巻五号。酒井和男（一九九〇）「越後のサケ取り漁具と小屋」、『中部地方の民具』明玄書房。鎌田幸男（一九九〇）「鮭漁法の考察」、『秋田民俗』一六号。伊藤治子（二〇〇三）『新潟の鮭と鉱物資源の民俗』新潟雪書房。高松敬吉ほか『東北の民俗』慶友社（一九八八）などがある。また、鮭以外の漁撈技術の伝承については、佐渡のイカ釣り具の技術伝播を扱った、池田哲夫（二〇〇四）『近代の漁撈技術と民俗』吉川弘文館がある。

(26) 大塚和義（一九九八）「魚体をとびこえて刺さる鉤銛の分布」、『季刊民族学』千里文化財団。渡辺裕（一九九六・九六）「北東アジア沿岸におけるサケ漁（Ⅰ）（Ⅱ）」、『北海道立北方民族博物館研究紀要』第五・六号など。

(27) 赤羽正春（一九九一）『越後荒川をめぐる民俗誌』アペックス。中世史の人たちの研究は川の所有と慶長の岩船郡絵図に関するもので、石井進は井上鋭夫の独創的歴史研究（一九八四『山の民・川の民』平凡社）との関係で筆者の民俗誌を取り上げた。
(28) 神野善治（一九八四）「鮭の聖霊とエビス信仰」、『列島の文化史』一号、日本エディタースクール出版部
(29) 菅豊（二〇〇〇）『修験がつくる民俗史――鮭をめぐる儀礼と信仰』吉川弘文館
(30) 野本寛一（一九九九）「サケ・マスをめぐる民俗構造」、『民俗文化』第一一号、近畿大学民俗学研究所
(31) 折口信夫（一九五二）「古典の新研究」第一輯（一九七六『折口信夫全集』第一六巻、中央公論社、三六〇頁）。折口によってなされた先祖・他界の理論展開は、トーテムの問題を考える上できわめて示唆に富み、この研究の延長線上に鮭・鱒の精神世界を築くことが建設的であると考えている。
(32) 柳田國男（一九三三）「忌と物忌の話」、『土の香』五〇号（一九七〇『定本柳田國男集』第二七巻、筑摩書房、三一六頁）
(33) 大塚和義（一九九八）『川の旅びと鮭』さいたま川の博物館第一回特別展図録
(34) 福田アジオ（一九八四）『日本民俗学方法序説――柳田國男と民俗学』弘文堂、八〇頁
(35) 前掲、福田アジオ（一九八四）一〇一頁、で民俗学の方法論として重出立証法の不備を克服するために、「民俗事象を伝承しているそれぞれの伝承母体において、諸事象の相互連関を実証的に明らかにして」いく筋道を示した。鮭・鱒研究はこの方法が特に有効である。
(36) 環境民俗学という概念の導入は、野本寛一（一九八七）『生態民俗学序説』白水社の出版と、同時期の市町村史民俗編に福田アジオが環境民俗の項目を設定しはじめた（『新座市史　民俗編』一九八六）ことをもって嚆矢とする。この後、市町村史での環境に対する項目がめだつようになった。この後、野本寛一（一九九〇）『神々の風景・信仰環境論の試み』白水社。篠原徹（一九九〇）『自然と民俗』日本エディタースクール出版部。野本寛一（一九九四）『共生のフォークロアー』青土社。篠原徹（一九九五）『海と山の民俗自然誌』吉川弘文館。野本寛一（一九九五）『海岸環境民俗論』雄山閣。さらにその後、野本寛一・福田アジオ編（一九九八）『環境の民俗』

（『講座日本の民俗学』）雄山閣。

(37) 赤羽正春（二〇〇一）「熊と山菜」、『採集――ブナ林の恵み』法政大学出版局

(38) 菅豊（二〇〇一）「自然をめぐる民俗研究の三つの潮流」、『日本民俗学』二二七号、一五頁。「自然」に対するとらえ方が恣意的である。

(39) 秋道智彌（二〇〇二）『野生生物と地域社会』昭和堂、四頁

(40) 佐野賢治・谷口貢ほか編（一九九六）『現代民俗学入門』吉川弘文館、二七頁で、現代の民俗研究について、比較など、民俗の方法について新しい視点を用意している。しかし、民俗学の進むべき方向についての姿が示されているとは言い難い。「現代」の検証自体を民俗学的に進める必要があり、そのためにも歴史的経緯をとらえなければならないというパラドックスに陥っている。

(41) 前掲書（注40）で篠原徹は「自然観の民俗」の項目で、次のようにも述べている。「古代から民俗学の扱う伝承的世界まで汎時代的に汎地域的に日本人の自然観とくくることはできないことだけは銘記しておきたい」と言葉をきわめているが、伝承資料によっては、汎地域・汎時代的に「日本人の自然観」を捉えなければならないものもある。

(42) 篠原徹（一九九八）『現代民俗学の視点・民俗の技術』朝倉書店、一頁「技能と自然知」の冒頭。

(43) 前掲書（注42）で松井健が、副次的な生業の定義づけを行なっているが、このような生業の形態がはたしてあったものか。私は「副次的な生業」という考え方で生業に序列をつける発想には与しない。実際問題として、人の生活の中ではそれぞれが機能的に補完しあっているのであって、経済的な軽重や価値観で生業に序列をつけることはできない。

(44) 前掲書（注42）「深い遊び」では生業研究で描かれてきた生産物すべてが生活維持に不可欠であったというイメージから、活動（漁撈）そのものが目的化される面があることを述べている。釣りのように、そのものがレクリエーション的に目的化されることを予測しているのであろうが、実態は異なる。

(45) 秋道智彌（二〇〇四）『コモンズの人類学』人文書院、七一四三頁。同（一九九九）『自然はだれのものか――「コ

モンズの悲劇」を超えて』昭和堂。コモンズについてははっきりした概念規定があるわけでなく、自然と共有の関係に関する人の営みについて研究する分野である。秋道は自然と人間の複合的な問題を研究することを述べており、環境の修復など価値目的的な方向性を指向している。

(46) 佐藤康行（二〇〇二）『毒消し売りの社会——女性・家・村』日本経済評論社

(47) 赤羽正春（二〇〇二）「北アジアの民俗世界」、『東北学7』作品社で論じたのは、主食のない北アジアでの採集の重要性である。澱粉（脂肪）も採集物に頼る生活の姿から、鮭・鱒・山菜などの食料としての重要性を指摘した。

(48) 更科源蔵（一九三一）『コタンの学校』北緯五十度社には、代用教員として更科の勤めた足跡がアイヌの人々への温かい眼差しと共にまとめられている。この詩は、アイヌの人たちが明治以降、鮭・鱒が自由に捕れなくなったことから、孵化場で内臓をもらってきて乾して食べていたことを記している。

(49) 口蔵幸雄（二〇〇〇）「最適採食戦略——食物獲得の行動生態学」、『国立民族学博物館研究報告』二四巻四号。粕谷英一（一九九〇）『行動生態学入門』東海大学出版会。

(50) 赤羽正春（一九九九・二〇〇〇）「生存のミニマム——計量民俗論の試み」（一）・（二）、『民具研究』一一九・一二一で、粟が人々を養ってきた量について調査事例から考察した。この研究を進展させるために、赤羽正春（注37）で大きな概念的説明をしている。

(51) 赤羽正春（二〇〇四）「生存のミニマム——山のキャパシティー」（一）、『民具研究』一二九号では、山菜の食料としての量を山形県小国町の事例から考察した。

(52) 赤羽正春（二〇〇三）「生存のミニマム——山菜・鮭・鱒の実験民俗学」、『東北学』八、作品社は、山と川のキャパシティーを一体として論じることを目的にした。

第一章

(1) 山内清男（一九六四）「日本先史時代概説」、『日本原始美術』第一巻、講談社。ここで、「サケ・マス論」として学際的に有名になる考え方を示した。

（2）大塚和義（二〇〇〇）「鮭に対する観念と儀礼」、『川の旅人鮭』さいたま川の博物館。民族学の立場から鮭文化圏を描いている。

（3）鈴木牧之（一八三六―四二）『北越雪譜』岩波文庫（一九三六）および赤松宗旦（一九三八）『利根川図志』は民俗誌としての位置づけもできる。

（4）澁澤敬三（一九九二）『澁澤敬三著作集』平凡社。桜田勝徳（一九八〇）『桜田勝徳著作集』名著出版。宮本常一（一九六八〜）『宮本常一著作集』未來社。武藤鉄城（一九四〇）『秋田郡邑魚譚』アチック・ミューゼアム（復刻＝一九九〇、無明社）。澁澤の所に集まった研究者が中心となって漁法、漁村の研究を深めている。

（5）最上孝敬（一九七七）『原始漁法の民俗』岩崎美術社

（6）Andres von Brandt, 1964, *Fish Catching Methods of the World*, Fishing News Books, London は、人の動きを中心にして漁法を分類し、世界の漁法をまとめたエンサイクロペディアである。

（7）富山市教育委員会（二〇〇一）『水橋金広・中馬場遺跡発掘調査報告書』

（8）『延喜式』（「国史大系」）吉川弘文館、一九八四

（9）松浦武四郎『蝦夷訓蒙図彙』（秋葉実編（一九九七）『松浦武四郎選集』二、北海道出版企画センター）。この図彙の成立は松浦がアイヌの人々の生活を記録した、幕末の弘化二年（一八四五）から安政五年（一八五八）の間である。松浦武四郎の記述をもとにした関秀志の詳細な研究は「アイヌ民族と鮭・鱒」（『松浦武四郎研究会会誌』第二四・二五号）として発表されている。

（10）アレクサンドル・カンチュガ（二〇〇一）『ビキン川のほとりで』（津曲俊郎訳）北海道大学図書刊行会は、沿海州ウスリー地方での生活の記録である。鮭・鱒漁、狩猟などの詳細な記録がある。

（11）秋葉実編（一九九七）『松浦武四郎選集』二、北海道出版企画センター

（12）前掲（注4）、武藤鉄城『秋田郡邑魚譚』

（13）前掲書（注12）

(14) 前掲書（注12）
(15) 伊藤治子（二〇〇三）『新潟の鮭と鉱物資源の民俗』新潟雪書房
(16) 前掲書（注12）
(17) 前掲書（注12）
(18) 更科源蔵・光（一九七六）『コタン生物記』法政大学出版局
(19) 前掲書（注12）
(20) 前掲書（注12）
(21) 宮柊二（一九九〇）『宮柊二集　八　随筆・評論』岩波書店
(22) 関秀志の研究については注9参照。
(23) 犬飼哲夫（一九六五）「釧路アイヌの鮭のテシ漁」、『北方文化研究報告』二〇号
(24) 更科源蔵（一九八二）『アイヌ文学の謎』（更科源蔵アイヌ関係著作集Ⅶ）みやま書房
(25) 青森郷土博物館・昆政明私信
(26) 前掲書（注12）
(27) 『新編会津風土記』の記録の中に、近世初期、貞享二（一六八五）年、只見川上流部の鱒捕りにイクリの記録がある。ここも二艘の丸木船で行なっている。佐々木長生私信
(28) 荒川の居繰り網漁は、上流部の深い淵での鱒捕りほど有効であったことをここ数年の聞き取り調査で調べ上げた。流れがきつい流量の多い淵では人が潜って突くなどの漁法ができない。このような場所では居繰り漁が最も有効であったというのである。山間部での居繰り漁という伝承はひろく、只見川、魚野川、越後荒川、三面川上流部、最上川上流部、雄物川上流部、米代川上流部、岩木川上流部で行なわれていたことがわかってきている。居繰り網漁は年代で検討すると只見川での貞享年間（一六八四〜八八）の記録が最も古く、イクリという名称でこの網の有効性が認められて広がったと考えられる。阿賀野川、信濃川の山間部で、丸木舟を作り続けてきたところがこの舟とそれに伴う居繰り網漁法の中心であった可能性が高い。その後、イクリアミの名称が技術を伴っ

て河口域まで進出し、太平洋側では福島県の鮫川や阿武隈川、北上川へと伝播していったルートを想像している。起源と伝播は別に論じる。

(29) 第五章で詳述する。

(30) 赤羽正春(一九九八)『日本海漁業と漁船の系譜』慶友社で、小廻し舟運の回船問屋が、どのような事業に進出したか調べている。この中で、北洋や北海道漁業に進むものがいるが、地元の漁業に手を出すものは皆無である。

(31) Andres von Brandt(注6)は、商業的漁業者の出現を、中世ヨーロッパの遠洋漁業であったタラ漁業者に求めている。

第二章

(1) 赤松宗旦(一九三八)『利根川図志』岩波文庫

(2) 鈴木牧之(一八三六―四二)『北越雪譜』岩波文庫(一九三六)

(3) 北水協会(一九三五)『北海道漁業志稿』

(4) 新潟県水産試験場(一九三一)『昭和六年新潟県水産試験場報告』

(5) 室生犀星(一九六五)『室生犀星全集』新潮社

(6) 武藤鉄城(一九四〇)『秋田郡邑魚譚』アチック・ミューゼアム。鮭捕り衆が川小屋を作ってここで生活していたことは本書の随所に描かれ、米代川上流部の記述も、雄物川上流部花館の産卵場での記述も詳細に残している。

(7) 酒井和男(一九八二)「越後のサケ取り漁具と小屋」、『中部地方の民具』明玄書房。鮭小屋を研究の対象としたのは酒井が初めてである。彼は、考古学的な住居との関連についての研究動機から分類を始めている。

(8) 平本紀久雄(一九九六)『イワシの自然誌』中公新書。本書にイワシの豊凶の波についての研究が載せられている。帰山雅秀(二〇〇四)「サケの個体群生態学」、『サケ・マスの生態と進化』文一総合出版。北太平洋におけるサケの漁獲量の経年変化を研究したもので、気候・レジーム・シフトがきっかけとなって、四〇〜五〇年周期で豊漁期と凶漁期を繰り返す事実が分析されている。
(9) 太田雄治（一九九七）『マタギ――消えゆく山人の記録』慶友社。秋田県角館から打当方面のマタギは、熊が餌を取る場所としてホリバという言葉を使っていることを記している。武藤鉄城も同様の記録を残している。
(10) 魚付き林は、魚を保護繁殖させる目的で木を切らないようにさせていたかどうかははっきりしない。しかし、木を切る場合の届け出の文書では、塩焚き釜の梁《はり》に使うためにどの木をというように指定して許可を得ている。
(11) 北海道鮭鱒孵化場（一九三七）『北海道鮭鱒孵化事業要覧』九四頁
(12) 村上正志（二〇〇四）「森の中のサケ科魚類」、前川光司編『サケ・マスの生態と進化』文一総合出版、一九九頁
(13) 野本寛一（一九九九）「サケ・マスをめぐる民俗構造」、『民俗文化』第一一号、近畿大学民俗学研究所
(14) 平凡社（一九九三）『福島県の地名』（日本歴史地名体系）一〇八一頁
(15) 第六章で検討するが、河内神社は新潟県北部から山形県大鳥川流域にかけて分布する。川、水神信仰の表象と見られ、川の氾濫箇所など川を向いて立地している特徴がある。
(16) 拠点集落の定義は拙著（二〇〇一『採集――ブナ林の恵み』法政大学出版局）で行なった。集落の発生と分布を「拠点集落から下流域・あるいは下流域支流に分村する棲み分け型」と、「拠点集落から焼き畑等出作りに伴って山中に分村する分離型」があることを指摘し、集落分布の連関を追究する概念として定義した。考古学上の発見である、拠点集落から分村したキャンプ地の集落の分布を扱う研究（セツルメントシステム）が進んできていることにも裏付けられている。
(17) 前掲書（注16）
(18) 二〇〇三年、日本民具学会年会の「鮭・鱒」をめぐる記念講演で、赤川の「オオスケ譚」を述べたときに、カワフタギの考え方を示した。
(19) 農商務省水産局（一九一〇）『日本水産捕採誌』下、五〇〇頁
(20) 庄司吉之助編（一九七九・八〇）『会津風土記・風俗帳』第一巻、寛文風土記、第二巻、貞享風俗帳、歴史春秋社

著者略歴

赤羽正春（あかば　まさはる）

1952年長野県に生まれる．明治大学卒業，明治学院大学大学院修了．新潟県教育公務員．文化行政課在勤中に奥三面遺跡群の調査に携わる．専攻は民俗学・考古学．
著書：『採集――ブナ林の恵み』（法政大学出版局・ものと人間の文化史 103）
『日本海漁業と漁船の系譜』（慶友社）
『越後荒川をめぐる民俗誌』（アペックス）
編著：『ブナ林の民俗』（高志書店）．

ものと人間の文化史　133-I・鮭・鱒 I

2006年 4 月10日　初版第 1 刷発行

著　者 © 赤　羽　正　春
発行所 財団法人 法政大学出版局
〒102-0073 東京都千代田区九段北3-2-7
電話03（5214）5540 振替00160-6-95814
組版：緑営舎　印刷：平文社　製本：鈴木製本所

ISBN4-588-21331-8

Printed in Japan

ものと人間の文化史

文化の基礎をなすと同時に人間のつくり上げたもっとも具体的な「かたち」である個々の「もの」について、その根源から問い直し、「もの」とのかかわりにおいて営々と築かれてきたくらしの具体相を通じて歴史を捉え直す

★第9回梓会出版文化賞受賞

1　須藤利一編

船

海国日本では古来、漁業・水運・交易はもとより、大陸文化も船によって運ばれた。本書は造船技術、航海の模様の推移を中心に、漂流、船霊信仰、伝説の数々を語る。四六判368頁　'68

2　直良信夫

狩猟

人類の歴史は狩猟から始まった。本書は、わが国の遺跡に出土する獣骨、猟具の実証的考察をおこないながら、狩猟をつうじて発展した人間の知恵と生活の軌跡を辿る。四六判272頁　'68

3　立川昭二

からくり

〈からくり〉は自動機械であり、驚嘆すべき庶民の技術的創意がこめられている。本書は、日本と西洋のからくりを発掘・復元・遍歴し、埋もれた技術の水脈をさぐる。四六判410頁　'69

4　久下司

化粧

美を求める人間の心が生みだした化粧—その手法と道具に語らせた人間の欲望と本性、そして社会関係。歴史を遡り、全国を踏査して書かれた比類ない美と醜の文化史。四六判368頁　'70

5　大河直躬

番匠

番匠はわが国中世の建築工匠。地方・在地を舞台に開花した彼らの造型・装飾・工法等の諸技術、さらに信仰と生活等、職人以前の独自で多彩な工匠的世界を描き出す。四六判288頁　'71

6　額田巌

結び

〈結び〉の発達は人間の叡知の結晶である。本書はその諸形態および技法を作業・装飾・象徴の三つの系譜に辿り、〈結び〉のすべてを民俗学的・人類学的に考察する。四六判264頁　'72

7　平島裕正

塩

人類史に貴重な役割を果たしてきた塩をめぐって、発見から伝承・製造技術の発展過程にいたる総体を歴史的に描き出すとともに、その多彩な効用と味覚の秘密を解く。四六判272頁　'73

8　潮田鉄雄

はきもの

田下駄・かんじき・わらじなど、日本人の生活の礎となってきた伝統的はきものの成り立ちと変遷を、二〇年余の実地調査と細密な観察・描写によって辿る庶民生活史　四六判280頁　'73

9　井上宗和

城

古代城塞・城柵から近世代名の居城として集大成されるまでの日本の城の変遷を辿り、文化の各領野で果たしてきたその役割を再検討。あわせて世界城郭史に位置づける。四六判310頁　'73

10 竹 室井綽
食生活、建築、民芸、造園、信仰等々にわたって、竹と人間との交流史は驚くほど深く永い。その多岐にわたる発展の過程を個々に辿り、竹の特異な性格を浮彫にする。四六判324頁 '73

11 海藻 宮下章
古来日本人にとって生活必需品とされてきた海藻をめぐって、その採取・加工法の変遷、商品としての流通史および神事・祭事での役割に至るまでを歴史的に考証する。四六判330頁 '74

12 絵馬 岩井宏實
古くは祭礼における神への献馬にはじまり、民間信仰と絵画のみごとな結晶として民衆の手で描かれ祀り伝えられてきた各地の絵馬を豊富な写真と史料によってたどる。四六判302頁 '74

13 機械 吉田光邦
畜力・水力・風力などの自然のエネルギーを利用し、幾多の改良を経て形成された初期の機械の歩みを検証し、日本文化の形成における科学・技術の役割を再検討する。四六判242頁 '74

14 狩猟伝承 千葉徳爾
狩猟には古来、感謝と慰霊の祭祀がともない、人獣交渉の豊かで意味深い歴史があった。狩猟用具、巻物、儀式具、またけものたちの生態を通して語る狩猟文化の世界。四六判346頁 '75

15 石垣 田淵実夫
採石から運搬、加工、石積みに至るまで、石垣の造成をめぐって積み重ねられてきた石工たちの苦闘の足跡を掘り起こし、その独自な技術の形成過程と伝承を集成する。四六判224頁 '75

16 松 高嶋雄三郎
日本人の精神史に深く根をおろした松の伝承に光を当て、食用、薬用等の実用の松、祭祀・観賞用の松、さらに文学・芸能・美術に表現された松のシンボリズムを説く。四六判342頁 '75

17 釣針 直良信夫
人と魚との出会いから現在に至るまで、釣針がたどった一万有余年の変遷を、世界各地の遺跡出土物を通して実証しつつ、漁撈によって生きた人々の生活と文化を探る。四六判278頁 '76

18 鋸 吉川金次
鋸鍛冶の家に生まれ、鋸の研究を生涯の課題とする著者が、出土遺品や文献・絵画により各時代の鋸を復元・実験し、庶民の手仕事にみられる驚くべき合理性を実証する。四六判360頁 '76

19 農具 飯沼二郎／堀尾尚志
鍬と犂の交代・進化の歩みとして発達したわが国農耕文化の発展経過を世界史的視野において再検討しつつ、無名の農具たちによる驚くべき創意のかずかずを記録する。四六判220頁 '76

20 額田巌
包み
結びとともに文化の起源にかかわる〈包み〉の系譜を人類史的視野において捉え、衣・食・住をはじめ社会・経済史、信仰、祭事などにおけるその実際と役割とを描く。 四六判354頁 '77

21 阪本祐二
蓮
仏教における蓮の象徴的位置の成立と深化、美術・文芸等に見る人間とのかかわりを歴史的に考察。また大賀蓮はじめ多様な品種とその来歴を紹介しつつその美を語る。 四六判306頁 '77

22 小泉袈裟勝
ものさし
ものをつくる人間にとって最も基本的な道具であり、数千年にわたって社会生活を律してきたその変遷を実証的に追求し、歴史の中で果たしてきた役割を浮彫りにする。 四六判314頁 '77

23-I 増川宏一
将棋I
その起源を古代インドに、我国への伝播の道すじを海のシルクロードに探り、また伝来後一千年におよぶ日本将棋の変化と発展を盤、駒、ルール等にわたって跡づける。 四六判280頁 '77

23-II 増川宏一
将棋II
わが国伝来後の普及と変遷を貴族や武家・豪商の日記等に博捜し、遊戯者の歴史をあとづけると共に、中国伝来説の誤りを正し、将棋宗家の位置と役割を明らかにする。 四六判346頁 '85

24 金井典美
湿原祭祀 第2版
古代日本の自然環境に着目し、各地の湿原聖地を稲作社会との関連において捉え直して古代国家成立の背景を浮彫にしつつ、水と植物にまつわる日本人の宇宙観を探る。 四六判410頁 '77

25 三輪茂雄
臼
臼が人類の生活文化の中で果たしてきた役割を、各地に遺る貴重な民俗資料・伝承と実地調査にもとづいて解明。失われゆく道具のなかに、未来の生活文化の姿を探る。 四六判412頁 '78

26 盛田嘉徳
河原巻物
中世末期以来の被差別部落民が生きる権利を守るために偽作し護り伝えてきた河原巻物を全国にわたって踏査し、そこに秘められた最底辺の人びとの叫びに耳を傾ける。 四六判226頁 '78

27 山田憲太郎
香料 日本のにおい
焼香供養の香から趣味としての薫物へ、さらに沈香木を焚く香道へと変遷した日本の「匂い」の歴史を豊富な史料に基づいて辿り、我国風俗史の知られざる側面を描く。 四六判370頁 '78

28 景山春樹
神像 神々の心と形
神仏習合によって変貌しつつも、常にその原型＝自然を保持してきた日本の神々の造型を図像学的方法によって捉え直し、その多彩な形象に日本人の精神構造をさぐる。 四六判342頁 '78

39 吉野裕子

狐 陰陽五行と稲荷信仰

その伝承と文献を渉猟しつつ、中国古代哲学＝陰陽五行の原理の応用という独自の視点から、謎とされてきた稲荷信仰と狐との密接な結びつきを明快に解き明かす。 四六判232頁 '80

40-I 増川宏一

賭博I

時代、地域、階層を超えて連綿と行なわれてきた賭博。——その起源を古代の神判、スポーツ、遊戯等の中に探り、抑圧と許容の歴史を物語る。全III分冊の〈総説篇〉。 四六判298頁 '80

40-II 増川宏一

賭博II

古代インド文学の世界からラスベガスまで、賭博の形態・用具・方法の時代的特質を明らかにし、夥しい禁令に賭博の不滅のエネルギーを見る。全III分冊の〈外国篇〉。 四六判456頁 '82

40-III 増川宏一

賭博III

聞香、闘茶、笠附等、わが国独特の賭博を中心にその具体例を網羅し、方法の変遷に賭博の時代性を探りつつ禁令の改廃に時代の賭博観を追う。全III分冊の〈日本篇〉。 四六判388頁 '83

41-I むしゃこうじ・みのる

地方仏I

古代から中世にかけて全国各地で作られた無銘の仏像を訪ね、素朴で多様なノミの跡に民衆の祈りと地域の願望を探る。宗教の伝播、文化の創造を考える異色の紀行。 四六判256頁 '80

41-II むしゃこうじ・みのる

地方仏II

紀州や飛騨を中心に草の根の仏たちを訪ねて、その相好と像容の魅力を探り、技法を比較考証して仏像彫刻史に位置づけつつ、中世地域社会の形成と信仰の実態に迫る。 四六判260頁 '97

42 岡田芳朗

南部絵暦

田山・盛岡地方で「盲暦」として古くから親しまれてきた独得の絵解き暦を詳しく紹介しつつその全体像を復元する。その無類の生活暦は、南部農民の哀歓をつたえる。 四六判288頁 '80

43 青葉高

野菜 在来品種の系譜

蕪、大根、茄子等の日本在来野菜をめぐって、その渡来・伝播経路、品種分布と栽培のいきさつを各地の伝承や古記録をもとに辿り、畑作文化の源流とその風土を描く。 四六判368頁 '81

44 中沢厚

つぶて

弥生投弾、古代・中世の石戦と印地の様相、投石具の発達を展望しつつ、願かけの小石、正月つぶて、石こづみ等の習俗を辿り、石塊に託した民衆の願いや怒りを探る。 四六判338頁 '81

45 山田幸一

壁

弥生時代から明治期に至るわが国の壁の変遷を壁塗＝左官工事の側面から辿り直し、その技術的復元・考証を通じて建築史・文化史における壁の役割を浮き彫りにする。 四六判296頁 '81

46　小泉和子
箪笥（たんす）
★第II回江馬賞受賞
近世における箪笥の出現＝箱から抽斗への転換に着目し、以降近現代に至るその変遷を社会・経済・技術の側面からあとづける。著者自身による箪笥製作の記録を付す。四六判378頁　'82

47　松山利夫
木の実
山村の重要な食糧資源であった木の実をめぐる各地の記録・伝承を集成し、その採集・加工における幾多の試みを実地に検証しつつ、稲作農耕以前の食生活文化を復元。四六判384頁　'82

48　小泉袈裟勝
秤（はかり）
秤の起源を東西に探るとともに、わが国律令制下における中国制度の導入、近世商品経済の発展に伴う秤座の出現、明治期近代化政策による洋式秤受容等の経緯を描く。四六判326頁　'82

49　山口健児
鶏（にわとり）
神話・伝説をはじめ遠い歴史の中の鶏を古今東西の伝承・文献に探り、特に我国の信仰・絵画・文学等に遺された鶏の足跡を追って、鶏をめぐる民俗の記憶を蘇らせる。四六判346頁　'83

50　深津正
燈用植物
人類が燈火を得るために用いてきた多種多様な植物との出会いと個々の植物の来歴、特性及びはたらきを詳しく検証しつつ「あかり」の原点を問いなおす異色の植物誌。四六判442頁　'83

51　吉川金次
斧・鑿・鉋（おの・のみ・かんな）
古墳出土品や文献・絵画をもとに、古代から現代までの斧・鑿・鉋を復元・実験し、労働体験によって生まれた民衆の知恵と道具の変遷を蘇らせる異色の日本木工具史。四六判304頁　'84

52　額田巌
垣根
大和・山辺の道に神々と垣との関わりを探り、各地に垣の伝承を訪ねて、寺院の垣、民家の垣、露地の垣など、風土と生活に培われた生垣の独特のはたらきと美を描く。四六判234頁　'84

53-I　四手井綱英
森林I
森林生態学の立場から、森林のなりたちとその生活史を辿りつつ、産業の発展と消費社会の拡大により刻々と変貌する森林の現状を語り、未来への再生のみちをさぐる。四六判306頁　'85

53-II　四手井綱英
森林II
森林と人間との多様なかかわりを包括的に語り、人と自然が共生するための森や里山をいかにして創出するか、森林再生への具体的な方策を提示する21世紀への提言。四六判308頁　'98

53-III　四手井綱英
森林III
地球規模で進行しつつある森林破壊の現状を実地に踏査し、森と人が共存する日本人の伝統的自然観を未来へ伝えるために、いま何が必要なのかを具体的に提言する。四六判304頁　'00

54 酒向昇

海老《えび》

人類との出会いからエビの科学、漁法、さらには調理法を語り、めでたい姿態と色彩にまつわる多彩なエビの民俗を、地名や人名、詩歌・文学、絵画や芸能の中に探る。四六判428頁 '85

55-I 宮崎清

藁（わら）I

稲作農耕とともに二千年余の歴史をもち、日本人の全生活領域に生きてきた藁の文化を日本文化の原型として捉え、風土に根ざしたそのゆたかな遺産を詳細に検討する。四六判400頁 '85

55-II 宮崎清

藁（わら）II

床・畳から壁・屋根にいたる住居における藁の製作・使用のメカニズムを明らかにし、日本人の生活空間における藁の役割を見なおすとともに、藁の文化の復権を説く。四六判400頁 '85

56 松井魁

鮎

清楚な姿態と独特な味覚によって、日本人の目と舌を魅了しつづけてきたアユ――その形態と分布、生態、漁法等を詳述し、古今のアユ料理や文芸にみるアユにおよぶ。四六判296頁 '86

57 額田巌

ひも

物と物、人と物とを結びつける不思議な力を秘めた「ひも」の謎を追って、民俗学的視点から多角的なアプローチを試みる。『結び』、『包み』につづく三部作の完結篇。四六判250頁 '86

58 北垣聰一郎

石垣普請

近世石垣の技術者集団「穴太」の足跡を辿り、各地城郭の石垣遺構の実地調査と資料・文献をもとに石垣普請の歴史的系譜を復元しつつ石工たちの技術伝承を集成する。四六判438頁 '87

59 増川宏一

碁

その起源を古代の盤上遊戯に探ると共に、定着以来二千年の歴史を時代の状況や遊び手の社会環境との関わりにおいて跡づける。逸話や伝説を排して綴る初の囲碁全史。四六判366頁 '87

60 南波松太郎

日和山（ひよりやま）

千石船の時代、航海の安全のために観天望気した日和山――多くは忘れられ、あるいは失われた船舶・航海史の貴重な遺跡を追って、全国津々浦々におよんだ調査紀行。四六判382頁 '88

61 三輪茂雄

篩（ふるい）

臼とともに人類の生産活動に不可欠な道具であった篩、箕（み）、笊（ざる）の多彩な変遷を豊富な図解入りでたどり、現代技術の先端に再生するまでの歩みをえがく。四六判334頁 '89

62 矢野憲一

鮑（あわび）

縄文時代以来、貝肉の美味と貝殻の美しさによって日本人を魅了し続けてきたアワビ――その生態と養殖、神饌としての歴史、漁法、螺鈿の技法からアワビ料理に及ぶ。四六判344頁 '89

63 むしゃこうじ・みのる

絵師

日本古代の渡来画工から江戸前期の菱川師宣まで、時代の代表的絵師の列伝で辿る絵画制作の文化史。前近代社会における絵画の意味や芸術創造の社会的条件を考える。四六判230頁 '90

64 碓井益雄

蛙（かえる）

動物学の立場からその特異な生態を描き出すとともに、和漢洋の文献資料を駆使して故事・習俗・神事・民話・文芸・美術工芸にわたる蛙の多彩な活躍ぶりを活写する。四六判382頁 '89

65-I 竹内淳子

藍（あい）I 風土が生んだ色

全国各地の〈藍の里〉を訪ねて、藍栽培から染色・加工のすべてにわたり、藍とともに生きた人々の伝承を克明に描き、風土と人間が生んだ〈日本の色〉の秘密を探る。四六判416頁 '91

65-II 竹内淳子

藍（あい）II 暮らしが育てた色

日本の風土に生まれ、伝統に育てられた藍が、今なお暮らしの中で生き生きと活躍しているさまを、手わざに生きる人々との出会いを通じて描く。藍の里紀行の続篇。四六判406頁 '99

66 小山田了三

橋

丸木橋・舟橋・吊橋から板橋・アーチ型石橋まで、人々に親しまれてきた各地の橋を訪ねて、その来歴と築橋の技術伝承を辿り、土木文化の伝播・交流の足跡をえがく。四六判312頁 '91

67 宮内悊 ★平成三年度日本技術史学会賞受賞

箱

日本の伝統的な箱（櫃）と西欧のチェストを比較文化史の視点から考察し、居住・収納・運搬・装飾の各分野における箱の重要な役割とその多彩な文化を浮彫りにする。四六判390頁 '91

68-I 伊藤智夫

絹 I

養蚕の起源を神話や説話に探り、伝来の時期とルートを跡づけ、記紀・万葉の時代から近世に至るまで、それぞれの時代・社会・階層が生み出した絹の文化を描き出す。四六判304頁 '92

68-II 伊藤智夫

絹 II

生糸と絹織物の生産と輸出が、わが国の近代化にはたした役割を描くと共に、養蚕の道具、信仰や庶民生活にわたる養蚕と絹の民俗、さらには蚕の種類と生態におよぶ。四六判294頁 '92

69 鈴木克美

鯛（たい）

古来「魚の王」とされてきた鯛をめぐって、その生態・味覚から漁法、祭り、工芸、文芸にわたる多彩な伝承文化を語りつつ、鯛と日本人とのかかわりの原点をさぐる。四六判418頁 '92

70 増川宏一

さいころ

古代神話の世界から近現代の博徒の動向まで、さいころの役割を各時代・社会に位置づけ、木の実や貝殻のさいころから投げ棒型や立方体のさいころへの変遷をたどる。四六判374頁 '92

71　樋口清之
木炭
炭の起源から炭焼、流通、経済、文化にわたる木炭の歩みを歴史・考古・民俗の知見を総合して描き出し、独自で多彩な文化を育んできた木炭の尽きせぬ魅力を語る。　四六判296頁　'93

72　朝岡康二
鍋・釜（なべ・かま）
日本をはじめ韓国、中国、インドネシアなど東アジアの各地を歩きながら鍋・釜の製作と使用の現場に立ち会い、調理をめぐる庶民生活の変遷とその交流の足跡を探る。　四六判326頁　'93

73　田辺悟
海女（あま）
その漁の実際と社会組織、風習、信仰、民具などを克明に描くとともに海女の起源・分布・交流を探り、わが国漁撈文化の古層としての海女の生活と文化をあとづける。　四六判294頁　'93

74　刀禰勇太郎
蛸（たこ）
蛸をめぐる信仰や多彩な民間伝承を紹介するとともに、その生態・分布・捕獲法・繁殖と保護・調理法などを集成し、日本人と蛸との知られざるかかわりの歴史を探る。　四六判370頁　'94

75　岩井宏實
曲物（まげもの）
桶・樽出現以前から伝承され、古来最も簡便・重宝な木製容器として愛用された曲物の加工技術と機能・利用形態の変遷をさぐり、手づくりの「木の文化」を見なおす。　四六判318頁　'94

76-I　石井謙治
和船Ⅰ
★第49回毎日出版文化賞受賞
江戸時代の海運を担った千石船（弁才船）について、その構造と技術、帆走性能を綿密に調査し、通説の誤りを正すとともに、海難と信仰、船絵馬等の考察にもおよぶ。　四六判436頁　'95

76-II　石井謙治
和船Ⅱ
★第49回毎日出版文化賞受賞
造船史から見た著名な船を紹介し、遣唐使船や遣欧使節船、幕末の洋式船における外国技術の導入について論じつつ、船の名称と船型を海船・川船にわたって解説する。　四六判316頁　'95

77-I　金子功
反射炉Ⅰ
日本初の佐賀鍋島藩の反射炉と精練方＝理化学研究所、島津藩の反射炉と集成館＝近代工場群を軸に、日本の産業革命の時代における人と技術を現地に訪ねて発掘する。　四六判244頁　'95

77-II　金子功
反射炉Ⅱ
伊豆韮山の反射炉をはじめ、全国各地の反射炉建設にかかわった有名無名の人々の足跡をたどり、開国か攘夷かに揺れる幕末の政治と社会の悲喜劇をも生き生きと描く。　四六判226頁　'95

78-I　竹内淳子
草木布（そうもくふ）Ⅰ
風土に育まれた布を求めて全国各地を歩き、木綿普及以前に山野の草木を利用して豊かな衣生活文化を築き上げてきた庶民の知られざる知恵のかずかずを実地にさぐる。　四六判282頁　'95

78-II 竹内淳子

草木布（そうもくふ）II

アサ、クズ、シナ、コウゾ、カラムシ、フジなどの草木の繊維から、どのようにして糸を採り、布を織っていたのか──聞書きをもとに忘れられた技術と文化を発掘する。四六判282頁 '95

79-I 増川宏一

すごろくI

古代エジプトのセネト、ヨーロッパのバクギャモン、中近東のナルド、中国の双陸などの系譜に日本の盤雙六を位置づけ、遊戯・賭博としてのその数奇なる運命を辿る。四六判312頁 '95

79-II 増川宏一

すごろくII

ヨーロッパの鵞鳥のゲームから日本中世の浄土双六、近世の華麗な絵双六、さらには近現代の少年誌の附録まで、絵双六の変遷を追って時代の社会・文化を読みとる。四六判390頁 '95

80 安達巖

パン

古代オリエントに起ったパン食文化が中国・朝鮮を経て弥生時代の日本に伝えられたことを史料と伝承をもとに解明し、わが国パン食文化二〇〇〇年の足跡を描き出す。四六判260頁 '96

81 矢野憲一

枕（まくら）

神さまの枕・大嘗祭の枕から枕絵の世界まで、人生の三分の一を共に過す枕をめぐって、その材質の変遷を辿り、伝説と怪談、俗信と民俗、エピソードを興味深く語る。四六判252頁 '96

82-I 石村真一

桶・樽（おけ・たる）I

日本、中国、朝鮮、ヨーロッパにわたる厖大な資料を集成してその豊かな文化の系譜を探り、東西の木工技術史を比較しつつ世界史的視野から桶・樽の文化を描き出す。四六判388頁 '97

82-II 石村真一

桶・樽（おけ・たる）II

多数の調査資料と絵画・民俗資料をもとにその製作技術を復元し、東西の木工技術を比較考証しつつ、技術文化史の視点から桶・樽製作の実態とその変遷を跡づける。四六判372頁 '97

82-III 石村真一

桶・樽（おけ・たる）III

樹木と人間とのかかわり、製作者と消費者とのかかわりを通じて桶樽と生活文化の変遷を考察し、木材資源の有効利用という視点から桶樽の文化史的役割を浮彫にする。四六判352頁 '97

83-I 白井祥平

貝I

世界各地の現地調査と文献資料を駆使して、古来至高の財宝とされてきた宝貝のルーツとその変遷を探り、貝と人間とのかかわりの歴史を「貝貨」の文化史として描く。四六判386頁 '97

83-II 白井祥平

貝II

サザエ、アワビ、イモガイなど古来人類とかかわりの深い貝をめぐって、その生態・分布・地方名、装身具や貝貨としての利用法などを豊富なエピソードを交えて語る。四六判328頁 '97

83-Ⅲ 白井祥平

貝Ⅲ

シンジュガイ、ハマグリ、アカガイ、シャコガイなどをめぐって世界各地の民族誌を渉猟し、それらが人類文化に残した足跡を辿る。参考文献一覧／総索引を付す。 四六判392頁 '97

84 有岡利幸

松茸（まつたけ）

秋の味覚として古来珍重されてきた松茸の由来を求めて、稲作文化と里山（松林）の生態系から説きおこし、日本人の伝統的生活文化の中に松茸流行の秘密をさぐる。 四六判296頁 '97

85 朝岡康二

野鍛冶（のかじ）

鉄製農具の製作・修理・再生を担ってきた農鍛冶の歴史的役割を探り、近代化の大波の中で変貌する職人技術の実態をアジア各地のフィールドワークを通して描き出す。 四六判280頁 '98

86 菅 洋

稲 品種改良の系譜

作物としての稲の誕生、稲の渡来と伝播の経緯から説きおこし、明治以降主として庄内地方の民間育種家の手によって飛躍的発展をとげたわが国品種改良の歩みを描く。 四六判332頁 '98

87 吉武利文

橘（たちばな）

永遠のかぐわしい果実として日本の神話・伝説に特別の位置を占めて語り継がれてきた橘をめぐって、その育まれた風土とかずかずの伝承の中に日本文化の特質を探る。 四六判286頁 '98

88 矢野憲一

杖（つえ）

神の依代としての杖や仏教の錫杖に杖と信仰とのかかわりを探り、人類が突きつつ歩んだその歴史と民俗を興味ぶかく語る。多彩な材質と用途を網羅した杖の博物誌。 四六判314頁 '98

89 渡部忠世／深澤小百合

もち（糯・餅）

モチイネの栽培・育種から食品加工、民俗、儀礼にわたってそのルーツと伝承の足跡をたどり、アジア稲作文化という広範な視野からこの特異な食文化の謎を解明する。 四六判330頁 '98

90 坂井健吉

さつまいも

その栽培の起源と伝播経路を跡づけるとともに、わが国伝来後四百年の経緯を詳細にたどり、世界に冠たる育種と栽培・利用法を築いた人々の知られざる足跡をえがく。 四六判328頁 '99

91 鈴木克美

珊瑚（さんご）

海岸の自然保護に重要な役割を果たす岩石サンゴから宝飾品として知られる宝石サンゴまで、人間生活と深くかかわってきたサンゴの多彩な姿を人類文化史として描く。 四六判370頁 '99

92-Ⅰ 有岡利幸

梅Ⅰ

万葉集、源氏物語、五山文学などの古典や天神信仰に表れた梅の足跡を克明に辿りつつ日本人の精神史に刻印された梅を浮彫にし、梅と日本人の二〇〇〇年史を描く。 四六判274頁 '99

92-II　有岡利幸
梅II
その植生と栽培、伝承、梅の名所や鑑賞法の変遷から戦前の国定教科書に表れた梅まで、梅と日本人との多彩なかかわりを探り、桜との対比において梅の文化史を描く。　四六判338頁　'99

93　福井貞子
木綿口伝（もめんくでん）　第2版
老女たちからの聞書を経糸とし、厖大な遺品・資料を緯糸として、母から娘へと幾代にも伝えられた手づくりの木綿文化を掘り起し、近代の木綿の盛衰を描く。増補版　四六判336頁　'00

94　増川宏一
合せもの
「合せる」には古来、一致させるの他に、競う、闘う、比べる等の意味があった。貝合せや絵合せ等の遊戯・賭博を中心に、広範な人間の営みを「合せる」行為に辿る。　四六判300頁　'00

95　福井貞子
野良着（のらぎ）
明治初期から昭和四〇年までの野良着を収集・分類・整理し、それらの用途と年代、形態、材質、重量、呼称などを精査して、働く庶民の創意にみちた生活史を描く。　四六判292頁　'00

96　山内昶
食具（しょくぐ）
東西の食文化に関する資料を渉猟し、食法の違いを人間の自然に対するかかわり方の違いとして捉えつつ、食具を人間と自然をつなぐ基本的な媒介物として位置づける。　四六判290頁　'00

97　宮下章
鰹節（かつおぶし）
黒潮からの贈り物・カツオの漁法から鰹節の製法や食法、商品としての流通までを歴史的に展望するとともに、沖縄やモルジブ諸島の調査をもとにそのルーツを探る。　四六判382頁　'00

98　出口晶子
丸木舟（まるきぶね）
先史時代から現代の高度文明社会まで、もっとも長期にわたり使われてきた刳り舟に焦点を当て、その技術伝承を辿りつつ、森や水辺の文化の広がりと動態をえがく。　四六判324頁　'01

99　有岡利幸
梅干（うめぼし）
日本人の食生活に不可欠の自然食品・梅干をつくりだした先人たちの知恵に学ぶとともに、健康増進に驚くべき薬効を発揮する、その知られざるパワーの秘密を探る。　四六判300頁　'01

100　森郁夫
瓦（かわら）
仏教文化と共に中国・朝鮮から伝来し、一四〇〇年にわたり日本の建築を飾ってきた瓦をめぐって、発掘資料をもとにその製造技術、形態、文様などの変遷をたどる。　四六判320頁　'01

101　長澤武
植物民俗
衣食住から子供の遊びまで、幾世代にも伝承された植物をめぐる暮らしの知恵を克明に記録し、高度経済成長期以前の農山村の豊かな生活文化を愛惜をこめて描き出す。　四六判348頁　'01

102 向井由紀子／橋本慶子

箸（はし）

そのルーツを中国、朝鮮半島に探るとともに、日本人の食生活に不可欠の食具となり、日本文化のシンボルとされるまでに洗練された箸の文化の変遷を総合的に描く。 四六判334頁 '01

103 赤羽正春

採集　ブナ林の恵み

縄文時代から今日に至る採集・狩猟民の暮らしを復元し、動物の生態系と採集生活の関連を明らかにしつつ、民俗学と考古学の両面から山に生かされた人々の姿を描く。 四六判298頁 '01

104 秋田裕毅

下駄　神のはきもの

古墳や井戸等から出土する下駄に着目し、下駄が地上と地下の他界を結ぶ聖なるはきものであったという大胆な仮説を提出、日本の神々の忘れられた側面を浮彫にする。 四六判304頁 '02

105 福井貞子

絣（かすり）

膨大な絣遺品を収集・分類し、絣産地を実地に調査して絣の技法と文様の変遷を地域別・時代別に跡づけ、明治・大正・昭和の手づくりの染織文化の盛衰を描き出す。 四六判310頁 '02

106 田辺悟

網（あみ）

漁網を中心に、網に関する基本資料を網羅して網の変遷と網をめぐる民俗を体系的に描き出し、網の文化を集成する。「網に関する小事典」「網のある博物館」を付す。 四六判316頁 '02

107 斎藤慎一郎

蜘蛛（くも）

「土蜘蛛」の呼称で畏怖される一方「クモ合戦」など子供の遊びとしても親しまれてきたクモと人間との長い交渉の歴史をその深層に遡って追究した異色のクモ文化論。 四六判320頁 '02

108 むしゃこうじ・みのる

襖（ふすま）

襖の起源と変遷を建築史・絵画史の中に探りつつその用と美を浮彫にし、衝立・障子・屏風等と共に日本建築の空間構成に不可欠の建具となるまでの経緯を描き出す。 四六判270頁 '02

109 川島秀一

漁撈伝承（ぎょろうでんしょう）

漁師たちからの聞き書きをもとに、寄り物、船霊、大漁旗など、漁撈にまつわる〈もの〉の伝承を集成し、海の道によって運ばれた習俗や信仰の民俗地図を描き出す。 四六判334頁 '03

110 増川宏一

チェス

世界中に数億人の愛好者を持つチェスの起源と文化を、欧米における膨大な研究の蓄積を渉猟しつつ探り、日本への伝来の経緯から美術工芸品としてのチェスにおよぶ。 四六判298頁 '03

111 宮下章

海苔（のり）

海苔の歴史は厳しい自然とのたたかいの歴史だった——採取から養殖、加工、流通、消費に至る先人たちの苦難の歩みを史料と実地調査によって浮彫にする食物文化史。 四六判172頁 '03

112 原田多加司
屋根 檜皮葺と柿葺
屋根葺師一〇代の著者が、自らの体験と職人の本懐を語り、連綿として受け継がれてきた伝統の手わざを体系的にたどりつつ伝統技術の保存と継承の必要性を訴える。 四六判340頁 '03

113 鈴木克美
水族館
初期水族館の歩みを創始者たちの足跡を通して辿りなおし、水族館をめぐる社会の発展と風俗の変遷を描き出すとともにその未来像をさぐる初の〈日本水族館史〉の試み。 四六判290頁 '03

114 朝岡康二
古着（ふるぎ）
仕立てと着方、管理と保存、再生と再利用等にわたり衣生活の変容を近代の日常生活の変化として捉え直し、衣服をめぐるリサイクル文化が形成される経緯を描き出す。 四六判292頁 '03

115 今井敬潤
柿渋（かきしぶ）
染料・塗料をはじめ生活百般の必需品であった柿渋の伝承を記録し、文献資料をもとにその製造技術と利用の実態を明らかにして、忘れられた豊かな生活技術を見直す。 四六判294頁 '03

116-I 武部健一
道I
道の歴史を先史時代から説き起こし、古代律令制国家の要請によって駅路が設けられ、しだいに幹線道路として整えられてゆく経緯を技術史・社会史の両面からえがく。 四六判248頁 '03

116-II 武部健一
道II
中世の鎌倉街道、近世の五街道、近代の開拓道路から現代の高速道路網までを通観し、道路を拓いた人々の手によって今日の交通ネットワークが形成された歴史を語る。 四六判280頁 '03

117 狩野敏次
かまど
日常の煮炊きの道具であるとともに祭りと信仰に重要な位置を占めてきたカマドをめぐる忘れられた伝承を掘り起こし、民俗空間の壮大なコスモロジーを浮彫りにする。 四六判292頁 '04

118-I 有岡利幸
里山I
縄文時代から近世までの里山の変遷を人々の暮らしと植生の変化の両面から跡づけ、その源流を記紀万葉に描かれた里山の景観や大和・三輪山の古記録・伝承等に探る。 四六判276頁 '04

118-II 有岡利幸
里山II
明治の地租改正による山林の混乱、相次ぐ戦争による山野の荒廃、エネルギー革命、高度成長による大規模開発など、近代化の荒波に翻弄される里山の見直しを説く。 四六判274頁 '04

119 菅 洋
有用植物
人間生活に不可欠のものとして利用されてきた身近な植物たちの来歴と栽培・育種・品種改良・伝播の経緯を平易に語り、植物と共に歩んだ文明の足跡を浮彫にする。 四六判324頁 '04

120-I 山下渉登

捕鯨I

世界の海で展開された鯨と人間との格闘の歴史を振り返り、「大航海時代」の副産物として開始された捕鯨業の誕生以来四〇〇年にわたる盛衰の社会的背景をさぐる。　四六判314頁　'04

120-II 山下渉登

捕鯨II

近代捕鯨の登場により鯨資源の激減を招き、捕鯨の規制・管理のための国際条約締結に至る経緯をたどり、グローバルな課題としての自然環境問題を浮き彫りにする。　四六判312頁　'04

121 竹内淳子

紅花（べにばな）

栽培、加工、流通、利用の実際を現地に探訪して紅花とかかわってきた人々からの聞き書きを集成し、忘れられた〈紅花文化〉を復元しつつその豊かな味わいを見直す。　四六判346頁　'04

122-I 山内昶

もののけI

日本の妖怪変化、未開社会の〈マナ〉、西欧の悪魔やデーモンを比較考察し、名づけ得ぬ未知の対象を指す万能のゼロ記号〈もの〉をめぐる人類文化史を跡づける博物誌。　四六判320頁　'04

122-II 山内昶

もののけII

日本の鬼、古代ギリシアのダイモン、中世の異端狩り・魔女狩り等々をめぐり、自然＝カオスと文化＝コスモスの対立の中で〈野生の思考〉が果たしてきた役割をさぐる。　四六判280頁　'04

123 福井貞子

染織（そめおり）

自らの体験と厖大な残存資料をもとに、糸づくりから織り、染めにわたる手づくりの豊かな生活文化を見直す。創意にみちた手わざのかずかずを復元する庶民生活誌。　四六判294頁　'05

124-I 長澤武

動物民俗I

神として崇められたクマやシカをはじめ、人間にとって不可欠の鳥獣や魚、さらには人間を脅かす動物など、多種多様な動物たちと交流してきた人々の暮らしの民俗誌。　四六判264頁　'05

124-II 長澤武

動物民俗II

動物の捕獲法をめぐる各地の伝承を紹介するとともに、全国で語り継がれてきた多彩な動物民話・昔話を渉猟し、暮らしの中で培われた動物フォークロアの世界を描く。　四六判266頁　'05

125 三輪茂雄

粉（こな）

粉体の研究をライフワークとする著者が、粉食の発見からナノテクノロジーまで、人類文明の歩みを〈粉〉の視点から捉え直した壮大なスケールの〈文明の粉体史観〉　四六判302頁　'05

126 矢野憲一

亀（かめ）

浦島伝説や「兎と亀」の昔話によって親しまれてきた亀のイメージの起源を探り、古代の亀卜の方法から、亀にまつわる信仰と迷信、鼈甲細工やスッポン料理におよぶ。　四六判330頁　'05

127 川島秀一
カツオ漁
一本釣り、カツオ漁場、船上の生活、船霊信仰、祭りと禁忌など、カツオ漁にまつわる漁師たちの伝承を集成し、黒潮に沿って伝えられた漁民たちの文化を掘り起こす。四六判３７０頁 '05

128 佐藤利夫
裂織（さきおり）
木綿の風合いと強靱さを生かした裂織の技と美をすぐれたリサイクル文化として見なおす。東西文化の中継地・佐渡の古老たちからの聞書をもとに歴史と民俗をえがく。四六判３０８頁 '05

129 今野敏雄
イチョウ
「生きた化石」として珍重されてきたイチョウの生い立ちと人々の生活文化とのかかわりの歴史をたどり、この最古の樹木に秘められたパワーを最新の中国文献にさぐる。四六判３１２頁〔品切〕'05

130 八巻俊雄
広告
のれん、看板、引札からインターネット広告までを通観し、いつの時代にも広告が人々の暮らしと密接にかかわって独自の文化を形成してきた経緯を描く広告の文化史。四六判２７６頁 '06

131-I 四柳嘉章
漆（うるし）I
全国各地で発掘された考古資料を対象に科学的解析を行ない、縄文時代から現代に至る漆の技術と文化を跡づける試み。漆が日本人の生活と精神に与えた影響を探る。四六判２７４頁 '06

131-II 四柳嘉章
漆（うるし）II
遺跡や寺院等に遺る漆器を分析し体系づけるとともに、絵巻物や文学作品の考証を通じて、職人や産地の形成、漆工芸の地場産業としての発展の経緯などを考察する。四六判２１６頁 '06

132 石村眞一
まな板
日本、アジア、ヨーロッパ各地のフィールド調査と考古・文献・絵画・写真資料をもとにまな板の素材・構造・使用法を分類し、多様な食文化とのかかわりをさぐる。四六判３７２頁 '06

133-I 赤羽正春
鮭・鱒（さけ・ます）I
鮭・鱒をめぐる民俗研究の前史から現在までを概観するとともに、原初的な漁法から商業的漁法にわたる多彩な漁法と用具、漁場と社会組織の関係などを明らかにする。四六判２９２頁 '06

133-II 赤羽正春
鮭・鱒（さけ・ます）II
鮭漁をめぐる行事、鮭捕り衆の生活等を聞き取りによって再現し、人工孵化事業の発展とそれを担った先人たちの業績を明らかにするとともに、鮭・鱒の料理におよぶ。四六判３５２頁 '06

134 増川宏一
遊戯 その歴史と研究の歩み
古代から現代まで、日本と世界の遊戯の歴史を概説し、内外の研究者との交流の中で得られた最新の知見をもとに、研究の出発点と目的を論じ、現状と未来を展望する。四六判２９６頁 '06